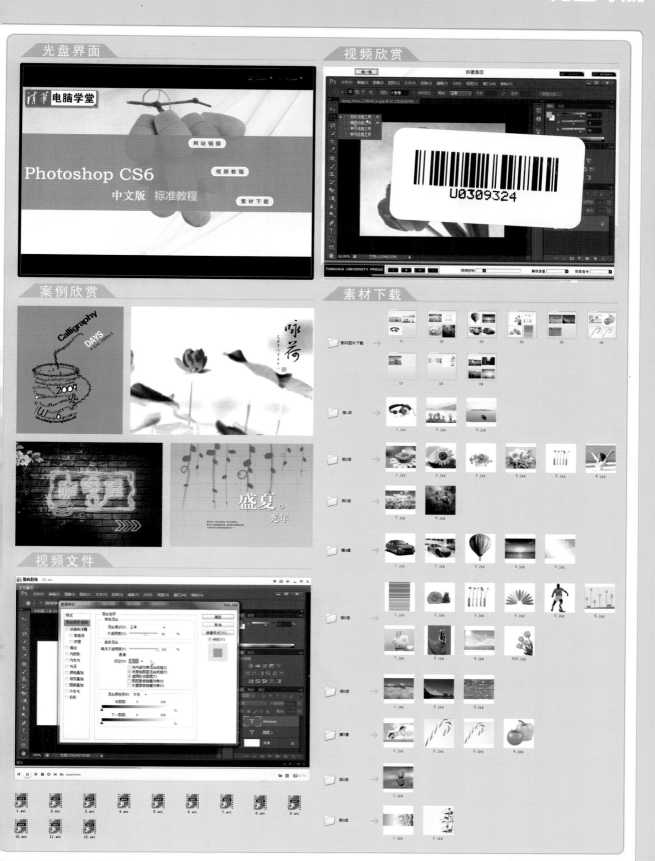

案例欣赏

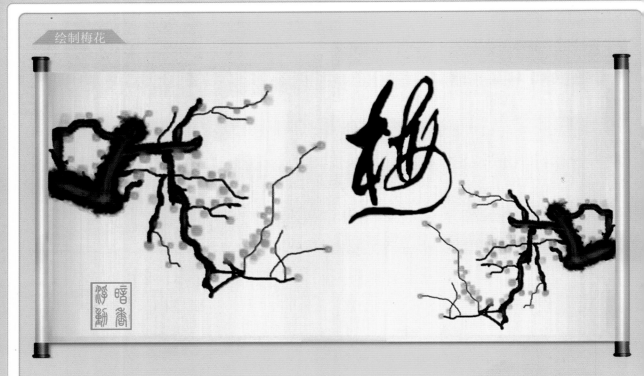

快速更换季节

合成天使美女

制作标志

HR FR FR

HUARONG DESIGEN

华荣广告

案例欣赏

使用"计算"命令抠图

制作幻灯片动画

制作水墨荷花图

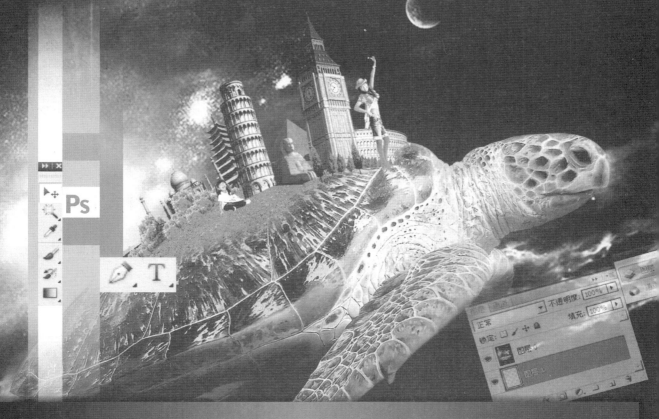

Photoshop CS6

中文版 标准教程

□ 唐有明 郝军启 等编著

清华大学出版社
北　　京

内 容 简 介

　　本书全面系统地介绍了 Photoshop CS6 的基本操作方法和图形图像处理技巧，包括图像处理基础知识、初识 Photoshop CS6、创建和编辑选区、绘制图像、修饰图像、编辑图像、绘制图形及路径、调整图像的色彩和色调、图层的应用、应用文字与蒙版、使用通道与滤镜、动画及 3D 对象等内容。本书每一部分的知识点搭配了相关的实例，使用户在学习软件知识的过程中，将所学应用到实践中。本书图文并茂，实例丰富，部分全彩印刷，配书光盘中提供了大容量的语音视频教程和实例素材图及效果图。

　　本书面向高校相关专业和 Photoshop 培训课程编写，也可以作为图像处理、数码设计等行业人员学习 Photoshop CS6 的参考资料。

图书在版编目（CIP）数据

Photoshop CS6 中文版标准教程/唐有明等编著. —北京：清华大学出版社，2014（2019.2 重印）
（清华电脑学堂）
ISBN 978-7-302-32969-5

Ⅰ. ①P…　Ⅱ. ①唐…　Ⅲ. ①图像处理软件-教材　Ⅳ. ①TP391.41

中国版本图书馆 CIP 数据核字（2013）第 147771 号

责任编辑：冯志强
封面设计：柳晓春
责任校对：徐俊伟
责任印制：丛怀宇

出版发行：清华大学出版社
　　　　　网　　　址：http://www.tup.com.cn，http://www.wqbook.com
　　　　　地　　　址：北京清华大学学研大厦 A 座　　　　邮　　编：100084
　　　　　社 总 机：010-62770175　　　　　　　　　　邮　　购：010-62786544
　　　　　投稿与读者服务：010-62776969，c-service@tup.tsinghua.edu.cn
　　　　　质 量 反 馈：010-62772015，zhiliang@tup.tsinghua.edu.cn

印 装 者：三河市龙大印装有限公司
经　　销：全国新华书店
开　　本：185mm×260mm　印　张：19.25　插　页：2　字　　数：455 千字
　　　　　（附光盘 1 张）
版　　次：2014 年 2 月第 1 版　　　　　　　印　　次：2019 年 2 月第 7 次印刷
定　　价：39.80 元

产品编号：053481-01

前　言

Photoshop 软件被业界公认为是图形图像处理专家,也是全球性的专业图像编辑行业标准。随着 Photoshop 软件的不断升级,其功能越来越完善,应用领域也越来越广泛。Photoshop CS6 是在 Photshop CS5 的基础上增加新的功能,或者在原有的功能中增加新的选项,从而加强该功能应用,使新版的图像处理软件功能更加强大、全面,使得更多的用户投身于对该软件的学习与研究之中。

1．本书主要内容

本书内容共 13 章,具体内容如下。

第 1 章简要介绍位图处理的基本概念,以及 Photoshop 的应用领域、基本功能与新版本的新增功能、工作环境等,使用户掌握在新版本中的图像文件管理方法。

第 2 章详细讲解 Photoshop 中图像的基本操作,如图像尺寸、颜色选取、变换与变形、旋转画布与视图等操作,使用户掌握简单图像效果的制作。

第 3 章介绍 Photoshop 中合成图像的基本功能——图层,了解图层的基本知识,如创建与复制图层、图层组、智能图层、中性色图层。

第 4 章了解不同选区的不同创建方法,以及编辑、修饰各种选区的方法。

第 5 章详细介绍图层高级应用——混合模式与图层样式,使用户掌握不同图层之间的混合方法,以及各种样式效果的设置方式。

第 6 章全面概述绘图工具、修复工具、特效工具、颜色工具、擦除工具,以及单色填充与渐变填充的使用方法,使用户掌握通过工具修饰美化图像的方法。

第 7 章与第 8 章分别介绍路径与文本的创建、编辑及应用的理论知识,其中,文本能够依附路径创建出不同形式的文本效果。

第 9 章与第 10 章由简到难介绍色调校正、色彩改变、色相变换等各种调整图像色调的颜色命令,使用户通过不同的方式调整图像色调效果。

第 11 章详细讲解 Photoshop 中的高级应用——通道与蒙版,使用户掌握更多的局部图像提取的方式,以及非破坏性编辑图像的方法。

第 12 章简要概括 Photoshop 中的多种特效功能——滤镜、动画、动作与 3D。通过该章节的学习,能够掌握各种艺术性效果的制作、过渡动画的制作,以及各种 3D 对象的创建与基本操作方法。

第 13 章主要介绍在 Photoshop 中针对不同应用输出图像的知识,以及输出图像中用到的模式转换知识。

2．本书主要特色

❑ **课堂练习**　本书每一章都安排了丰富的课堂练习,以实例形式演示 Photoshop CS6 的操作知识,便于读者模仿学习操作,同时方便了教师组织授课内容。

❑ **彩色插图**　本书制作了大量精美的实例、网页设计效果,从而方便读者掌握

Photoshop CS6 的应用。

❏ **网站互动** 在网站上提供了扩展内容的资料链接，便于学生继续学习相关知识。

❏ **思考与练习** 复习题测试读者对本章所介绍内容的掌握程度；上机练习理论结合实际，引导学生提高上机操作能力。

3．本书使用对象

本书由专业图像制作和设计人员执笔编写，内容详略得当，逻辑结构合理，图文并茂，实例丰富。在编写时充分考虑了图形图像培训市场的需要，从内容到版式都精心设计，可以满足教师授课和学生需要。本书既可以作为高校相关专业的教材和 Photoshop CS6 的培训教程和自学教程，也可以作为图像制作和设计人员的参考资料。

参与本书编写的除了封面署名人员外，还有王敏、马海军、祁凯、孙江玮、田成军、刘俊杰、赵俊昌、王泽波、张银鹤、刘治国、何方、李海庆、王树兴、朱俊成、康显丽、崔群法、孙岩、倪宝童、王立新、王咏梅、辛爱军、牛小平、贾栓稳、赵元庆、郭磊、杨宁宁、郭晓俊、方宁、王黎、安征、亢凤林、李海峰等。由于时间仓促，水平有限，疏漏之处在所难免，欢迎读者朋友登录清华大学出版社的网站 www.tup.com.cn 与我们联系，帮助我们改进提高。

目　　录

Photoshop CS6 中文版标准教程

目录

第 1 章

Photoshop CS6 基础入门

Photoshop CS6 中文版是 Adobe 公司最新开发的数字图像编辑软件，是目前最流行的图像处理软件之一。它具有强大的图像编辑、制作、处理功能，操作简便实用，备受各行各业的青睐，广泛应用于平面设计、数码照片处理、广告摄影、建筑效果图处理、网页设计、动画制作等领域。

为了制作出理想的平面效果图，首先要认识与了解图像理论的基础知识，以及 Photoshop CS6 的工作环境，为应用 Photoshop 编辑和处理图像打下扎实的基础。

本章学习目标：

➢ 掌握图像理论
➢ 了解颜色理论
➢ 了解 Photoshop CS6 的工作环境
➢ 熟悉文件的基本操作

1.1 图像处理的基本概念

要真正掌握和使用一个图像处理软件，不仅要掌握软件的操作，还需要掌握图像和图形方面的知识，比如图像类型与图像格式等。只有掌握这些知识，在使用、编辑、存储图像的过程中，才能准确地选择合适的设置，合理地创作与制作出高品质的作品。

1.1.1 位图和矢量图

计算机记录图像的方式包括两种：一种是通过数学方法记录图像内容，即矢量图；另一种是用像素点阵方法记录，即位图。

1. 矢量图形

用矢量方法绘制出来的图形叫作矢量图形。矢量文件中的图形元素称为对象，每一个对象都是一个独立的实体，它具有大小、形状、颜色、轮廓等属性。

矢量图是以线条和色块为主，移动直线、调整其大小或更改其颜色时不会降低图形的品质。并且可以任意缩放尺寸，可以按任意分辨率打印，而不会丢失细节或者降低清晰度，如图 1-1 所示。

图 1-1　矢量图

2. 位图图像

位图图像是由许多很小的点组成的，这些点称为像素。当许许多多不同颜色的点组合在一起后便形成了一幅完整的图像，如图 1-2 所示为位图图像局部放大对比图。

位图式图像在保存文件时，需要记录每一个图像的位置和色彩数据。因此，图像像素越多，文件越大，处理速度也就越慢。但是，由于图像能够记录下每一个点的数据信息，所以像素越多，记录的色调越丰富，并且可以逼真地表现现实中的对象，达到照片般的品质。

图 1-2　位图

提　示

Photoshop 属于位图式的图像处理软件，所以保存的图像均为位图式图像。

1.1.2 分辨率

分辨率是指单位长度内所含有的点（即像素）的多少。当同单位中的像素越多，那么图像会越清晰，文件越大，反之亦然。分辨率包括图像分辨率、屏幕分辨率、输出分辨率等。

1．图像分辨率

图像分辨率就是每英寸图像含有多少个点或者像素，其单位为点/英寸（英文缩写为 dpi）。例如，96dpi 表示该图像每英寸含有 96 个点或者像素。而一个像素的尺寸则可以在 Photoshop 中将文档放大到最大的效果，如图 1-3 所示。

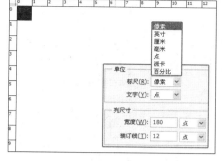

图 1-3　像素单位大小

2．屏幕分辨率

屏幕分辨率是指打印灰度级图像或者分色所用的网屏上每英寸的点数，是用每英寸有多少行或者线数来测量的。显示器分辨率取决于显示器的像素设置，如图 1-4 所示为同一幅图像在不同显示器分辨率设置下的现实效果。

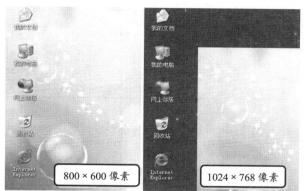

800×600 像素　　1024×768 像素

图 1-4　不同屏幕分辨率显示

3．输出分辨率

输出分辨率是指激光打印机等输出设备在输出图像每英寸所产生的点数。不同的输出方式设置，图像分辨率也有所不同，铜版纸需要 300dpi，胶版纸需要 200dpi，新闻纸需要 150dpi，用于大幅喷绘时需要 100dpi。在相同尺寸的图像中，设置不同的分辨率，得到的印刷尺寸各不相同，如图 1-5 所示。

1.1.3　图像存储格式

在实际工作中，图像文件有很多存储格式，由于工作环境的不同，要使用的文件格式也是不一样的。用户可以根据实际需要来选择图像文件格式，以便更有效地应用到实践当中。

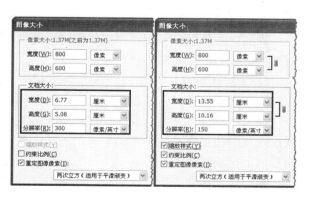

图 1-5　不同分辨率的印刷尺寸显示

如表 1-1 所示，列举了关于图像文件格式的知识和一些常用图像格式的特点，以及在 Photoshop 中进行图像格式转换时应注意的问题。

表1-1 图像文件格式及应用说明

文件格式	应 用 说 明
PSD	该格式是 Photoshop 自身默认生成的图像格式,PSD 文件自动保留图像编辑的所有数据信息,便于进一步修改
TIFF	TIFF 格式是一种应用非常广泛的无损压缩图像格式,TIFF 格式支持 RGB、CMYK 和灰度 3 种颜色模式,还支持使用通道、图层和裁切路径的功能
BMP	BMP 图像文件是一种 Windows 标准的点阵式图形文件格式,这种格式的特点是包含的图像信息较丰富,几乎不进行压缩,但占用磁盘空间较大
JPEG	JPEG 是目前所有格式中压缩率最高的格式,普遍用于图像显示和一些超文本文档中
GIF	GIF 格式是 CompuServe 提供的一种图形格式,不仅可以保存最多 256 色的 RGB 色阶数,还可以支持透明背景及动画格式
PNG	PNG 是一种新兴的网络图形格式,采用无损压缩的方式,与 JPEG 格式类似,网页中有很多图片都是这种格式,压缩比高于 GIF,支持图像半透明
RAW	RAW 是拍摄时从影像传感器得到的信号转换后,不经过其他处理而直接存储的影像文件格式
PDF	PDF 格式是应用于多个系统平台的一种电子出版物软件的文档格式
EPS	EPS 是一种包含位图和矢量图的混合图像格式,主要用于矢量图像和光栅图像的存储
3D 文件	Photoshop 支持由 3d Max 创建的三维模型文件,在 Photoshop 中可以保留三维模型文件的特点,并可对模型的纹理、渲染角度或位置进行调整
视频文件	Photoshop 可以编辑 QuickTime 视频格式的文件,如 MPEG-1、MPEG-4、MOV、AVI

1.1.4 颜色理论知识

色彩的美感能给人提供精神、心理方面的享受。人们都按照自己的偏好与习惯去选择乐于接受的色彩,以满足各方面的需求。正确的运用色彩,能够完整的、成功的表达它的信息。

1. 色彩秩序

色彩可分为无彩色和有彩色两大类,前者如黑、白、灰,而后者如红、绿、蓝等。自然界的色彩虽然各不相同,但任何有彩色的色彩都具有色相、明度、纯度这三个基本属性,也称为色彩的三要素。

❑ **无彩色系**

无彩色系包括白色、黑色或由白色与黑色互相调和而形成的各种不同浓淡层次的灰色。如果将白色、黑色以及各种灰色按上白下黑成渐变规律地排列起来,可形成由白色依次过渡到浅灰色、浅中灰色、中灰色、中深灰色、深灰色直至黑色的一个秩序系列。色彩学上称该秩序系列为黑白度系列。

黑白度又可称为明暗度,或简称明度。故黑白度系列又称为明度系列。明度系列通常可有 8 个级差到 11 个级差,也可根据需要做到 18 个级差,各级差度应相等,形成等差系列,如图 1-6 所示。

❑ **有彩色系**

有彩色系又简称彩色系,它指除无彩色系以外的所有不同明暗、不同纯度、不同色相的颜色。这样明度、纯度和色相就成了有彩色系的三个最基本特征。

在色彩学上，这三个基本特征又称为色彩的三要素。认识色彩的三要素对于学习色彩、表现色彩、运用色彩都极为重要。

色相是指色的相貌，这个相貌是依据可见光波的波长来决定的。波长给人眼的感觉不同，就会有不同的色相，最基本的色相是太阳光通过三棱镜分解出来的红、橙、黄、绿、蓝、紫这六个光谱色，如图1-7所示。

图1-6　无彩色系

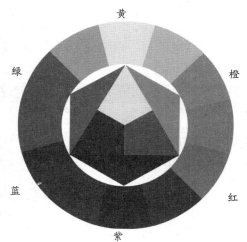

图1-7　光谱色

明度指颜色的明暗程度，或指颜色的深浅程度、颜色的含白含黑程度、颜色的亮暗程度等。

在有彩色系中，各种颜色都有各自不同的明度。例如，将太阳光经过三棱镜分解出来的红、橙、黄、绿、蓝、紫放在一起作比较，其中黄色明度最高，

图1-8　明度

橙色次之，绿色为中间明度，蓝色为较低明度，红色和紫色为最低明度，如图1-8所示。

注　意

在无彩色系中，明度是主要特征，如在某色中加入一定量的白色，可提高该色的反射率，即提高明度；如在某色中加入一定量的黑色，可降低该色的反射率，即降低明度。

纯度指某色相纯色的含有程度或指光的波长单纯的程度。也有人称之为饱和度、鲜艳度、鲜度、艳度、彩度、含灰度等。纯度取决于该色中含色成分和消色成分（黑、白、灰）的比例，含色成分越大，纯度越大；消色成分越大，饱和度越小，也就是说，向任何一种色彩中加入黑、白、灰都会降低它的纯度，加的越多就降得越低，如图1-9所示。

图1-9　纯度

2．色彩心理

色彩对人的头脑和精神的影响力，是客观存在的。不同的颜色会给人们不同的心理感受，但是同一种颜色通常不只包含一个象征意义。

❏ **颜色的共同性心理含义**

由于人类个体的差异性，每个人对色彩的心理感受也会产生差异性，并且因人的年龄、性别、经历、民族、宗教、环境等不同而得到各种不同的感受。但还是能够找到大多数人所能接受的色彩心理感受方面的共同象征意义和表情特征，如表1-2所示。

表1-2　颜色的共同性心理含义

色彩	积极的含义	消极的含义
红色	热情、亢奋、激烈、喜庆、革命、吉利、兴隆、爱情、火热、活力	危险、痛苦、紧张、屠杀、残酷、事故、战争、爆炸、亏空
橙色	成熟、生命、永恒、华贵、热情、富丽、活跃、辉煌、兴奋、温暖	暴躁、不安、欺诈、嫉妒
黄色	光明、兴奋、明朗、活泼、丰收、愉悦、财富	病痛、胆怯、骄傲、下流
绿色	自然、和平、生命、青春、安全、宁静、希望	生酸、失控
蓝色	久远、平静、安宁、沉着、纯洁、透明、独立	寒冷、伤感、孤漠、冷酷
紫色	高贵、久远、神秘、豪华、生命、温柔、爱情、端庄、俏丽、娇艳	悲哀、忧郁、痛苦、毒害、荒淫
黑色	庄重、深沉、高级、幽静、深刻、厚实、稳定	悲哀、肮脏、恐怖、沉重
白色	纯洁、干净、明亮、轻松、卫生、凉爽、淡雅	恐怖、冷峻、单薄、孤独
灰色	高雅、沉着、平和、平衡、连贯、联系、过渡	凄凉、空虚、抑郁、暧昧、乏味、沉闷
金银色	华丽、富裕、高级、贵重	贪婪、俗气

❏ **颜色的个体性心理含义**

虽然大多数人在色彩心理方面存在着共同性，对色彩有着共同的情感反应。但看到色彩的人，其心理方面存在着个体差异性，也对色彩的不同情感反应有所不同。甚至同一个人不同的时间、地点、环境和情绪下，对同一种颜色的感受也会有一定差异和不同的情感反应。

例如，经常生活在海边的人看到蓝色时，可能会联想到天空、大海而豁然心胸开阔；而对于在冰天雪地中遇过难的人来说，可能会联想到刺骨冰雪而产生寒冷孤独的感觉，如图1-10所示。

图1-10　个体性心理含义

1.1.5　颜色模式

在图像中，颜色可以由各种各样不同的基色来合成，这构成了颜色的多种合成方式，如在 Photoshop 中称为颜色模式。下面将对几种常见的颜色模式进行介绍。

1. RGB 颜色模式

RGB 模式基于自然界中三原色的加色混合原理，通过对红（Red）、绿（Green）和蓝（Blue）3 种基色的各种值进行组合来改变像素的颜色，如图 1-11 所示。

2. CMYK 颜色模式

CMYK 颜色模式是一种印刷模式。其中 4 个字母分别指青（Cyan）、洋红（Magenta）、黄（Yellow）、黑（Black），在印刷中代表 4 种颜色的油墨。

CMYK 属于减色模式，由光线照到有不同比例 C、M、Y、K 油墨的纸上，部分光谱被吸收后，反射到人眼的光产生颜色。在混合成色时，随着 C、M、Y、K 这 4 种成分的增多，反射到人眼的光会越来越少，光线的亮度会越来越低，如图 1-12 所示。

3. Lab 颜色模式

Lab颜色是以一个亮度分量L及两个颜色分量a和b来表示颜色的。因此，Lab 颜色模式是由三个通道组成的，一个通道是亮度，即L，取值范围是 0～100；另外两个是色彩通道，用a和b表示，a和b的取值范围均为-120～120，如图 1-13 所示。

4. HSB 颜色模式

HSB 颜色模式是一种基于人直觉的颜色模式，使用该模式可以非常轻松地选择不同亮度的颜色。

Photoshop 中不直接支持 HSB 颜色模式，只能在【颜色】面板和【拾色器】对话框中定义颜色。该模式有三个特征，H 代表色相，用于调整颜色，范围是 0～360 度；S 代表饱和度，即彩度，范围是 0（灰色）～100 度（纯色）；B 代表亮度，表示颜色的相对明暗程度，范围是 0（黑色）～100 度（白色），如图 1-14 所示。

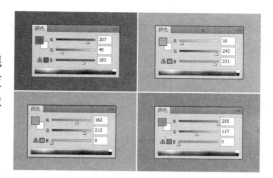

图 1-11　RGB 颜色模式

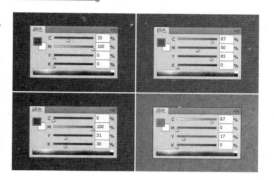

图 1-12　CMYK 颜色模式

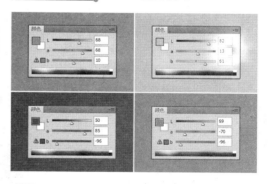

图 1-13　Lab 颜色模式

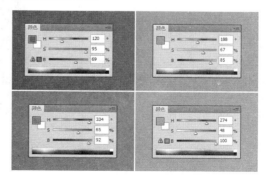

图 1-14　HSB 颜色模式

1.2 初识 Photoshop CS6

Photoshop 软件作为专业的图像编辑工具，可以制作适用于打印、Web 和其他任何用途的最佳品质的图像。而这些图像都可以通过 Photoshop 中的各种工具与命令来完成，下面介绍 Photoshop CS6 的应用领域、基本功能、新增功能和工作环境。

1.2.1 Photoshop 的应用领域

Photoshop 以其强大的位图编辑功能，灵活的操作界面，开发式的结构，早已渗透到图像设计的各个领域，比如广告设计、建筑装潢、数码影像、网页美工和婚纱摄影等诸多行业，并且已经成为这些行业中不可或缺的一个组成部分。

1. 广告设计

无论是平面广告、包装装潢，还是印刷制版，自从 Photoshop 诞生之日起，就引发了这些行业的技术革命。

Photoshop 中丰富而强大的功能，使设计师的各种奇思妙想得以实现，使工作人员从烦琐的手工拼贴操作中解放出来，如图 1-15 所示。

图 1-15　广告作品

2. 数码照片处理

运用 Photoshop 可以针对照片问题进行修饰和美化，如可以修复旧照片，即边角缺损、裂痕、印刷网纹等，使照片恢复原来的面貌。另外，Photoshop 还可以美化照片中的人物，比如去斑、去皱、改善肤色等，使人物更完美，如图 1-16 所示。

3. 网页创作

互联网技术的飞速发展，上网冲浪、查阅资料、在线咨询或者学习，已经成为人们生活的习惯和需要。而优秀的网站设计，精美的网页动画，恰当的色彩搭配，能够带来更好的视听享受，为浏览者留下难忘的印象，

图 1-16　照片修饰

如图 1-17 所示。这一切得益于 Photoshop 的强大网页制作功能，它在网页美工设计中起着不可替代的作用。

图 1-17　网页创作设计

4．插画绘制

在现代设计领域中，插画设计可以说是最具有表现意味的。而插画作为现代设计的一种重要的视觉传达形式，以其直观的形象性、真实的生活感和美的感染力，在现代设计中占有特定的地位，并且许多表现技法都是借鉴了绘画艺术的表现技法，如图 1-18 所示。

图 1-18　插画作品

5．界面设计

界面设计是人与机器之间传递和交换信息的媒介，而软件用户界面是指软件用于和用户交流的外观、部件和程序等。软件界面的设计，既要从外观上进行创意以达到吸引眼球的目的，还要结合图形和版面设计的相关原理，这样才能给人带来意外的惊喜和视觉的冲击，如图 1-19 所示。

6．建筑装潢

Photoshop 在建筑的后期处理方面也有着强大的辅助作用，可以说无论是建筑设计还是装潢设计，它们的后期处理大多是在该软件中实现的。例如，使用三维设计软件所渲染出来的图片颜色和主题边界会出现一些瑕疵，使用 Photoshop 可以方便、快速地修饰缺陷。使用该软件也可以为三维作品添加一些人物、植物等装饰品，并能节省许多时间，如图 1-20 所示。

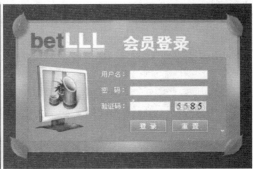

🔘 **图 1-19** 界面设计

🔘 **图 1-20** 建筑装潢

1.2.2　Photoshop 的基本功能

Photoshop 支持几乎所有的图像格式和色彩模式，能够同时处理多个图层。它的绘画功能与选取功能使编辑图像变得十分方便，图像变形功能用来制造特殊的视觉效果，增加的自动化操作，使用户在设计过程中大幅度地提高了工作效率。

1.　图层功能

对 Photoshop 的图层有效地管理，可以为图像制作提供极大的方便。对于不同的元素，用户可以将其分配到不同的图层中，这样对单个元素进行修改而不会影响到其他元素。例如，对图层执行合并、合成、翻转、复制和移动等操作；局部或者全部使用特殊效果；在不影响图像的同时，使用调整图层功能控制图层的色相、渐变和透明度等属性，如图 1-21 所示。

图 1-21　不同内容的【图层】面板

2．绘画功能

Photoshop 作为一款专业的图像处理软件，其绘画功能非常强大。通常情况下，在空白画布中，通过使用【钢笔工具】、【画笔工具】、【铅笔工具】、【自定形状工具】可以直接绘制图形，使用文字工具可以在图像中添加文本，或者进行不同形式的文本编排。如图 1-22 所示为使用【钢笔工具】、【画笔工具】与填充工具等绘制出来的精绘图像。

3．选取功能

使用 Photoshop 中的规则选取工具、不规则选取工具与选取命令等，可以选择不同形状、不同尺寸选区，以及对选区执行移动、增减、变形、载入和保存等操作。如图 1-23 所示，为通过通道选取的花卉。

4．调色功能

图 1-22　绘制的小提琴图像

Photoshop 中的各种颜色调整命令，可以根据不同的要求，或者设置色彩命令中的不同选项，调整不同效果的图像，比如将一幅图像的色调转换为另一种色调，或者是局部更改颜色等。如图 1-24 所示为转换整幅图像的色调。

图 1-23　选取图像

图 1-24　色调转换

5．变形功能

使用【自由变换】命令，可以将图像按固定方向进行翻转和旋转，也可以按不同角度进行旋转，或者对图像进行拉伸、倾斜与自由变形等处理。如图 1-25 所示，是利用变形功能调整后的效果。

1.2.3　Photoshop CS6 的新增功能

在 Photoshop CS6 中，除了常用的基本功能外，还增加了一系列的新功能。该软件从工作界面的改变、内容感知的修补和移动、全新的裁剪功能，到矢量图层、模糊效果、图层搜索、自动恢复、油画滤镜等功能，操作起来更加实用、简单、方便。

图 1-25　图像变形

1. 全新的裁剪功能

在 Photoshop CS6 中，使用全新的非破坏性裁剪工具可以快速精确地裁剪图像，在画布上能够控制图像，如图 1-26 所示。

2. 图层搜索

现在可以通过类型、名称、效果、模式、属性和颜色，使用新的图层搜索工具对图层进行搜索与排序。对那些有着众多图层的项目来说，这无疑是一个非常实用的新功能，如图 1-27 所示。

图 1-26　裁剪图像　　　　　　　图 1-27　搜索图层

3. 内容感知移动

【内容感知移动工具】　是 Photoshop CS6 中的一个新工具，它能在用户整体移动图片中选中的某物体时，智能填充物体原来的位置。

例如，先选中湖上的小船，再单击【内容感知移动工具】，把小船拖放到湖面的另一个位置。在拖动小船的同时，软件就会自动根据周围环境情况填充空出的区域，如图 1-28 所示。

4. 油画滤镜

使用 Mercury 图形引擎支持的油画滤镜，可以快速让图像呈现油画效果。通过控制画笔的样式及光线的方向和亮度，以产生出色的效果，如图 1-29 所示。

图 1-28　内容感知移动

图 1-29　油画效果

5．文字

专门设置了【文字】主菜单，给文字新增了【字符样式】和【段落样式】两个配套的面板。字符样式和段落样式本身没什么高深的技术含量，与 Word 样式和段落样式大同小异，但作为两个面板出现同样不容小视，如图 1-30 所示。

> **提　示**
>
> Photoshop CS6 还有许多新增功能，需要在实际操作过程中去逐渐发现，体会其中的优越之处。

图 1-30　【字符样式】与【段落样式】面板

1.2.4　Photoshop CS6 的工作环境

Photoshop CS6 拥有全新的界面操作方式。在工具箱与面板布局上引入了全新的可伸缩的组合方式，使编辑操作更加方便、快捷。

1．Photoshop 工作界面

当启动 Photoshop CS6 后，打开如图 1-31 所示的 Photoshop 界面，发现该界面与之前的版本界面有所不同。

在默认情况下，工具箱、工作区域与控制面板有其固定的位置，当然三者也可以成为浮动面板或者浮动窗口。Photoshop CS6 界面主要由如表 1-3 所示的部分组成。

表1-3　Photoshop CS6 界面组成部分与其简介

区　域	简　介
工具箱	工具箱中列出了 Photoshop 常用的工具，单击工具按钮或者选择工具快捷键即可使用这些工具。对于存在子工具的工具组（在工具右下角有一个小三角标志说明该工具中有子工具）来说，只要在图标上右击鼠标或单击左键不放，就可以显示出该工具组中的所有工具
菜单栏	Photoshop 的菜单栏中包括 10 个菜单，分别是【文件】、【编辑】、【图像】、【图层】、【文字】、【选择】、【滤镜】、【视图】、【窗口】和【帮助】。使用这些菜单中的菜单选项可以执行大部分 Photoshop 中的操作
控制面板	控制面板的功能很全面，主要用于基本操作的控制和进行参数的设置。在面板上单击右键有时还可以打开一些快捷菜单执行操作
选项栏	选项栏是从 Photoshop 6.0 版本开始出现的，用于设置工具箱中当前工具的参数。不同的工具所对应的工具栏也有所不同
标题栏	标题栏位于窗口的顶端。左侧显示 Adobe Photoshop 图标和字样。右侧有程序窗口控制按钮，从左到右依次是【最小化】按钮 ➖ 、【最大化】按钮 ▢ 、【关闭】按钮 ✖ ，这三个按钮是 Windows 窗口共有的
图像窗口	在打开一幅图像的时候就会出现图像窗口，它是显示和编辑图像的区域
状态栏	状态栏中显示的是当前操作的提示和当前图像的相关信息

2. 工具箱

工具箱是每一个设计者在编辑图像过程中必不可少的，当单击并拖动工具箱时，该工具箱成为半透明状。

Photoshop CS6 中的工具箱与之前版本相比，只有几个工具组位置有所改变。如图 1-32 所示为工具箱中的所有工具。

在表 1-4 中列出了工具箱中所有工具的名称、快捷键以及功能介绍，以方便查看。

图 1-31　Photoshop CS6 界面

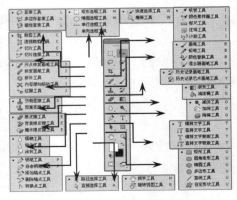

图 1-32　工具箱中的工具

表1-4 工具箱中的各项工具与相应功能介绍

图标	工　具　名　称	快　捷　键	工具功能介绍
	移动工具	V	移动图层和选区内图像像素
	矩形选框工具	M	创建矩形或者正方形选区
	椭圆选框工具	M	创建椭圆或者正圆选区
	单行选框工具	—	创建水平1像素选区
	单列选框工具	—	创建垂直1像素选区
	套索工具	L	根据拖动路径创建不规则选区
	多边形套索工具	L	连续单击点创建直边多边形选区
	磁性套索工具	L	根据图像边缘颜色创建选区
	魔棒工具	W	创建与单击点像素色彩相同或者近似的连续或者非连续的选区
	快速选择工具	W	利用可调整的圆形画笔笔尖快速"绘制"选区。拖动时，选区会向外扩展并自动查找和跟随图像中定义的边缘
	裁剪工具	C	裁切多余图像边缘，也可以校正图像
	透视裁剪工具	C	可以透视变形图像
	切片工具	C	将图像分隔成多个区域，方便成组按编号输出网页图像
	切片选择工具	C	选取图像中已分隔的切片图像
	吸管工具	I	采集图像中颜色为前景色
	颜色取样器工具	I	结合【信息】面板查看图像内颜色参数
	标尺工具	I	结合【信息】面板测量两点之间的距离和角度
	注释工具	I	为文字添加注释
	计数工具	I	用作度量图像的长、宽、高、起点坐标、终点坐标、角度等数据
	污点修复画笔工具	J	对图像中的污点进行修复
	修复画笔工具	J	对图像的细节进行修复
	修补工具	J	用图像的某个区域进行修补
	内容感知移动工具	J	可在无须复杂图层或慢速精确地选择选区的情况下快速地重构图像
	红眼工具	J	修改数码图像中的红眼缺陷
	画笔工具	B	根据参数设置绘制多种笔触的直线、曲线和沿路径描边
	铅笔工具	B	设置笔触大小，绘制硬边直线、曲线和沿路径描边
	颜色替换工具	B	对图像局部颜色进行替换
	混合器画笔工具	B	将照片图像制作成绘画作品
	仿制图章工具	S	按 Alt 键定义复制区域后可以在图像内复制图像，并可以设置混合模式、不透明度和对齐方式的参数
	图案图章工具	S	利用 Photoshop 预设图像或者用户自定义图案绘制图像
	历史记录画笔工具	Y	以历史的某一状态绘图
	历史记录艺术画笔工具	Y	用艺术的方式恢复图像
	橡皮擦工具	E	擦除图像
	背景橡皮擦工具	E	擦除图像显示背景

图标	工 具 名 称	快 捷 键	工具功能介绍
	魔术橡皮擦工具	E	擦除设定容差内的颜色,相当于魔棒+Del 键的功能
	渐变工具	G	填充渐变颜色,有 5 种渐变类型
	油漆桶工具	G	填充前景色或者图案
	模糊工具	—	模糊图像内相邻像素颜色
	锐化工具	—	锐化图像内相邻像素颜色
	涂抹工具	—	以涂抹的方式修饰图像
	减淡工具	O	使图像局部像素变亮
	加深工具	O	使图像局部像素变暗
	海绵工具	O	调整图像局部像素饱和度
	钢笔工具	P	绘制路径
	自由钢笔工具	P	以自由手绘方式创建路径
	添加锚点工具	—	在已有路径上增加节点
	删除锚点工具	—	删除路径中某个节点
	转换点工具	—	转换节点类型,比如可以将直线节点转换为曲线节点进行路径调整
	横排文字工具	T	输入编辑横排文字
	竖排文字工具	T	输入编辑垂直文字
	横排文字蒙版工具	T	直接创建横排文字选区
	竖排文字蒙版工具	T	直接创建垂直文字选区
	路径选择工具	A	选择路径执行编辑操作
	直接选择工具	A	选择路径或者部分节点调整路径
	矩形工具	U	绘制矩形形状或者路径
	圆角矩形工具	U	绘制圆角矩形形状或者路径
	椭圆工具	U	绘制椭圆、正圆形状或者路径
	多边形工具	U	绘制任意多边形形状或者路径
	直线工具	U	绘制直线和箭头
	自定形状工具	U	绘制自定义形状和自定义路径
	抓手工具	H	移动图像窗口区域
	旋转视图工具	R	旋转视图显示方向
	缩放工具	Z	放大或者缩小图像显示比例
	设置前景色,背景色	—	设置前景色和背景色,按 D 键恢复为默认值,按 X 键切换前景色和背景色
	以快速蒙版模式编辑	Q	切换至快速蒙版模式编辑
	更改屏幕模式	F	切换屏幕的显示模式

技 巧

当选中一个工具后,想在该工具组中来回切换,可以使用快捷键 Shift+该工具快捷键。

　　工具箱中的每一个工具都具有相应的选项参数,激活某个工具后,该工具相应的选项参数显示在工具选项栏中,用户可根据需要随时对选项或参数设置进行调整。图 1-33 所示是部分工具的选项栏设置。

图 1-33　部分工具的选项栏

3. 控制面板

Photoshop 中的控制面板综合了 Photoshop 编辑图像时最常用的命令和功能，以按钮和快捷键菜单的形式集合在控制面板中。

在 Photoshop CS6 中，所有控制面板以图标形式显示在界面右侧，如图 1-34 所示。

当单击其中一个面板图标后，该面板显示；如果想打开另外一个面板组，那么单击其中一个面板图标后，显示该面板组，而原来显示的面板组自动缩小为图标，如图 1-35 所示。

图 1-34　控制面板图标显示

图 1-35　打开或者隐藏面板

技 巧

要想隐藏打开的控制面板，可以再次单击该面板的图标，或者是单击面板组右上角的双三角▶▶。

1.3 Photoshop 文件操作

在 Photoshop 中，无论是绘制图像，还是编辑图像，最基本的操作方法必须首先掌握，比如打开或者保存不同格式的图像文件、设置图像大小、调整图像窗口的大小或位置等。

1.3.1 使用 Mini Bridge 管理文件

Adobe Bridge 是 Adobe 系列中提供查看图像的软件。Adobe Bridge 可进行查找、组织和浏览在创建打印、Web、视频以及移动内容时所需的资源。可以从大多数 Creative Suite 组件中启动 Bridge，并使用它来访问 Adobe 和非 Adobe 资源。而 Photoshop CS6 中的 Mini Bridge 面板，与 Adobe Bridge 功能相同，并且更加方便、快捷。

1. 查看图像

单击 Mini Bridge 面板，展开该面板。选中文件夹后，即可在【内容】区域中查看图像文件，如图 1-36 所示。

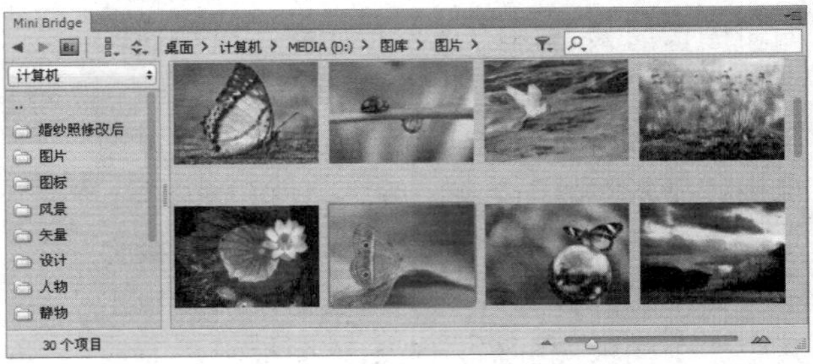

图 1-36 Mini Bridge 面板

2. 打开文件

当在 Mini Bridge 面板中双击图像文件后，该图像即可在 Photoshop 中打开，如图 1-37 所示。

当在画布中编辑图像后，执行【文件】|【存储】命令（快捷键 Ctrl+S），即可在【存储为】对话框中将图像文件保存为 PSD 格式的文件，如图 1-38 所示，其中各个选项的解释如表 1-5 所示。

图 1-37 打开文件

图 1-38 【存储为】对话框

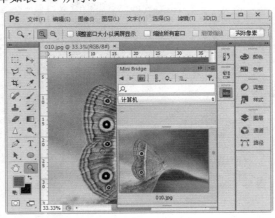

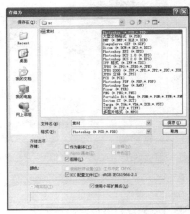

表 1-5　【存储为】对话框中的选项及功能

选　项	功　能
保存在	该下拉列表用于选择文件的存储的路径，选定后的项目将显示在文件或者文件夹列表中
文件名	输入新文件的名称，这样在文件之间就比较容易辨认
格式	在该下拉列表中选择所要存储的文件格式
作为副本	启用该复选框，系统将存储文件的副本，但是并不存储当前文件，当前文件在窗口中仍然保持打开状态
注释	启用该复选框，图像的注释内容将会与图像一起存储
Alpha 通道	启用该复选框，系统将 Alpha 通道信息和图像一起存储
专色	启用该复选框，系统将文件中的专色通道信息与图像一起存储
图层	启用该复选框，将会存储图像中的所有图层
使用小写扩展名	启用该复选框，当前存储的文件扩展名为小写，反之为大写

　　另存文件可以分为两种情况：一是当完成一幅作品时，因为 PSD 源文件所占的空间比较大，需要对原文件存储为其他格式；二是对原图像进行修改调整，存储为另一种效果。

　　如果当前文件曾经以一种格式存储过，则可以执行【文件】|【存储为】命令（快捷键 Ctrl+Shift+S），打开【存储为】对话框。设置文件存储的位置和文件名称，然后在【格式】下拉菜单里面选择一种存储格式即可。在 Mini Bridge 面板中即可查看保存后的图像文件，如图 1-39 所示。

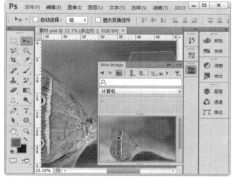

图 1-39　查看 PSD 格式文件

1.3.2　导入和导出文件

　　如果在其他软件中编辑过图像，在 Photoshop 中不能够直接打开，此时可以将该图像通过【导入】命令导入。有时 Photoshop 编辑的文件也需要在其他软件中进行编辑，此时就需要将文件导出。

1. 导入文件

　　执行【文件】|【导入】|【注释】命令，可以将一些从输入设备上得到的图像文件或者 PDF 格式的文件直接导入到 Photoshop 的工作区内，如图 1-40 所示。

　　在进行图像处理的过程中，用户还可以利用 Windows 剪贴板，直接将其他应用程序中的图像复制并粘贴到 Photoshop 的图像窗口中进行编辑。

图 1-40　【载入】对话框

2. 导出文件

执行【文件】|【导出】|【路径到 Illustrator】命令，弹出【导出路径到文件】对话框，选择【文档范围】，然后单击【确定】按钮，打开【选择存储路径的文件名】对话框。选择存储文件的位置，在【文件名】文本框里面输入要存储的文件名称，然后单击【保存】按钮即可将导出的文件保存为 AI 格式，如图 1-41 所示。

技 巧

利用 Windows 剪贴板不但可以将其他应用程序中的图像导入，而且也可以将 Photoshop 中的图像导出到其他的应用程序中。

图 1-41　将文件导出

1.3.3　置入图像

在 Photoshop 中，一般的图像格式可以通过【打开】命令打开，如果遇到特殊的图像格式，比如矢量格式的图像等，则需要通过【置入】命令打开。

在 Photoshop 中可以通过【置入】命令将矢量图（如 Illustrator 软件制作的 AI 图形文件）插入到 Photoshop 中当前打开的文档内使用。其方法是在 Photoshop 新建一个空白文档，执行【文件】|【置入】命令，打开【置入】对话框，如图 1-42 所示。

在【置入】对话框中单击【置入】按钮。此时，文档中会显示一个浮动的对象控制框，用户可以更改它的位置、大小和方向。完成调整后在框线内双击或按回车键确认插入，如图 1-43 所示。

图 1-42　【置入】对话框

1.3.4　图像窗口操作

在制作或修改图像的时候，很多情况下需要同时编辑多个图像，比如将一个图像拖动到另一个图像中去，因此要在多个图像窗口之间频繁切换、缩放图像，以及改变图像的位置等。灵活掌握图像窗口的操作方法，有利于提高工作效率。

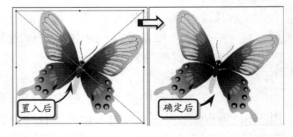

图 1-43　置入后的效果

1. 改变图像窗口的位置和大小

Photoshop 打开多个图像时，系统会按先后顺序将打开的图像依次排列。有的图片会被最上面的图片遮挡住，此时需要移动图像窗口的位置；有的图像在图像编辑区显示得不太完整，为了预览全图，需要对图像窗口进行缩放。

❑ **移动图像窗口位置**

如果要把图像窗口摆放到屏幕适当的位置，需要对图像窗口进行移动。移动的方法很简单，首先将鼠标指针移动到窗口标题栏上，单击鼠标左键的同时，拖动图像窗口到适当的位置释放鼠标。

❑ **改变图像窗口的大小**

将鼠标指针移动到图像窗口的边框上面，当鼠标指针变成 ↕、↔、↖或↗ 几种形状时单击并拖动窗口，即可改变窗口的大小。

❑ **切换图像窗口**

当用户使用 Photoshop 编辑多个图像时，需要在不同的图像窗口之间切换。其方法是使用鼠标直接在另一幅图像窗口的标题栏上单击，就可以将该图像置为当前图像。

技 巧

选择 Ctrl＋Tab 快捷键或者 Ctrl＋F6 快捷键可以切换到下一个窗口，选择 Ctrl＋Shift＋Tab 快捷键或者 Ctrl＋Shift＋F6 快捷键，可以切换到上一个窗口。

2. 切换屏幕显示模式

在编辑图像的过程中，为了全面地观察图像效果，可以切换屏幕的显示模式。为了满足用户的需求，Photoshop 提供了 4 种不同的屏幕显示模式。

❑ **标准屏幕模式**

【标准屏幕模式】 窗口将会显示 Photoshop 中的所有组件。单击工具箱最下方的【更改屏幕模式】按钮 ，选择【标准屏幕模式】选项，可以切换到标准屏幕模式的窗口显示，该模式较适合对 Photoshop 不太了解的初学者，如图 1-44 所示。

❑ **带有菜单栏的全屏模式**

【带有菜单栏的全屏模式】选项是不显示 Photoshop 的标题栏，而只显示菜单栏。单击工具箱最下方的【更改屏幕模式】按钮 ，选择【带有菜单栏的全屏模式】选项，可以使图像最大化地充满整个屏幕，以便有更多的操作空间。

图 1-44　标准屏幕模式

❑ **全屏模式**

单击工具箱最下方的【更改屏幕模式】按钮 ，选择【全屏模式】选项，可以切换到全屏模式。全屏模式下系统隐藏了菜单栏。该模式适合对 Photoshop 菜单栏熟悉的设计人员。

❑ 隐藏所有工具及菜单

在 Photoshop 中还有一种屏幕显示模式，即除图像外隐藏所有的菜单及选项栏。该模式适合对 Photoshop 的各个菜单、工具以及面板上所有信息相当熟悉的设计人员。其方法是，在【全屏模式】下同时按下 Tab 键即可。

3．新建图像窗口

新建图像窗口，可以观察同一种图像的不同视图。要新建窗口，首先在 Photoshop 中打开一张素材图片，执行【窗口】|【排列】|【为 "××文件" 新建窗口】命令，新窗口的名称与原来窗口的名称完全相同。新建图像窗口是为了更加方便地对图像进行修改和编辑。它有效地放大图像的局部，进行较细微的处理，可以查看编辑操作对图像局部和全图的影响。

提 示

新建窗口后，只要对新建的某一个窗口进行存储，就相当于对所有的新建窗口进行了存储，不需要逐一存储。

4．控制图像显示

在利用 Photoshop 编辑图像的过程中，要灵活控制图像的显示比例，以便于精确地编辑图像。比如，需要编辑图像的某个区域，可以放大该区域，编辑完毕后要预览全图，还要缩小图像。灵活运用此功能可以为设计人员带来很大的帮助。

❑ 缩放图像显示

在 Photoshop 中要放大或者缩小图像显示比例，最简单的方法就是选择工具箱中的【缩放工具】，然后在工具选项栏中启用【放大】按钮或者【缩小】按钮，在图像窗口中单击即可，如图 1-45 所示。

图 1-45　缩放图像显示比例

技 巧

要放大或者缩小图像显示比例，还可以执行【视图】|【放大】（快捷键 Ctrl++）或者【缩小】（快捷键 Ctrl+－）命令，在状态栏中的比例文本框中输入数值即可。

❑ **在图像窗口中移动显示区域**

选择【抓手工具】，将鼠标移动到图像上，然后拖动鼠标即可移动显示区域。如图 1-46 所示。在选择【放大】按钮或者【缩小】按钮的前提下，按下空格键也可以切换到【抓手工具】。

图 1-46 使用【抓手工具】移动图像显示区域

1.4 思考与练习

一、填空题

1．计算机记录图像的方式包括两种：一种是通过数学方法记录图像内容，即_____；另一种是用像素点阵方法记录，即_____。

2．色彩可分为_____和_____两大类。

3．_____就是每英寸图像含有多少个点或者像素，其单位为点/英寸（英寸缩写为 dpi）。

4．_____是指打印灰度级图像或者分色所用的网屏上每英寸的点数，是用每英寸有多少行或者线数来测量的。

5．常见的颜色模式包括_____、CMYK颜色模式、Lab 颜色模式与 HSB 颜色模式。

二、选择题

1．Photoshop 的默认文件格式是_____。
   A．JPEG
   B．PSD
   C．PDF
   D．BMP

2．要显示标尺，可以按下快捷键_____。

   A．Ctrl+D
   B．Ctrl+ "
   C．Ctrl+H
   D．Ctrl+R

3．选择【缩放工具】的快捷键是_____。
   A．T
   B．H
   C．Z
   D．C

4．放大图像显示比例的快捷键是_____。
   A．Ctrl++
   B．Ctrl+-
   C．Ctrl+0
   D．Ctrl+9

5．通过快捷键_____可以在 3 种屏幕显示模式切换。
   A．Ctrl
   B．H
   C．F
   D．Alt

三、问答题

1．矢量图与位图之间有什么区别？

2．在 Photoshop 中主要采用哪些颜色模式？

3．Photoshop CS6 有哪些新增功能？

4．通过【置入】命令在 Photoshop 中打开的图像有何不同？

四、上机练习

1. 导入 AI 矢量图形

要导入 AI 格式的矢量图形，首先要新建一个空白画布。然后执行【文件】|【置入】命令，选择 AI 格式的文件，单击【确定】按钮即可将其导入其中，如图 1-47 所示。

2. 扩大操作空间

要在保留菜单的情况下最大限度地扩大操作空间，可以按 Tab 键隐藏工具箱和面板组图标，

如图 1-48 所示。要想返回标准屏幕模式，只要再次按 Tab 键即可。

图 1-47　导入 AI 矢量图形

图 1-48　扩大操作空间

第 2 章

图像基础操作

　　图像的基本操作是初学者使用 Photoshop CS6 软件的第一步，无论是处理数码照片还是独立设计平面作品，均需要对 Photoshop 的基础操作进行熟练的掌握。比如，图像分辨率、图像尺寸、画布大小、裁切图像和变换图像等。通过这些简单的操作，能够对图像进行基本编辑，特别是低分辨率的数码照片处理，从而得到一幅完美的图片。

　　本章将就 Photoshop 中的基本操作展开全面的讲解。目的是让用户掌握图像处理的操作方法，以便于今后在绘制和编辑图像过程中游刃有余。

本章学习目标：

 ➤ 颜色选取
 ➤ 复制与粘贴
 ➤ 图像位置
 ➤ 图像变形

2.1 设置图像大小

图像的尺寸和分辨率对于设计者来说尤为重要。无论是打印输出或屏幕上显示的图像，制作时都需要设置图像的尺寸和分辨率，这样才能按要求进行创作。有效地更改图像的分辨率，会大幅度提高工作效率。

2.1.1 更改图像大小

图像的文件大小是图像文件的数字大小，以千字节（KB）、兆字节（MB）或千兆字节（GB）为度量单位。文件大小与图像的像素大小成正比。图像中包含的像素越多，在给定的打印尺寸上显示的细节也就越丰富，但需要的磁盘存储空间也会增多，而且编辑和打印的速度可能会更慢。因此，更改图像大小不仅会影响图像像素大小，还会影响图像的品质和打印特性，以及打印尺寸或图像分辨率。

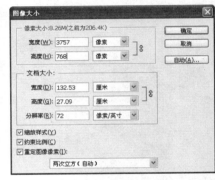

无论是改变图像分辨率、尺寸还是像素大小，都需要使用【图像大小】对话框来完成。执行【图像】|【图像大小】命令（快捷键 Alt+Ctrl+I），即可弹出相应对话框，如图 2-1 所示。

图 2-1 【图像大小】对话框

其中，【像素大小】选项区域控制图像像素的尺寸，而【文档大小】选项区域控制打印文档的尺寸。而两者之间的联系是，像素大小等于文档（输出）大小乘以分辨率。

> **注　意**
>
> 在图像窗口下方，用户可以看到这样的信息 文档:27.1M/54.3M ▶，前面的数字代表将所有图层合并后的图像大小，后面的数字代表着当前包含所有图层的图像大小。用户可以单击右侧小三角按钮，选择【显示】命令，在其下拉菜单中，可以选择所需要显示的图像其他信息。

默认情况下，缩小【像素大小】选项区域中的【宽度】参数值时，其【高度】参数及【文档大小】选项区域的【宽度】和【高度】参数值均会成比例缩小，如图 2-2 所示。

当禁用【重定图像像素】选项时，降低【分辨率】参数值而不更改像素大小，将增大文档大小，即不重新取样，如图 2-3 所示。

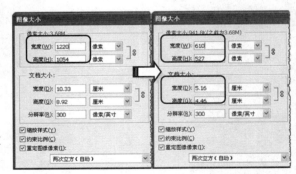

图 2-2 更改数值

当启用该选项，降低【分辨率】参数值而保持相同的文档大小，将减小像素大小，即重新取样，如图 2-4 所示。

启用【重定图像像素】选项后，还可以激活其右下角的下拉列表框，该列表框中提供了五种重定图像像素的方式，它们的具体功能如下。

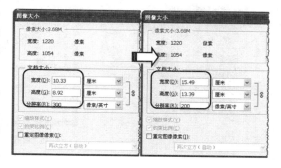

图 2-3　不重新取样

- ❑ **邻近**　一种速度快但精度低的图像像素模拟方法。该选项用于放大或者缩小包含未消除锯齿边缘的插图，以保留硬边缘并生成较小的文件。但是，该方法可能产生锯齿状效果，在对图像进行扭曲或缩放时或在某个选区上执行多次操作时，这种效果会变得非常明显。

- ❑ **两次线性**　一种通过平均周围像素颜色值来添加像素的方法。该方法可生成中等品质的图像。

- ❑ **两次立方**　一种将周围像素值分析作为依据的方法，速度较慢，但精度较高。【两次立方】使用更复杂的计算，产生的色调渐变比【邻近】或【两次线性】更为平滑。

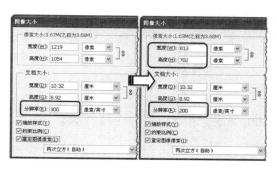

图 2-4　重新取样

- ❑ **两次立方（自由）**　默认选项，由 Photoshop 自动决定像素的重新分配算法。
- ❑ **两次立方（较平滑）**　一种基于两次立方插值且旨在产生更平滑效果的有效图像放大方法。
- ❑ **两次立方（较锐利）**　一种基于两次立方插值且具有增强锐化效果的有效图像减小方法。此方法在重新取样后的图像中保留细节。如果使用【两次立方(较锐利)】会使图像中某些区域的锐化程度过高，可以尝试使用【两次立方】。

2.1.2　调整画布

画布是指当前操作的图像的背景图层，画布大小可以决定图像的完全可编辑区域。执行【图像】|【画布大小】命令（快捷键 Alt+Ctrl+C），能够弹出【画布大小】对话框。

1. 调整画布大小

【画布大小】对话框中的【相对】选项，能够设置当前画布大小添加或减去的数量。当启用该选项后，输入一个正数将为画布添加一部分；而输入一个负数将从画布中减去一部分，如图 2-5 所示。

提　示

默认情况下，在【画布大小】对话框中启用【相对】复选框后，【新建大小】选项中的【宽度】和【高度】参数会以 0 开始计算。

源素材　　　　　　　　　　宽度和高度均为 100 像素　　　　　　宽度和高度均为–300 像素

 图 2-5　调整画布大小

另外，在【画布扩展颜色】下拉列表中，用户可以设置扩展后的画布颜色。扩展画布与收缩画布的道理是一样的，都是通过控制箭头的方向来设置的。如果图像不包含背景图层，则【画布扩展颜色】下拉列表是被禁用的。

2．定位画布

打开一张素材图片，在【画布大小】对话框中，将【宽度】和【高度】分别设置为 100 像素。在【定位】选项中设置不同的位置，能够在不同的方向添加画布，如图 2-6 所示。

图 2-6　设置不同的位置

提 示

在【画布扩展颜色】下拉列表中，用户可以设置扩展后的画布颜色，扩展画布与收缩画布的道理是一样的，都是通过控制箭头的方向来设置的。

3．裁剪工具

使用【裁剪工具】，可以通过手动的方式，快速达到裁剪图像的目的。该工具可以自由控制裁剪的大小和位置，还可以在裁剪的同时，对图像执行旋转、变形，以及改变图像分辨率等操作。

在工具箱中单击【裁剪工具】按钮 ⛶，启用此工具后，在工具选项栏中可以设置裁剪图像的尺寸，如图 2-7 所示。

在裁剪过程中需要对图像进行重新取样时，可以直接输入高度和宽度的值。如果要裁剪图像而不重新取样（采用默认设置），可以指定使用默认设置进行裁剪。

【裁剪工具】选项栏中选项如下。

❑ **不受约束**　选择该选项，是指在裁剪区域不受到画面的限制，如图 2-8 所示。

❑ **纵向与横向旋转裁剪框**　单击该按钮，可以旋转裁剪区域。

❑ **拉直**　单击该按钮，可以通过在图像上画一条线来拉直该图像，如图 2-9 所示。

❑ **视图**　单击该按钮，可以改变裁剪区域的视图，如图 2-10 所示。

❑ **设置其他裁切选项**　单击该按钮，可以修改裁剪区域的效果，如图 2-11 所示。

图 2-7　【裁剪工具】选项栏

图 2-8　不受约束

图 2-9　拉直图像

图 2-10　改变视图

❑ **删除裁剪的像素**　启用该复选框，可以删除裁剪的像素。

在工具箱中选择【透视裁剪工具】 ⛶，在裁剪图像时用户可以将透视的图像进行校正，如图 2-12 所示。

技　巧

运用【裁剪工具】⛶还可以扩大画布。方法是：按快捷键 Ctrl+- 将图像缩小，拖动裁剪框到画面以外的区域，双击鼠标即可。

图 2-11　设置裁剪区域效果

图 2-12　透视裁剪

4．裁切命令

如果图像的背景为纯色，那么在裁剪图像时，就可以运用【裁切】命令将空白区域裁剪掉。执行【图像】|【裁切】命令，设置其中的参数如图 2-13 所示，裁切到白色区域。

图 2-13　使用【裁切】命令

打开【裁切】对话框，可以看到各个选项的设置。其中可以设置裁切图像的各个边缘，如图 2-14 所示。

提　示

在【裁切】对话框中，如果启用【左上角像素颜色】单选按钮，裁切图像时则从左上角开始；如果启用【右下角像素颜色】单选按钮，裁切图像时则从右下角开始。

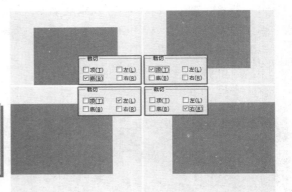

图 2-14　裁切不同的边缘

如果图像中存在透明像素，当打开【裁切】对话框后，则可以激活【透明像素】单选按钮。启用该按钮即可，如图 2-15 所示。

图 2-15　裁切透明像素

5．裁剪命令

在图像中存在选区的情况下，用户可以执行【图像】|【裁剪】命令。以选区边缘线为基准对图像进行裁剪，如图 2-16 所示。

利用【裁剪】命令进行剪切的范围已不限制在矩形范围内。任何一个形状的选取范围均可以进行剪切。如果选取的是一个圆形或椭圆形范围，那么剪切

图 2-16　使用【裁剪】命令

时就按选取范围四周最边缘的位置为基准进行剪切，如图 2-17 所示。

图 2-17　裁剪圆形图像

2.2　选取颜色

Photoshop 具有强大的绘图功能，与传统的手工绘画一样，在绘图之前必须设置好颜色。在 Photoshop 中既可以独立设置颜色，也可以借用现有的颜色。

2.2.1　常用颜色选取

在 Photoshop 中可以通过多种途径设置想要的颜色，但是所有设置的颜色均会存储在工具箱中的前景色或者背景色中，因为 Photoshop 工具箱中的前景色/背景色就是用来存储设置的颜色的。

工具箱的下方有两个交叠在一起的正方形，它们就是前景色和背景色，如图 2-18 所示。左上方的正方形表示前景色，它决定当使用任何一种绘图工具时所画出的颜色。右下方的正方形表示背景色，它可以用来清除背景图像。

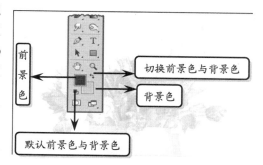

图 2-18　前景色和背景色

> **技　巧**
>
> 单击工具箱中紧临前景色和背景色的小弯曲箭头（或者选择键盘上的 X 键）就可以交换前景色和背景色。单击这一区域左下角的小正方形（或者选择键盘上的 D 键）就可以把前景色和背景色复位到它们的默认设置（黑/白）。

1．拾色器对话框

在默认情况下，工具箱中的前景色与背景色为黑色和白色。要想更改默认颜色，只需要单击相应的色块，即可打开相应的拾色器对话框。如图 2-19 所示为单击前景色色块打开的拾色器对话框。

❑ **选择颜色**

在拾色器中选取颜色非常简单，只要在色谱条中选择某个色相，然后在颜色预览区域中单击即可。这时工具箱中的前景色为选中的颜色，如图 2-20 所示。当选取颜色时，数值区中的所有不同颜色模式的数值均会发生相应的变化。

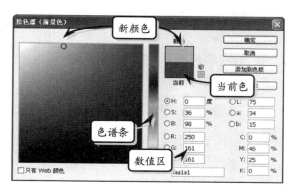

图 2-19　【拾色器（前景色）】对话框

❑ **颜色模式**

在默认情况下，拾色器对话框中是以 HSB 颜色模式来选取颜色的，而 HSB 颜色模式中的 H 选项，在颜色滑块中显示所有色相；启用 S 选项可在色域中显示所有色相，它们的最大亮度位于色域的顶部，最小亮度位于底部。颜色滑块显示在色域中选中的颜色，它的最大饱和度位于滑块的顶部，最小饱和度位于底部，如图 2-21 所示。

启用 B 选项可在色域中显示所有色相，它们的最大饱和度位于色域的顶部，最小饱和度位于底部。颜色滑块显示在色域中选中的颜色，它的最大亮度位于滑块的顶部，最小亮度位于底部，如图 2-22 所示。

❑ **网页安全颜色**

网页安全颜色是指在不同硬件环境、不同操作系统、不同浏览器中都能够正常显示的颜色集合。使用网页安全颜色进行网页配色可以避免原有的颜色失真问题，而在 Photoshop 拾色器中可以直接选择网页安全颜色，方法是在该对话框中启用【只有 Web 颜色】选项即可，如图 2-23 所示。

❑ **颜色库**

单击拾色器对话框中的【颜色库】按钮，该对话框会切换到【颜色库】对话框，如图 2-24 所示，在其中可以选择固定的颜色。在【颜色库】对话框中，单击【拾色器】按钮可以返回拾色器对话框。

2．颜色面板

在拾色器对话框中只能设置前景色或者背景色，而 Photoshop 中的【颜色】面板可以同时设置这两种颜色。在默认情况下，该面板提供的是 RGB 颜色模式滑块，如图 2-25 所示。

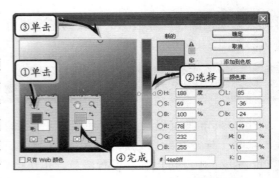

图 2-20　选择颜色

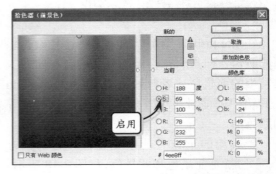

图 2-21　HSB 颜色模式中的 S 选项颜色显示

图 2-22　HSB 颜色模式中的 B 选项颜色显示

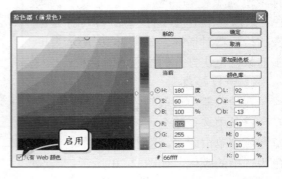

图 2-23　显示网页安全颜色

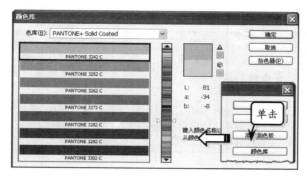

图 2-24 【颜色库】对话框

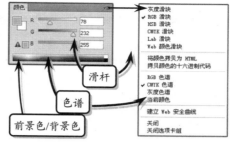

图 2-25 【颜色】面板

❑ 选择颜色

在【颜色】面板中，单击前景色色块后，无论是单击面板中的色谱，还是拖动滑块，均可以改变前景色。同时工具箱中的【前景色】也会随之改变，如图 2-26 所示。

技 巧

要想在【颜色】面板中设置背景颜色，只需要单击该面板中的背景色色块即可使用相同的方法设置。

❑ 颜色模式

单击该面板右上角三角图标，在关联菜单中包括 6 种不同模式的滑块，选择其中一个命令，面板会发生相应的变化，如图 2-27 所示。其中选择不同模式滑块时，其选色的方法是不同的，具体说明如表 2-1 所示。

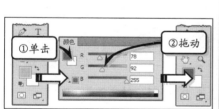

图 2-26 设置前景色

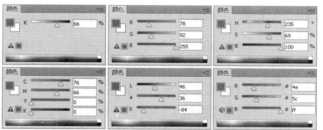

图 2-27 不同模式滑块显示

表 2-1 6 种不同滑块的功能

名称	功 能
灰度滑块	选择该选项后，面板中只显示一个 K（黑色）滑杆，其中只能设置 0~255 范围内的色调，即只有从白到黑的 256 种颜色。选色时也可以用鼠标拖动滑块或在其后面输入数值
RGB 滑块	选择该选项后，面板中会显示 R（红色）、G（绿色）、B（蓝色）三个滑杆。其三者范围都在 0~255，拖动这三个滑杆上的小三角滑块即可通过改变 R、G、B 的不同色调来选色。设定后的颜色会显示在前景色和背景色按钮中。用户也可以在滑杆后的文本框中输入 R、G、B 的数值来指定颜色。当三个数值都为 0 时是黑色，都为 255 时，为白色。当要选择背景色时，应在【颜色】面板中单击选中背景色，然后再使用滑杆进行选色
HSB 滑块	选择该选项后，滑杆变为 H（色相）、S（饱和度）、B（亮度）三个滑杆。通过拖动这三个滑杆上的小三角滑块可以分别设置 H、S、B 的值，其使用方法与 RGB 滑块相同
CMYK 滑块	选择该选项后，滑杆变为 C（青色）、M（洋红色）、Y（黄色）、K（黑色）四个滑杆，使用方法与 R、G、B 滑杆相同

名 称	功 能
Lab 滑块	选择该选项后，滑杆变为 L、a、b 三个滑杆。L 用于调整亮度（其范围 0~100）；a 用于调整由绿到鲜红的光谱变化；b 用于调整由黄到蓝的光谱变化。后两者的取值范围都在 −120~120
Web 颜色滑块	选择该选项后，滑杆变为 R、G、B 三个滑杆，它与 RGB 滑块不同，主要用来选择 Web 上使用的颜色。其每个滑杆上分为 6 个颜色段，所以总共只能调配出 216（6×6×6＝216）种颜色，并且在滑杆右侧文本框汇总可以输入 RGB 三色的编号来指定颜色

❑ **色谱**

在【颜色】面板中无论使用哪一个模式滑块设置颜色，都可以选择不同的色谱。只要在该面板的关联菜单中选择色谱命令即可，如图 2-28 所示为在 RGB 颜色模式滑块中显示的是灰度色谱。

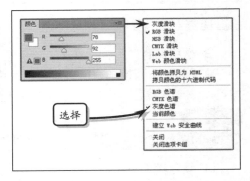

2.2.2 现有颜色选取

在 Photoshop 中除了可以设置颜色外，还可以使用现有的颜色。比如【色板】面板中的颜色，和使用【吸管工具】得到的颜色。

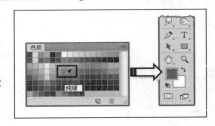
图 2-28 灰色色谱

1. 使用【色板】面板

Photoshop 提供了一个【色板】面板，用于快速选择前景色。该面板的颜色可以直接选取使用。

❑ **使用【色板】面板选择颜色**

如果要使用【色板】面板选择颜色，首先执行【窗口】|【色板】命令显示该面板，如图 2-29 所示。然后移动鼠标指针至面板色板方格中，此时鼠标显示为吸管形状，单击可选定当前指定颜色。

❑ **在【色板】面板中添加颜色**

在【色板】面板中，还可以添加一些常用的颜色。将鼠标指针移至【色板】面板的空白处。当指针显示为油漆桶图标时，单击鼠标左键弹出【色板名称】对话框，设置颜色命名后单击【确定】按钮，如图 2-30 所示。

图 2-29 【色板】面板

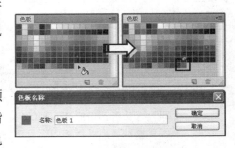
图 2-30 新建颜色

提 示

在【色板】面板中添加的颜色，是以工具箱中的前景色为基准。在该面板中添加颜色还可以通过拾色器中的【添加颜色】功能来实现。

□ 在【色板】面板中删除颜色

【色板】面板中不但可以添加一种颜色，而且还可以删除一种颜色。方法是将鼠标指针停放在要删除的色板方格上，右击鼠标选择【删除色板】命令即可，如图 2-31 所示。

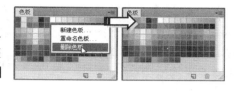

图 2-31　删除【色板】面板中颜色

□ 扩展【色板】面板

Photoshop 提供了许多种预设的色板集，可以方便用户选取颜色。在关联菜单中选择任意一个选项，就可以追加该色板集中的所有色板。在扩展的【色板】面板中，可以选择所需的颜色，如图 2-32 所示。

□ 复位【色板】面板

当经过多次增减、替换后，【色板】面板会失去本来面目。若要恢复 Photoshop 默认的【色板】面板设置，可以单击该面板右上角的小三角，在关联菜单中选择【复位色板】命令，如图 2-33 所示。

2. 吸管工具

在绘制图像时，需要采取图像中相近的颜色值，这个时候就可以使用工具箱中的【吸管工具】 ✎ （快捷键 I）。它可以在图像区域中进行颜色采样，并采用颜色重定义前景色。

□ 吸取颜色

当需要从一幅图像上面吸取颜色时，首先选择【吸管工具】 ✎ 。然后，在图像中单击需要的颜色即可。所吸取的颜色将会在前景色中显示，如图 2-34 所示。

□ 设置取样点

在【吸管工具】选项栏中有一个【取样大小】下拉列表，其中包括"取样点"、"3×3平均"、"5×5 平均"、"11×11 平均"、"31×31 平均"、"51×51 平均"和"101×101 平均"

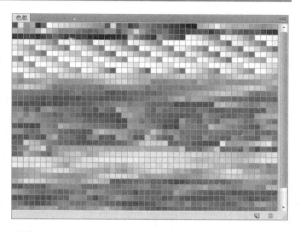

图 2-32　使用预设色板选取颜色

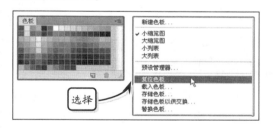

图 2-33　复位色板

图 2-34　吸取颜色

选项。这些选项限制了读取所单击区域内指定数量像素的平均值。如图 2-35 所示为选择"3×3 平均"与"5×5 平均"选项取样的颜色对比。

技 巧

使用【吸管工具】 ✐ 选取颜色时，选择 Alt 键单击就可以采样到背景色上面。

❑ 颜色取样器工具

单击【吸管工具】✐右边的小三角，选择【颜色取样器工具】✐，它主要的作用是查看颜色信息。该工具可以帮助读者定位查看图像窗口中任何一个位置的颜色信息。使用【颜色取样器工具】✐定点取样时，其取样点不得超过 4 个。【颜色取样器工具】✐只能获取颜色信息，而不能选取颜色。想要查看所取颜色的信息，打开【信息】面板即可，如图 2-36 所示。

图 2-35 不同取样范围颜色显示

图 2-36 查看颜色信息

提 示

要删除取样点，可以在选项栏中单击【清除】按钮或者按下 Alt 键单击取样点即可。也可以将取样点拖出图像窗口之外的区域。

2.3 基本编辑命令

在编辑图像过程中，通常需要对图像执行一些基本操作，如复制图像，将图像中的某个区域的图像清除，等等。下面就这些基本操作命令进行详细的介绍。

2.3.1 还原、重做与恢复文件

无论是改变图像大小，还是改变图像形状，均能够进行图像恢复。而在恢复图像操作中，既可以进行步骤还原，还可以进行步骤重做。

当图像进行编辑后，要想返回上一步操作，只要执行【编辑】|【还原】命令（快捷键 Ctrl+Z），可以将图像恢复到最后一次操作之前的状态，如可以撤销一次描绘或编辑工具的处理效果，或者是撤销一条特定效果或颜色校正命令。

另外，现在 Photoshop 软件支持按下 Ctrl+Alt+Z 组合键后退一步，或按下 Ctrl+Shift+Z 组合键前进一步的操作。这样很容易进行状态比较，同样也可以很容易改变方案。

注 意

在 Photoshop 中，不能恢复磁盘操作，如打开或保存文件。但是 Photoshop 支持恢复打印图像之后的编辑操作。可以测试观察这种效果，先打印图像，如果看起来不满意，可以将操作还原。

使用【历史记录】面板，可以在当前工作会话期间跳转到所创建图像的任一最近状态。每次对图像应用更改时，图像的新状态都会添加到该面板中。这样就可以将操作恢复到面板中记录的任意一步。

在该面板中，记录每次重要的操作，除了设置值和首选项（例如选择一个新的前景色）之外，其他的每一步都被添加到历史记录列表中。最早的操作显示在列表的最上方，而最近的操作显示在列表的底部。

面板中的每个项目表示图像处理过程的一个手段，也是某个时刻的一个情况，列表中的每个项目被称为"状态"。如果需要将图像恢复到最初打开时的状态，可以在最后一次保存之前，到【历史记录】面板的顶部单击最上面的项目即可，如图2-37所示。

图2-37 【历史记录】面板

技 巧

在【历史记录】面板中，确定状态的内容，只需单击该状态，Photoshop 就会立刻撤销该状态之后执行的所有操作，从而返回到该状态。

如果编辑图像到一定状态时，为了能够定格此状态下的图像效果，可以单击【历史记录】面板中的【创建新快照】按钮 ，创建出一个快照，如图2-38所示。

图2-38 创建快照

当对图像再次编辑了好多步骤，而又想回头比较一下刚才状态下的效果时，只需在该面板中，单击此快照即可显示出此状态下的效果。

提 示

在 Photoshop 中内存足够的情况下，可以保存任意多个快照，以方便在图像处理过程中，不断地对比前后效果。

2.3.2 复制图像

剪切、复制和粘贴是编辑图像中频繁用到的命令，有效地运用这些命令，在创作过程中会事半功倍。在 Photoshop 中复制图像也分为局部复制与整体复制。

1. 复制与剪切

在移动局部图像中，可以在不破坏源文件的情况下移动，这叫作复制；也可以在破坏源文件的情况下移动，这叫作剪切。

❑ **复制粘贴**

如果在不破坏源文件的情况下移动局部图像至另外一个文件内，那么首先要准备两个图像文档，并且其中一个文档中还要在要移动的图像中建立选区，如图2-39所示，按快捷键 Ctrl+C 或执行【拷贝】命令。

然后在目标图像中执行【编辑】|【粘贴】命令（快捷键 Ctrl+V），这时局部图像出现在该文档中，如图 2-40 所示。

❑ **剪切图像**

在 Photoshop 中进行剪切图像同复制图像一样简单，执行【编辑】|【剪切】命令（快捷键 Ctrl+X）即可。但是需要注意的是，剪切是将选取范围内的图像剪切掉，并放入剪贴板中。所以剪切区域内图像会消失，并填入背景色颜色，如图 2-41 所示。

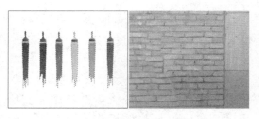

图 2-39　源图像与目标图像

> **注　意**
>
> 无论是执行【拷贝】命令还是【剪切】命令，在此之前必须选取一个范围。并且注意在复制时，是否作用在当前图层上。若选取范围内是透明的，没有图像内容，则执行【拷贝】和【剪切】命令后，会出现提示对话框。

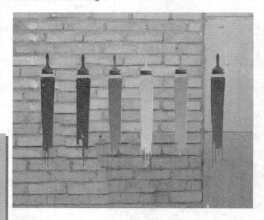

图 2-40　粘贴后的图像

2．合并拷贝

在【编辑】菜单中还提供了【合并拷贝】命令。这个命令也是用于复制和粘贴图像，但是不同于【拷贝】命令。

【合并拷贝】命令用于复制图像中的所有图层，即在不影响源图像的情况下，将选取范围内的所有图层均复制并放入剪贴板中。

当图像文档中存在两个或两个以上图层时，按快捷键 Ctrl+A 执行【全选】命令，然后执行【编辑】|【合并拷贝】命令（快捷键 Ctrl+Shift+C），如图 2-42 所示。

图 2-41　图像剪切前后对比

> **提　示**
>
> 使用【合并拷贝】命令时，必须先创建一个选取范围，并且图像中要有两个或两个以上的图层，否则该命令不可使用。该命令只对当前显示的图层有效，而对隐藏的图层无效。

接着打开另外一个图像文档执行【粘贴】命令，就会将刚才文档中的所有图像粘贴至其中，如图 2-43 所示。

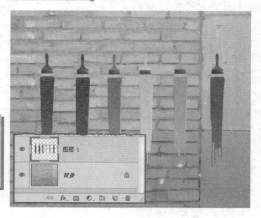

图 2-42　合并拷贝

2.3.3　清除图像

【清除】命令与【剪切】命令类似，不同的是，【剪切】命令是将图像剪切后放入剪贴板，而【清除】则是删除，并不放入剪贴板。要清除图像，首先创建选取范围，指定清除的内容，如图 2-44 所示。

然后执行【编辑】|【清除】命令，即可清除选取区域，如图 2-45 所示。执行【清除】命令可以删除选区中的图像，所以类似于【橡皮擦工具】。

图 2-43　粘贴至图像中

图 2-44　建立选取区域

图 2-45　执行【清除】命令

2.4　变换与变形

在实际工作过程中，可以对选区、整个图层、多个图层或图层蒙版应用变换，也可以向路径、矢量形状、矢量蒙版或 Alpha 通道应用变换。而在 Photoshop 中，除了传统的自由变换命令外，还可以根据图像内容进行内容识别缩放。

2.4.1　变换图像

1. 传统自由变换

打开一幅图像后，执行【编辑】|【变换】命令（快捷键 Ctrl+T），其中包括的变换命令能够进行各种样式的变形，如图 2-46 所示。

❑ **缩放**　缩放操作通过沿着水平和垂直方向拉伸，或挤压图像内的一个区域来修改该区域的大小。

❑ **旋转**　旋转允许对一个图层内容或一个选择区域进行任意方向的旋转。其菜单中还提供了【旋转 180 度】、【旋转 90 度（顺时针）】和【旋转 90 度（逆时针）】命令。

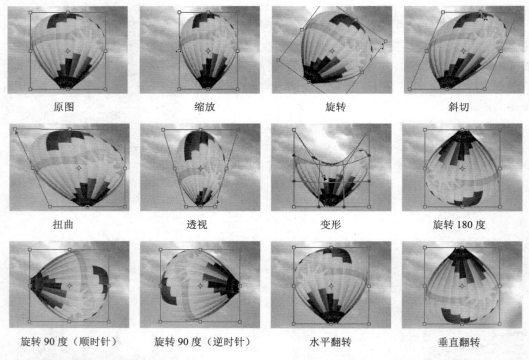

原图　　　　　缩放　　　　　旋转　　　　　斜切

扭曲　　　　　透视　　　　　变形　　　　　旋转 180 度

旋转 90 度（顺时针）　　旋转 90 度（逆时针）　　水平翻转　　　　　垂直翻转

　　图 2-46 　各种变换

- ❏ **斜切**　斜切是沿着单个轴，即水平或垂直轴，倾斜一个选择区域。斜切的角度影响最终图像将变得有多么倾斜。要想斜切一个选择区域，拖动边界框的那些节点即可。
- ❏ **扭曲**　当扭曲一个选择区域时，可以沿着它的每个轴执行拉伸操作。和斜切不同的是，倾斜不再局限于每次一条边。当拖动一个角时，两条相邻边将沿着该角拉伸。
- ❏ **透视**　透视变换是挤压或拉伸一个图层或选择区域的单条边，进而向内外倾斜两条相邻边。
- ❏ **变形**　该命令可以对图像任意拉伸从而产生各种变换。
- ❏ **水平翻转**　该命令是沿垂直轴水平翻转图像。
- ❏ **垂直翻转**　该命令是沿水平轴垂直翻转图像。

2. 内容感知型变换

　　内容识别缩放功能可在不更改重要可视内容（如人物、建筑、动物等）的情况下调整图像大小，它可以通过对图像中的内容进行自动判断后决定如何缩放图像。虽然这种判断并不是百分之百准确的，但确实是 Photoshop 通往智能化的一个标志。

　　打开一幅图像，并且进行图层复制。执行【编辑】|【内容识别比例】命令（快捷键 Alt+Ctrl+Shift+C），即可对图像进行有识别的变换。变换后的图像，主体人物不会发生很大变形，而大面积的天空或水面等，会智能地将其进行缩放，这点也是该项功能与普

通变换工具的不同之处，如图 2-47 所示。

原图

内容识别缩小

普通缩小

图 2-47 内容识别缩小

2.4.2 操控变形

操控变形功能提供了一种可视的网格，借助该网格，可以在随意地扭曲特定图像区域的同时保持其他区域不变。应用范围小至精细的图像修饰，如发型设计，大至总体的变换，如重新定位手臂或下肢。

要想为图像进行操控变形，首选选择图像所在的图层，然后执行【编辑】|【操控变形】命令，光标变成图钉形状，如图 2-48 所示。

提 示

除了图像图层、形状图层和文本图层之外，还可以向图层蒙版和矢量蒙版应用操控变形。要以非破坏性的方式扭曲图像，可以使用智能对象。

图 2-48 执行【操控变形】命令

这时，工具选项栏中将显示操控变形的选项。其中，各个选项及作用如下。

- □ **显示网格** 启用该选项可以显示图像的网格，如图 2-49 所示。禁用该选项可以只显示调整图钉，从而显示更清晰的变换预览。
- □ **模式** 确定网格的整体弹性。其中选项包括"正常"、"刚性"与"扭曲"。

提 示

要适用于对广角图像或纹理映射进行变形的极具弹性的网格，可以选取"扭曲"。

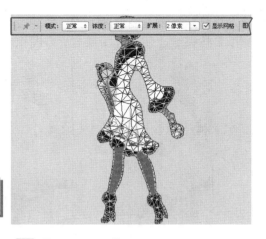

图 2-49 网格显示

- □ **浓度** 确定网格点的间距。较多的网格点可以提高精度，但需要较多的处理时间；较少的网关点则作用正好相反，如图 2-50 所示。
- □ **扩展** 扩展或收缩网格的外边缘，如图 2-51 所示。

图 2-50 网格浓度

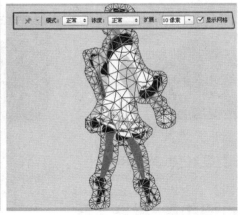

图 2-51 扩展网格的外边缘

当执行【操控变形】命令后，在图像区域单击，即可添加图钉。单击不同的区域，能够添加多个图钉，如图 2-52 所示。

提 示

> 要移去选定图钉，按 Delete 键。要移去其他各个图钉，将光标直接放在这些图钉上，然后按住 Alt 键，当剪刀图标✂出现时，单击该图标即可删除图钉。

继续使用光标单击并拖动某个图钉，即可改变该图钉所在图像的位置与形状，如图 2-53 所示。

这时会发现改变形状与位置的图

图 2-52 添加图钉

像，会显示在重叠图像的下方。要想改变其上下关系，可以在工具选项栏中单击【图钉深度】按钮，使下方图像与上方图像对调，如图 2-54 所示。

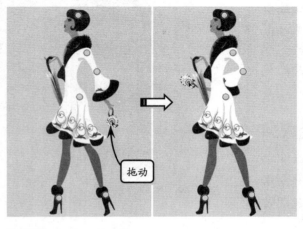

图 2-53 拖动图钉

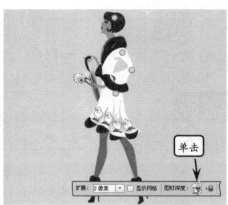

图 2-54 改变顺序

要固定改变图钉的旋转角度，首先单击选中某个图钉。然后在工具选项栏中选择【旋转】选项为"固定"，并且在角度文本框中输入数值即可，如图 2-55 所示。

选择与输入

图 2-55 固定旋转

2.4.3 旋转画布与视图

在 Photoshop 中，执行【图像】|【图像旋转】命令中的子命令，能够将画布进行任意角度的旋转。只是当进行 90 度、180 度与 360 度以外的角度旋转时，画布会自动添加边缘，使其成为矩形画布，如图 2-56 所示。

图 2-56 旋转图像

如果是针对视图进行 360 度旋转，而不是针对图像。那么就不会出现扩大画布的现象。方法是选择工具箱中的【旋转视图工具】 ，在画布中单击并旋转鼠标，即可旋转画布，如图 2-57 所示。

图 2-57 旋转视图

在旋转后绘制矩形选区，能够发现，选区仍然按照原先视图的方向进行显示，如图 2-58 所示。

使用该功能，用户可以对设计方案进行多角度的浏览，以方便提高作图的效率。而在使用之前，必须在【首选项】对话框中的【性能】选项中，启用【启用 OpenGL 绘图】选项，方能够进行视图旋转。

提 示

使用【旋转视图工具】 的同时，在工具选项栏中可以精确输入旋转的角度，也可以单击【视图复位】按钮，将视图方向进行恢复，还可以启用【旋转所有窗口】选项，在旋转当前窗口的视图时，旋转所有已打开的窗口视图。

2.5 课堂练习：为照片添加相框

本实例是为照片添加相框效果，如图 2-59 所示。

图 2-58 绘制选区

相框无论是真实的还是图片效果格式的，都是用来使照片显得更加美观的。一些单调乏味的照片，添上一些相框花边，会显得生动美观。在 Photoshop 中，主要是通过将图片拖动到 PSD 格式相框素材文档中，制作带有相框图像效果的。

图 2-61　打开照片素材

3　使用【移动工具】 ，将"小狗 01"图片拖至"相框"文档中，自动命名图层为"图层 1"图层，如图 2-62 所示。

图 2-59　为照片添加相框效果

操作步骤：

1　执行【文件】|【打开】命令（快捷键 Ctrl+O），在弹出的【打开】对话框中，选择 PSD 格式的"相框"素材，单击【打开】按钮 打开(O)，在 Photoshop 中打开，命名图层为"图层 0"如图 2-60 所示。

图 2-62　拖动图像至其他文档

4　执行【图层】|【排列】|【后移一层】命令，将"图层 1"移动到"图层 0"图层下方，如图 2-63 所示。

5　按快捷键 Ctrl+T，显示变换框。在工具选项栏中，单击【成比例缩放】按钮 ，设置缩放参数为 50%。按 Enter 键结束缩小操作后，使用【移动工具】 改变该图像位置，使其放置在下方两个相框区域内，如图2-64 所示。

图 2-60　打开 PSD 格式图像

2　打开 Mini Bridge 面板，同时选中照片素材并且双击，在 Photoshop 中打开，如图 2-61所示。

6　使用上述方法，将素材"小狗 02"图像拖入"相框"文档中。并成比例缩小该图像，使其放置在右上方相框区域内，如图 2-65所示。

图 2-63 改变显示顺序

图 2-64 缩小并移动

图 2-65 拖入并缩小

提 示

在导入"小狗02"图像之前,"图层1"图层为工作图层,所以再次导入的图像直接放置在该图层之上。也就是说,导入的图像所在图层是放置在"相框"图像所在图层的下方,所以不需要调整图层顺序。

7 完成操作后,执行【文件】|【存储为】命令(快捷键 Ctrl+Shift+S),在弹出的【存储为】对话框,设置【文件名】为"为照片添加相框",将制作好的图像另存为其他名称,以保留原图像文档,如图 2-66 所示。

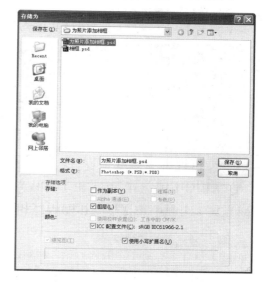

图 2-66 保存文档

2.6 课堂练习:为图像添加个性边框

本实例是为图像添加个性边框效果,通过对图像进行颜色调整,使用【自由变换】、【特殊模糊】和【混合模式】进行制作,如图 2-67 所示是接下来要制作的练习效果,将使用【自由变换】命令在图像中进行旋转,配合【描边】命令制作出相框的效果。

操作步骤:

1 导入人物素材,按快捷键 Ctrl+J 复制人物素材图层,执行【滤镜】|【模糊】|【特殊模糊】命令,设置参数为默认,如图 2-68 所示。

2 选择人物图层副本,在【图层】面板中将【混合模式】设置为"柔光",按快捷键 Ctrl+E,

合并可见图层，如图 2-69 所示。

图 2-67　个性边框效果

图 2-68　特殊模糊效果

图 2-69　设置"柔光"

3 按快捷键 Ctrl+J 复制人物素材副本，使用【矩形选框工具】□，绘制矩形选区，按快捷键 Ctrl+Alt+T 变换角度，不取消选区，如图 2-70 所示。

图 2-70　绘制矩形选区

4 新建"画框"图层，执行【编辑】|【描边】命令，设置参数，如图 2-71 所示。

图 2-71　设置描边

5 选择"画框"图层，双击图层，打开【图层样式】对话框，启用【投影】复选框，设置参数，继续保留画框选区，如图 2-72 所示。

图 2-72　画框投影效果

6 选择人物图层，按快捷键 Ctrl+Shift+I 反选，执行【图像】|【调整】|【去色】命令，取消选区完成最后操作，如图 2-73 所示。

去色

图 2-73 去色效果

2.7 思考与练习

一、填空题

1．在【图像大小】对话框中要想成比例缩放图像尺寸，必须启用【_____】选项。

2．要选择颜色既可以在拾色器中完成，也可以在【_____】面板中完成。

3．Photoshop 中的【_____】面板可以直接使用现有颜色。

4．Photoshop 中的复制与粘贴快捷键分别为_____和_____。

5．通过图钉进行局部变形的命令是【_____】命令。

二、选择题

1．要想复制文档中所有图层中的图像，需要执行【编辑】|【_____】命令。

　　A．拷贝

　　B．剪切

　　C．贴入

　　D．合并拷贝

2．与【前进一步】和【后退一步】命令相对应的快捷键是_____。

　　A．Shift+Alt+Y 和 Shift+Ctrl+Z

　　B．Shift+Ctrl+Z 和 Alt+Ctrl+Z

　　C．Alt+Ctrl+Z 和 Shift+Alt+Y

　　D．Shift+Ctrl+Z 和 Shift+Alt+Z

3．要清除图像，可以执行【编辑】|【清除】命令，或者按_____键。

　　A．Backspace

　　B．Insert

　　C．Delete

　　D．Enter

4．下列选项中，_____不属于自由变换中的命令。

　　A．翻转

　　B．斜切

　　C．透视

　　D．扭曲

5．使用_____可以自由旋转视图。

　　A．【抓手工具】

　　B．【旋转视图工具】

　　C．【缩放工具】

　　D．【移动工具】

三、问答题

1．如何在不改变图像尺寸的同时改变图像分辨率？

2．如何使用【吸管工具】选择现有颜色？

3．简要概述复制图像的多种情况。

4．如何进行局部变形操作？

5．在什么情况下才能够执行自由旋转视图操作？

四、上机练习

1．裁切图像

对于画布中存在空白区域的图像，可以通过【裁切】命令，直接将其删除，从而使图像填充整个画布。方法是，打开图像文档后，执行【图

像】|【裁切】命令，启用【裁切】选项组中的所有选项，单击【确定】按钮，即可将画布中的空白区域裁切掉，如图 2-74 所示。

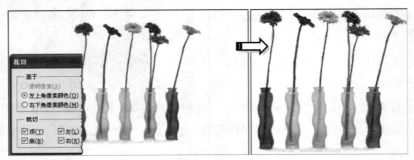

图 2-74　裁切图像

2. 改变人物形状

改变图像形状包括多种方法，而改变局部图像则需要运用到 Photoshop CS6 的【操控变形】命令。虽然只要拖动图钉即可改变该图钉所在的图像位置，但是为了保持图像其他区域位置不变，则需要通过添加图钉来进行固定，如图 2-75 所示。

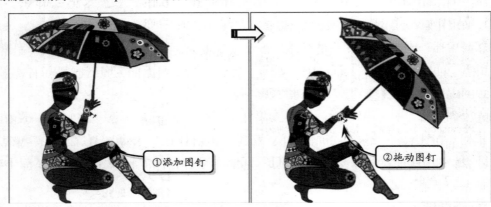

①添加图钉

②拖动图钉

图 2-75　改变人物形状

第 3 章

图层基础知识

    Photoshop 以其独特的方式引入了图层功能，这使 Photoshop 的应用领域更加广泛。在 Photoshop 中，所有图像编辑操作都是通过图层完成的，使用图层功能，可以将图像的不同组成部分放置在不同图层中从而方便地修改图像，简化图像操作，使图像编辑更具有弹性。

    在本章中，主要介绍图层概念与图层使用方法，以及了解图层的分类、属性、复合图层的创建与设置方法，使读者能够在 Photoshop 中灵活地使用图层进行图像制作。

本章学习目标：

- ➤ 图层结构
- ➤ 图层属性
- ➤ 图层组功能
- ➤ 智能图层
- ➤ 中性色图层

3.1 认识图层

图层就像一张张堆叠在一起的透明纸，每张透明纸就是一个图层，这么多张透明纸将图像分出层次，上面的在前面，下面的在后面。并且透过图层的透明区域，可以观察到下面的内容，如图 3-1 所示。

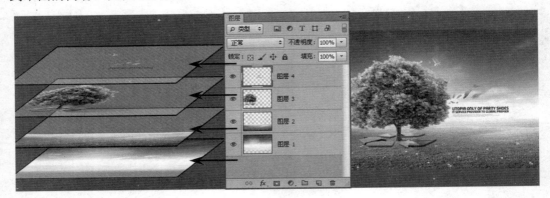

图 3-1 图层原理

> **提 示**
>
> 在对不同图层上的图像进行编辑时，不会影响其他图层上的图像。

3.1.1 认识【图层】面板

【图层】面板是图层操作必不可少的工具，主要用于显示当前图像的图层信息。如果要显示【图层】面板，用户可以执行【窗口】|【图层】命令（快捷键 F7），打开【图层】面板，如图 3-2 所示。面板中按钮名称及功能介绍如表 3-1 所示。

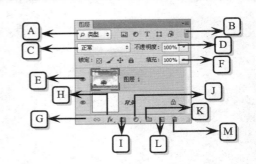

图 3-2 【图层】面板

表 3-1 【图层】面板各项功能介绍

序号	图标	名 称	功 能
A	无	选取滤镜类型	根据不同的图层类型，来进行搜索图层
B		打开或关闭图层过滤	用来锁定或打开选取滤镜类型
C	无	设置图层的混合模式	在该列表中可以选择不同的图层混合模式，来决定这一图像与其他图层叠合在一起的效果
D	无	设置图层的总体不透明度	用于设置每一个图层的全部不透名度
E		指示图层可见性	单击可以显示或隐藏图层
F	无	设置图层的内部不透明度	用于设置每一个图层的填充不透名度

Photoshop CS6 中文版标准教程

序号	图标	名　称	功　能
G	∞	链接图层	选择两个或两个以上的图层，激活【链接图层】图标，单击即可链接所选中的图层
H	_fx._	添加图层样式	单击该按钮，在下拉菜单中选择一种图层效果以用于当前所选图层
I	▢	添加图层蒙版	单击该按钮可以创建一个图层蒙版，用来修改图层内容
J	⬭.	创建新的填充或调整图层	单击该按钮，在下拉菜单中选择一个填充图层或调整图层
K	▢	创建新组	单击该按钮可以创建一个新图层组
L	▢	创建新图层	单击该按钮可以创建一个新图层
M	🗑	删除图层	单击该按钮可将当前所选图层删除

　　为了便于辨识预览图中的内容，可以放大图层缩览图。单击【图层】面板右边的小三角，选择【面板选项】命令，打开【图层面板选项】对话框。在该对话框中，可以选择不同大小的预览效果，如图 3-3 所示。

技　巧

打开【图层】面板的关联菜单，选择【面板选项】选项，即可在弹出的【图层面板选项】对话框中设置缩览图大小。或者在图层缩览图上右击鼠标，在弹出的菜单中直接可以选择缩览图层的大小。

　　在制作复杂的图像效果时，【图层】面板会包含多种类型的图层，每种类型的图层都有不同的功能和用途，适合创建不同的效果，它们在【图层】面板中的显示状态也各不相同，如图 3-4 所示。其中各种类型的图层功能如表 3-2 所示。

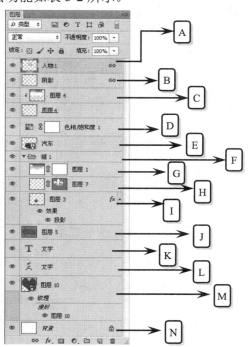

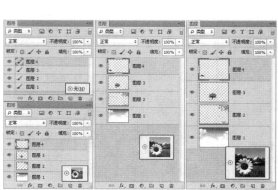

　图 3-3　选择缩览图大小　　　　　　　图 3-4　图层示意图

表 3-2 不同类型的图层功能

序号	名 称	功 能
A	当前工作图层	当前选择的图层。在编辑图像中，只能对当前工作的图层进行修改
B	链接图层	保持链接状态的多个图层，在移动其中一个链接图层时，同时也在移动其他链接的图层
C	剪贴蒙版	基底图层的透明像素会蒙盖其上方图层的内容，上层图层显示剪贴蒙版图标，剪贴蒙版常用于图像合成，在编辑和操作上都十分灵活
D	调整图层	调整图层可以调整图像的色彩，但不会永久更改像素值，调整图层可以随时修改或删除，删除后即可恢复图像的原始状态
E	智能对象图层	包含有嵌入的智能对象的图层，在放大或缩小含有智能对象的图层时，不会丢失图像像素
F	图层组	当【图层】面板中的图层数量较多时，可以通过创建图层组来组织和管理图层，以便于查找和编辑图层
G	图层蒙版图层	添加了图层蒙版的图层，通过对图层蒙版的编辑可控制图层中图像的显示范围和显示方式，是进行图像合成的重要方法
H	矢量蒙版图层	带有矢量形状的蒙版图层，由于矢量图层不受分辨率的限制，因此在进行缩放时可保持对象边缘光滑无锯齿，并且修改也教为容易，常用来创建图形、标志和 LOGO 等
I	图层样式	添加了图层样式的图层。Photoshop 提供了大量的图层样式，可快速创建特效，而且用户还可以对样式进行修改，并将修改后的效果保存为自定义的样式，以便于以后使用，图层样式删除后不会对图像产生影响
J	填充图层	通过填充"纯色"、"渐变"、"图案"等，创建特殊效果的图层
L	变形文字图层	执行了变形操作的文字图层，Photoshop 提供了 15 种文字变形效果，如"贝壳"、"花冠"、"旗帜"等。变形文字图层保持了文字的可编辑性
K	文字图层	使用文本工具输入文字时，即可创建文字图层，文字图层在栅格化之前可以随时进行编辑修改
M	3D 图层	能够进行三维空间旋转与编辑的三维图层，其中包括多种三维类型
N	背景图层	【图层】面板中最下面的图层即为背景图层。背景图层不能执行移动、修改混合模式、设置透明度和添加蒙版等操作，但是，可以双击将其转化为普通图层。在创建包含透明内容的新图像时，图像没有背景图层，一幅图像中可以没有背景图层，但最多只能有一个背景图层

3.1.2 图层基本操作

在 Photoshop 中，移动、复制和链接图层等操作可以对图层进行最基本的编辑，了解图层的基本操作后，才可以更加自如地编辑图像。

1. 创建图层与设置图层显示颜色

在使用 Photoshop 绘制图像时，在不同的图层中绘制图像，可以方便地更改某个图层，而不影响其他图层中的图像。方法是单击【创建新图层】按钮，即可创建空白的普通图层，如图 3-5 所示。

在绘制过程中，如果所需要的图层过多，

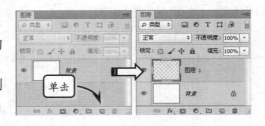

单击

图 3-5 创建空白图层

可以通过设置图层的显示颜色来区分图像。选中要更改的图层，单击鼠标右键，来设置当前图层的显示颜色，如图 3-6 所示。

2. 选择图层与调整图层顺序

无论要执行任何操作，首先要选择图层，这样才能够选中图层中的图像。要选择图层非常简单，只要在【图层】面板中单击该图层即可，如图 3-7 所示。

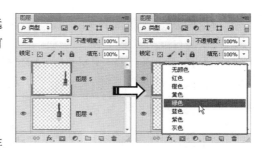

图 3-6　设置图层颜色

在编辑多个图层时，图层的顺序排列也很重要。上面图层的不透明区域可以覆盖下面图层的图像内容。如果要显示覆盖的内容，此时需要对该图层顺序进行调整。调整图层顺序的方法有以下几种。

- ❑ 选择要调整顺序的图层，执行【图层】 |【排列】|【前移一层】命令（快捷键 Ctrl +]），该图层就可以上移一层，如图 3-8 所示。如果要将图层下移一层，执行【图层】|【排列】|【后移一层】命令（快捷键 Ctrl + [）。
- ❑ 选择要调整顺序的图层，同时拖动鼠标到目标图层上方，然后释放鼠标即可调整该图层顺序，如图 3-9 所示。

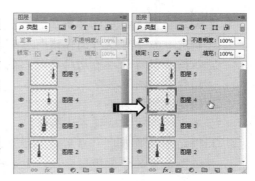

图 3-7　选择图层

3. 复制和删除图层

复制图层可以用来加强图像效果，如图 3-10 所示，同时也可以保护源图像，复制图层的方法有以下几种。

- ❑ 选择要复制的图层，然后执行【图层】 |【复制图层】命令，在弹出的【复制图层】对话框中输入该图层名称，单击【确定】按钮即可。
- ❑ 选择要复制的图层，用鼠标将该图层拖动到【创建新图层】按钮 ▣ 上即可复制图层。
- ❑ 按快捷键 Ctrl + J，执行【通过拷贝的图层】命令。
- ❑ 选择【移动工具】▶⊕ 的同时，按下 Shift 键并拖动图像，即可复制图像所在的图层。

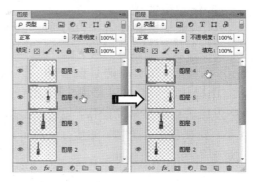

图 3-8　前移一层

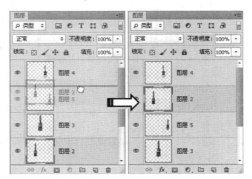

图 3-9　手动调整图层顺序

将没有用的图层删除可以有效地减少文件的大小。首先选择要删除的图层，单击【删除图层】按钮 ，或将图层拖动到该按钮上即可，如图 3-11 所示。

4．锁定图层

锁定图层可以保护图层的属性不被破坏，如锁定位置，则图像不能移动。Photoshop 共提供了以下 4 种锁定方式。

❑ **锁定全部** 可以将图层的所有属性锁定，除了可以对图像进行复制并放入图层组以外，一切编辑均不能应用到锁定的图像当中。

❑ **锁定透明像素** 启用该按钮后，图层中的透明区域将不被编辑。

❑ **锁定图像像素** 启用该按钮，无法对图层中的像素进行修改，包括使用绘图工具进行绘制，以及使用色调调整命令等。

❑ **锁定位置** 单击该按钮，图层中的内容将无法移动。

5．图层的链接

使用链接功能可以将多个图层连接在一起，方便进行整体移动操作，也可以整体调整大小，比如移动、旋转、缩放，从而可以轻松地对多个图层进行编辑。

要链接多个图层，首先需要按 Ctrl 键选中两个或者两个以上的图层。然后单击【图层】面板底部的【链接图层】按钮 ，即可将所有选中的图层链接起来，如图 3-12 所示。

6．设置图层透明度

在【图层】面板中，包含两个透明度选项，【不透明度】（即图层总体不透明度）与【填充】（即图层内部不透明度）。这两个选项虽然都是用来设置图层图像的不透明度效果，但是前者是用来设置图层中所有图像的不透明度效果；后者则是用来设置图层中填充效果的不透明度。

例如，为图层中的图像添加【描边】图层样式后，设置【不透明度】参数为 30%，

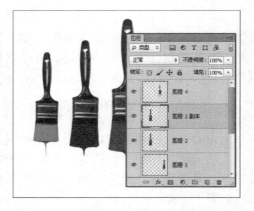

图 3-10　复制图层

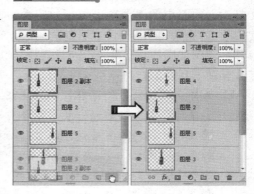

图 3-11　删除图层

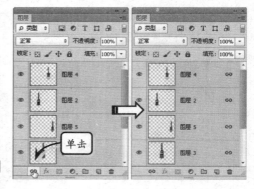

单击

图 3-12　链接图层

那么画布中的图像透明度整体降低，如图 3-13 所示。

如果保持【不透明度】参数为 100%，而设置【填充】参数为 30%，那么红色描边效果不变，图像本身降低透明效果，如图 3-14 所示。

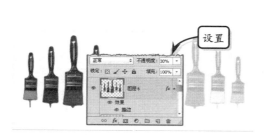 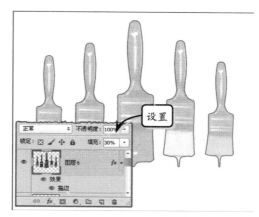

图 3-13　设置【不透明度】参数　　　　图 3-14　设置【填充】参数

3.2　图层合并与盖印图层功能

平面图像是由不同的图像组合而成的，要想简化图层，可以将图层合并；要想在制作过程中，保留阶段性效果，或者保留制作过程，则可以通过盖印图层功能，新建并合并图层，在新图层中得到合并效果。

3.2.1　合并图层

越是复杂的图像，其图层数量越多。这样不仅导致图形文件多大，还给存储和携带带来很大的麻烦。这时，可以通过不同方式进行图层合并。

1．向下合并图层

要想合并相邻的两个图层或组，可以执行【图层】|【向下合并】命令（快捷键 Ctrl+E），将其合并为一个图层，如图 3-15 所示。

2．合并可见图层

当【图层】面板中存在隐藏图层时，执行【图层】|【合并可见图层】命令（快捷键 Ctrl+Shift+E），能够将隐藏图层以外的所有图层合并，如图 3-16 所示。

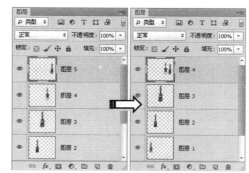

图 3-15　向下合并图层

3. 拼合图像

拼合图像能够将所有显示的图层，合并为"背景"图层。如果【图层】面板中存在隐藏图层，那么必须将其删除，才能够合并所有的图层，如图 3-17 所示。

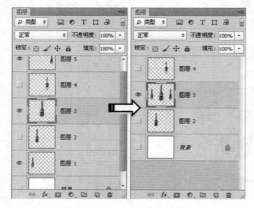

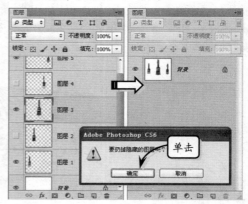

图 3-16　合并可见图层

图 3-17　拼合图像

3.2.2　使用盖印图层功能

盖印图层功能可以合并可见图层到一个新的图层，但同时使原始图层保持完好。这样可以不破坏原来图层的信息，它主要包括以下两种盖印方式。

1. 盖印多个图层或链接图层

该操作的前提条件就是选中所需要盖印的图层或者链接的图层，按快捷键 Ctrl+Alt+E 就可以完成此操作，如图 3-18 所示。

2. 盖印所有可见图层

盖印之前，首先需要显示隐藏的图层，保持所有图层的可见性，然后按快捷键 Ctrl+Alt+Shift+E 即可完成操作，如图 3-19 所示。

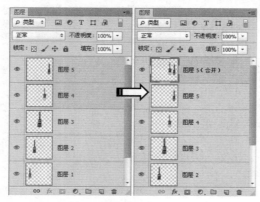

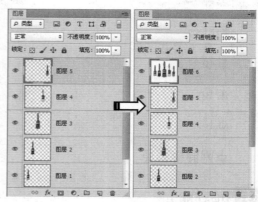

图 3-18　盖印图层

图 3-19　盖印所有可见图层

3.3 灵活运用图层组

使用图层组可以方便地对大量的图层进行统一的编辑与管理，可以像文件夹一样将所有的图层装载进去，即将多个图层归为一个组。

3.3.1 创建图层组

图层组的创建是为了更好地管理图层，使用图层组功能可以很容易地将图层作为一组来进行移动，比链接图层更方便、快捷。

单击【图层】面板底部的【创建新组】按钮 □ ，即可创建一个图层组。然后再创建图层时，就会在图层组中创建，如图 3-20 所示。

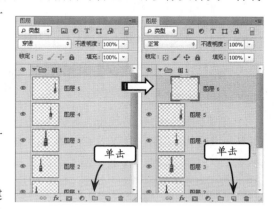

图 3-20 创建图层组

如果选中多个图层，执行【图层】|【从图层新建组】命令（快捷键 Ctrl+G），可以将选中的图层放置在新建图层组中，如图 3-21 所示。

在 Photoshop 中，可以将当前的图层组嵌套在其他图层组内，这种嵌套结构最多可以分为 10 级，如图 3-22 所示。方法是，只要在图层组中选中图层，按快捷键 Ctrl+G 即可创建嵌套图层组。

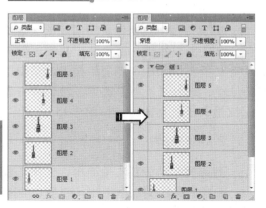

图 3-21 为现有图层创建图层组

3.3.2 编辑图层组

图层组不但可以将多个图层放在一个容器内进行编辑，而且也可以像图层一样进行编辑，如调整不透明度和混合模式等操作。

设置图层组的【不透明度】选项，可以同时控制该图层

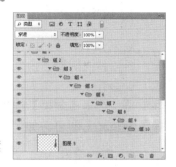

图 3-22 嵌套图层组

组中所有图层的不透明度显示，如图 3-23 所示。

图层组的建立不仅能够对多个图层同时执行操作，还能够节约【图层】面板空间。只要单击图层组前的小三角图标 ▼，即可折叠图层组，如图 3-24 所示。

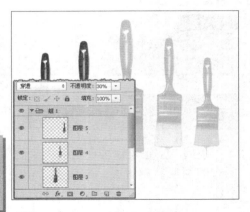

图 3-23　设置图层组不透明度

3.4　图层搜索功能

在【图层】面板的顶部，使用新的过滤选项可帮助用户快速地在复杂文档中找到关键层。显示基于类型、名称、效果、模式、属性或颜色标签的图层的子集，能够快速锁定用户所需的图层。

1. 类型搜索

类型搜索中包括像素图层滤镜、调整图层滤镜、文字图层滤镜、形状图层滤镜、智能对象滤镜等功能。例如，在图层中搜索调整图层滤镜，方法是：选择【类型】选项，然后单击【调整图层滤镜】按钮◉即可，如图 3-25 所示。

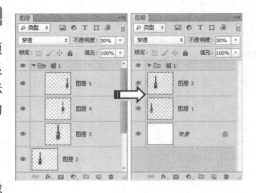

图 3-24　折叠图层组

2. 名称搜索

名称搜索功能其实很简单，选择【名称】选项，在其后面的文本框中输入要搜索的图层的名称即可，如图 3-26 所示。

3. 效果搜索

效果搜索功能主要是搜索图层的斜面和浮雕、描边、内阴影、内发光、光泽、叠加、外发光、投影等效果。例如，在图层中搜索外发光，方法是：选择【效果】选项，然后在子菜单中选择【外发光】即可，如图 3-27 所示。

图 3-25　类型搜索

4. 模式搜索

模式搜索其实就是搜索图层的混合模式。例

图 3-26　名称搜索

如，搜索柔光模式，其方法是：选择【模式】选项，在子菜单中选择【柔光】即可，如图3-28所示。

5．属性搜索

属性搜索功能主要是搜索图层可见、锁定、空、链接的、已剪切、图层蒙版、矢量蒙版、图层效果、高级混合等功能。例如，搜索锁定图层，方法是：选择【属性】选项，在子菜单中选择【锁定】即可，如图3-29所示。

6．颜色搜索

颜色搜索其实是搜索图层的颜色，包括无、红色、橙色、黄色、绿色、蓝色、紫色、灰色等颜色。例如，搜索橙色，方法是：选择【颜色】选项，在子菜单中选择【橙色】即可，如图3-30所示。

图 3-27　效果搜索

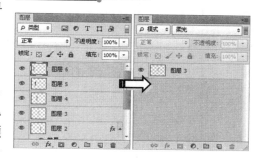

图 3-28　模式搜索

图 3-29　属性搜索

图 3-30　颜色搜索

3.5　智能图层

智能对象是包含栅格或矢量文件（如 Photoshop 或 Illustrator 文件）中的图像数据图层，就是说在对智能对象添加了其他编辑命令后，还可以保留图像的源内容及其所有原始特性，而不会对图层内容进行破坏性的编辑。

3.5.1　执行非破坏性变换

在编辑位图图像时，对图像进行旋转、缩放时容易产生锯齿或图像模糊等。如果在进行这些操作之前，将图像创建为智能对象，那么就可以保持图像的原始信息。

在【图层】面板中，右击图像所在图层，在弹出的快捷菜单中选择【转换为智能对象】命令，将普通图层转换为智能图层，如图3-31所示。

这时按快捷键 Ctrl+T 进行成比例缩小后，再次显示变换控制框时，发现工具选项栏中的参数值保持变换后的参数值，如图 3-32 所示。

图 3-31　转换为智能对象

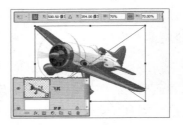

图 3-32　缩小尺寸

双击智能图层缩览图，弹出提示对话框。单击【确定】按钮后，打开一个新文档。该文档为"飞机"的原始文件，可以看到图层中的内容保持着原始的大小，并没有发生任何变化，如图 3-33 所示。

将智能图层复制多份，并且将副本图层放置在画布左侧，然后成比例缩小排列，如图 3-34 所示。

双击"飞机"图层缩览图，在打开的文档中，通过【色相/饱和度】命令改变智能对象的颜色，如图 3-35 所示。

这时保存该文档中的图像后，返回智能对象所在文档。发现源智能对象更改后，所有的智能对象副本均得到了更新，如图 3-36 所示。

图 3-33　智能对象原始文件

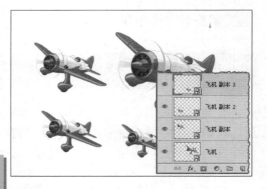

图 3-34　复制智能对象

3.5.2　替换智能对象

Photoshop 中的智能对象具有很大的灵活性，将图层转换为智能对象时，可以执行【图

层】|【智能对象】|【替换内容】命令，在弹出的【置入】对话框中选择将要替换的图像文件，如图 3-37 所示。

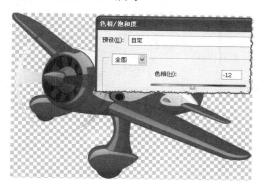

图 3-35　改变智能对象颜色

图 3-36　自动更新

　　这时，用新的图片替代源图片，即可更换智能对象，如图 3-38 所示。在替换智能对象内容时，其链接的副本智能图层中的内容也同时被替换。

图 3-37　【置入】对话框

图 3-38　替换对象

3.6　中性色图层

　　在 Photoshop 中，中性色图层的应用非常广泛，适当使用能够创造出一般处理手法所不能达到的效果，如创建灯光等效果。在创建中性色图层时，系统会首先使用预设的中性色来填充图层，然后依据图层的混合模式来分配这种不可见的中性色。如果不应用效果，中性色图层不会对其他图层产生任何影响的。

3.6.1　创建中性色图层

　　中性色是根据图层的混合模式指定的。执行【图层】|【新建】|【图层】命令（快捷键 Ctrl+Shift+N），在弹出的【新建图层】对话框中，设置【模式】选项后，启用相应的【填充强光中性色】选项，创建中性色图层，如图 3-39 所示。

● 3.6.2　在中性色图层上应用滤镜

在中性色图层中，可以执行某些无法在普通透明图层中操作的滤镜命令，如在中性色图层中添加镜头光效果。首先打开【信息】面板，将光标指向将要添加镜头光的位置，确定其坐标值，如图3-40所示。

图 3-39　创建中性色图层

在中性色图层中，执行【滤镜】|【渲染】|【镜头光晕】命令。按住 Alt 键单击对话框中的显示区域，设置精确光晕位置，得到车灯光效果，如图3-41所示。

图 3-40　确定坐标值

图 3-41　创建镜头光

对于中性色图层的编辑，不仅仅局限于滤镜命令，还可以使用蒙版、图层样式或者混合模式等命令，以及对中性色图层执行显示、隐藏、锁定、复制等基本操作。或者通过使用绘画工具，也可以对中性色图层的效果进行修改。

3.7　课堂练习：夕阳下的飞行

本实例制作的是夕阳下的飞行效果，如图3-42所示。该效果的制作主要是通过现有素材图层的组合来完成的，其中，图层复制、智能对象变换以及中性色图层的建立与应用等功能是该实例制作过程中所要掌握的。

图 3-42 　最终效果

操作步骤：

1　按快捷键 Ctrl+O，将所有准备好的素材文件导入至 Photoshop 中。然后选中文档"夕阳.jpg"，执行【图像】|【复制】命令，在弹出的【复制图像】对话框中设置文档名称为"夕阳下的飞行"，如图 3-43 所示。

图 3-43 　复制文档

2　将文档"热气球.png"中的图像拖入文档"夕阳下的飞行"画布中，并且将其放置在画布左侧，如图 3-44 所示。

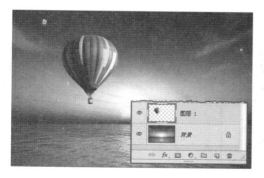

图 3-44 　放置图像

3　按快捷键 Ctrl+J 复制"图层 1"为"图层 1

副本"，并且右击该图层，选择【转换为智能对象】命令。按快捷键 Ctrl+T 成比例缩小智能对象，如图 3-45 所示。

图 3-45 　缩小智能对象

4　连续按快捷键 Ctrl+J，复制多个变换后的智能对象。分别设置缩放比例为 18%、10%、8%、6%、4%、3% 及 2%，并按照近大远小的原理进行放置，如图 3-46 所示。

图 3-46 　复制与缩小

5　在【图层】面板中，分别由大到小降低图像【不透明度】参数，形成渐隐效果，如图 3-47所示。

图 3-47 　设置图层的不透明度

6 将文档"飞鸟.png"中的图像拖入文档"夕阳下的飞行"中，并且将其放置在光源右上角位置，如图 3-48 所示。

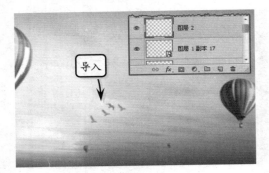

图 3-48　放置飞鸟图像

7 选中"背景"图层以外的所有图层，按快捷键 Ctrl+G 为其创建"组 1"图层组。将该图层组拖至【图层】面板底部的【创建新图层】按钮 ，复制该图层组，如图 3-49 所示。

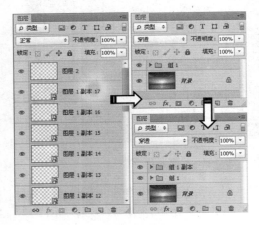

图 3-49　创建并复制图层组

8 选中"组 1 副本"图层组，按快捷键 Ctrl+T，将变换中心点移动至变换框正下方。右击鼠标，在弹出的快捷菜单中选择【垂直翻转】命令，形成倒影雏形，如图 3-50 所示。

9 在【图层】面板中，设置该图层组的【混合模式】为"线性加深"，【不透明度】为 25%，形成水中倒影效果，如图 3-51 所示。

10 执行【图层】|【新建】|【图层】命令（快捷键 Ctrl+Shift+N），在弹出的【新建图层】

对话框中，设置【模式】为"滤色"，并启用【填充屏幕中性色（黑）】选项，创建"图层 3"，如图 3-52 所示。

图 3-50　垂直翻转

图 3-51　设置图层属性

图 3-52　创建中性色图层

11 打开【信息】面板，使用【移动工具】，指向在画布中的光源区域。确定【信息】面板中的坐标值，如图 3-53 所示。

图 3-53　确定坐标值

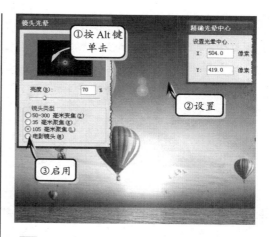

图 3-54　添加【镜头光晕】滤镜

12　执行【滤镜】|【渲染】|【镜头光晕】命令，弹出【镜头光晕】对话框，按住 Alt 键单击对话框中的显示区域，设置精确光晕位置，并且设置其他选项，为光源添加光晕效果，如图 3-54 所示。

13　最后将文档"文字.png"中的文字图像，拖入文档"夕阳下的飞行"画布中，并且将其放置在热气球右侧，如图 3-55 所示，完成最终操作。

图 3-55　添加文字

3.8　课堂练习：制作口红广告

在一些化妆品广告中，往往通过载入一些相关图片，来突出主题。例如，口红广告中通过载入一张嘴唇带有口红的美女，来更好地突出口红。在 Photoshop 中，将图层转换为智能对象，通过复制图像变换操作，将口红图像在广告中成"扇形"有序地排列出来，加上简洁的文字概括产品内容，来构成一个完整的口红广告，如图 3-56 所示。

图 3-56　口红广告效果

操作步骤：

1　分别打开"背景素材"图片和 PSD 格式的"美女"素材文档。选中"美女"素材文档，选择【移动工具】，将美女图像拖至"渐变背景"图片文档中，并命名图层为"美女"

图层，如图 3-57 所示。

2　打开 PSD 格式的"口红"素材文档，将口红图像拖至"背景素材"素材文档中，命名图层为"口红"图层。在图层上右键单击鼠标，在弹出的快捷菜单中选择【转换为智能对象】命令，将该图层转换为智能对象，如图 3-58 所示。

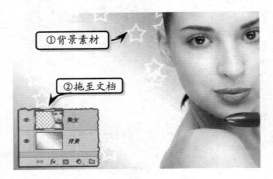

图 3-57　导入素材

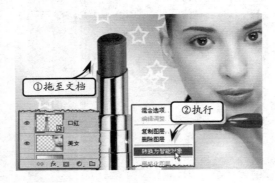

图 3-58　转换为智能对象

3 接着，按快捷键 Ctrl+T，调整图像的大小，并对图像进行旋转，完成后按 Enter 键，如图 3-59 所示。

图 3-59　调整图像

4 复制该图层，自动命名图层为"口红副本"图层。按快捷键 Ctrl+T，将中心点移动到口红图像底部，对副本图像执行旋转操作，如

图 3-60 所示。

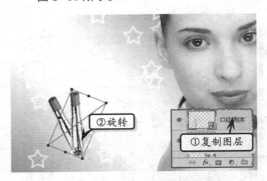

图 3-60　复制并旋转

5 然后，按快捷键 Ctrl+Alt+Shift+T　3 次，复制并重复 3 次步骤（4）的变形操作，复制的图层会自动命名，图像效果如图 3-61 所示。

图 3-61　复制图层

6 双击"口红"图层缩览图，弹出更改文件提示对话框，单击【确定】按钮，自动打开"口红"源文件文档。执行【图像】|【调整】|【亮度/对比度】命令，调整口红图像亮度，如图 3-62 所示。

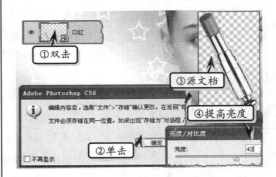

图 3-62　调整口红图像亮度

7 执行【图像】|【调整】|【可选颜色】命令，调整口红图像颜色。关闭该文档，弹出是否保存文件提示对话框，单击【是】按钮，如图 3-63 所示。

图 3-63　调整颜色

8 打开"文字"PSD 格式素材，将文字移入"背景素材"图片文档中，放置在合适的位置，完成最终效果，如图 3-64 所示。

图 3-64　导入文字

3.9　思考与练习

一、填空题

1.【＿＿＿＿＿＿】面板是图层操作必不可少的工具，主要用于显示当前图像的图层信息。

2. 如果要采用对齐链接图层，首先要建立＿＿＿＿＿或者以上的图层链接；如果要采用分布链接图层，则要建立＿＿＿＿＿或者以上的图层链接。

3. 要禁止在画布透明区域绘制与编辑时，可以单击【图层】面板中的＿＿＿＿＿按钮。

4. 盖印可见图层的快捷键是＿＿＿＿＿。

5. ＿＿＿＿＿在进行变换后还可以保持原图像信息。

二、选择题

1. 与【合并可见图层】命令相对应的快捷键是＿＿＿＿＿。

　　A．Ctrl+Shift+E
　　B．Ctrl+Shift+J
　　C．Ctrl+I
　　D．Ctrl+J

2. 当图层中出现图标 🔒 时，表示该图层＿＿＿＿＿。

　　A．与上一图层链接
　　B．与下一图层编组
　　C．已被锁定
　　D．以上都不对

3. 要将当前图层与下一图层合并，可以按下快捷键＿＿＿＿＿。

　　A．Ctrl+E
　　B．Ctrl+F
　　C．Ctrl+D
　　D．Ctrl+G

4. 与【通过拷贝的图层】命令相对应的快捷键是＿＿＿＿＿。

　　A．Ctrl+Shift+I
　　B．Ctrl+Shift+J
　　C．Ctrl+I
　　D．Ctrl+J

5. 与【后移一层】命令相对应的快捷键是＿＿＿＿＿。

　　A．Ctrl+[
　　B．Ctrl+]
　　C．Ctrl+Shift+[
　　D．Ctrl+Shift+]

三、问答题

1. 向下移动图层的快捷键是什么？

2. 盖印图层功能包括几种情况，分别是什么？

3. 如何为现有的图层创建图层组？

4. 如何将普通图像转换为智能对象？

5. 什么是中性色图层？

四、上机练习

1. 任意放大与缩小对象

在 Photoshop 中, 对图像进行缩小后再放大,

即使放大为原尺寸, 也会使图像变得不清晰。要想在保持图像清晰度的情况下, 任意缩小与放大对象, 可以在变换之前, 将对象转换为智能对象, 如图 3-65 所示。

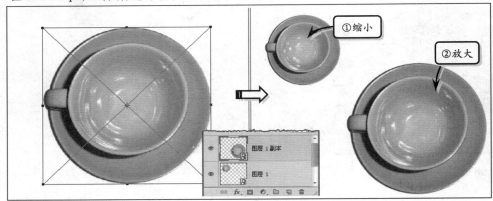

图 3-65 转换为智能对象

2. 图层总体不透明度与图层内部不透明度

【不透明度】(即图层总体不透明度)选项是用来控制图层中所有图像的不透明度显示效果; 而【填充】(即图层内部不透明度)选项只是用来设置填充像素的不透明度效果, 而不影响已应用于图层的任何图层效果的不透明度, 如图 3-66 所示。

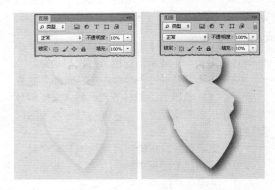

图 3-66 图层总体不透明度与图层内部不透明度

第 4 章

选区基础知识

　　图像处理过程中，最多的还是局部图像的编辑，这时图像的选取操作就显得尤为重要。选取范围的优劣性、准确与否，都与图像编辑的成败有着密切的关系。因此，在最短时间内进行有效的、精确的范围选取，能够提高工作效率和图像质量，为以后的图像处理工作奠定基础。

　　在本章中，主要介绍 Photoshop 中最基本的选取工具，以及如何根据不同的图像特点，使用不同的选取工具进行选区的建立。

本章学习目标：

➢ 创建不同形状的选区
➢ 控制选区的范围
➢ 调整边缘
➢ 编辑选区
➢ 内容感知型填充

无论使用何种选取工具建立选区，得到的均是由蚂蚁线所圈定的区域。根据不同图像的边缘，Photoshop 提供了不同的选取工具与命令。选取工具包括规则选取工具与不规则选取工具，而选取命令包含【色彩范围】命令。

4.1.1 规则选取工具

Photoshop 中规则选取工具包括【矩形选框工具】、【椭圆选框工具】、【单行选框工具】与【单列选框工具】，如图 4-1 所示。

1．矩形/椭圆选框工具

选框工具中的【矩形选框工具】与【椭圆选框工具】是 Photoshop 中最常用的选取工具。在工具箱中选择【矩形选框工具】，在画布上面单击并且拖动鼠标，绘制出一个矩形区域，释放鼠标后会看到区域四周有流动的虚线。在工具选项栏中包括 3 种样式，"正常"、"固定比例"与"固定大小"。在【正常】样式下，可以创建任何尺寸的矩形选区，如图 4-2 所示。

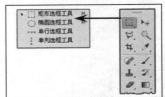

图 4-1　规则选区工具

选择【矩形选框工具】后，在工具选项栏中设置【样式】为"固定比例"，默认参数值【宽度】与【高度】为 1:1，这时创建的选区不限制尺寸，但是其宽度与高度比例相等，选区为正方形；如果在文本框中输入其他数值，会得到其他比例的矩形选区，如图 4-3 所示。

如果在工具选项栏中设置【样式】为"固定大小"，那么在【宽度】与【高度】文本框中输入想要创建选区的尺寸，在画布中单击即可创建固定尺寸的矩形选区，如图 4-4 所示。

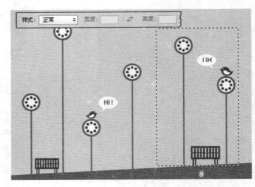

图 4-2　正常样式下的矩形选区创建

技　巧

【固定比例】和【固定大小】样式中的【宽度】和【高度】之间的双向箭头作用是交换两个选项数值。

创建矩形选区后，马上联想到椭圆选区。选择工具箱中的【椭圆选框工具】，在工具选项栏中除了可以设置与矩形工具相同的选项外，还可以设置椭圆选区的【消除锯齿】选项，该选项是用于消除曲线边缘的马赛克效果，如图 4-5 所示为启用与禁用该选项得到

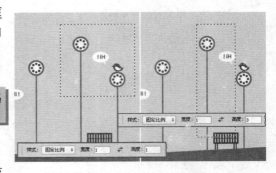

图 4-3　创建固定比例的矩形选区

的椭圆边缘效果。

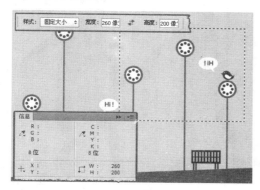

图 4-4　创建固定大小的矩形选区

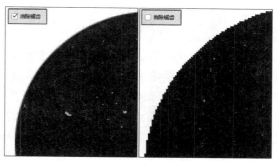

图 4-5　【消除锯齿】效果对比图

技 巧

创建矩形或者椭圆选区时，按住 Shift 键的同时单击并且拖动鼠标得到的是正方形或者正圆选区；按住 Alt 键的同时，可以鼠标单击处为中心向外创建选区；同时按住 Shift＋Alt 组合键，可以创建以鼠标单击处为中心点向外的正方形或者正圆选区。

2．单行/单列选框工具

工具箱中的【单行选框工具】 与【单列选框工具】 ，可以选择一行像素或者一列像素，如图 4-6 所示。它们的工具选项栏与【矩形选框工具】相同，只是【样式】选项不可设置。

注 意

凡是选取工具创建的区域均是闭合区域，只不过【单行选框工具】与【单列选框工具】创建的区域只有一个像素的高度或者宽度。如果放大图像显示，则可以看到创建的是一个闭合的选择区域。

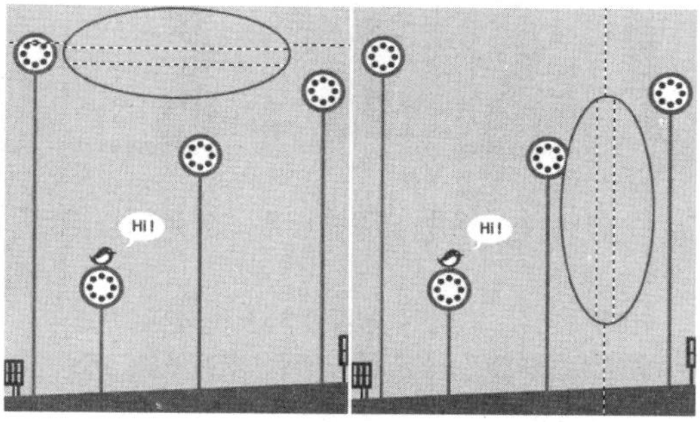

4.1.2　不规则选取工具

图 4-6　创建单行或者单列选区

在多数情况下，要选取的范围并不是规则的区域范围，而是不规则区域，这时就需要使用创建不规则区域的工具——套索工具组与魔棒工具组，如图 4-7 所示。

1．套索工具组

Photoshop 中的套索工具组包括【套索工具】 、【磁性套索工具】 与【多边形套索工具】 。其中【套索工具】 也可以称为曲线套索，使用该工具创建的选区是不精确的不规则选区，如图 4-8 所示。

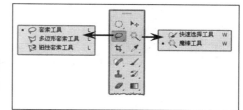

图 4-7　不规则选取工具

使用【套索工具】创建曲线区域时，如果鼠标指针没有与起点重合，那么释放鼠标后，会自动与起点之间生成一条直线，封闭未完成的选择区域。

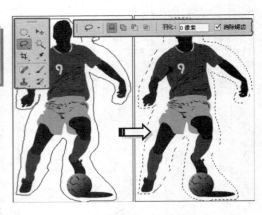

在背景与主题色调对比强烈，并且主题边缘复杂的情况下，使用【磁性套索工具】可以方便、准确、快速地选取主体图像。只要在主体边缘单击即可沿其边缘自动添加节点，如图4-9所示。

选择【磁性套索工具】后，工具选项栏中显示其选项，选项名称及功能如表4-1所示。

图 4-8　使用【套索工具】创建选区

如图4-9所示为默认的选项数值得到的选区效果，而图4-10所示为更改选项数值后得到的选区效果，发现节点明显减少，而生成的选区也不够精确。

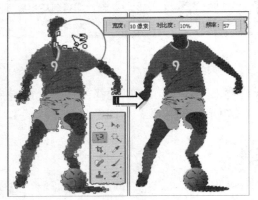

图 4-9　使用【磁性套索工具】创建选区

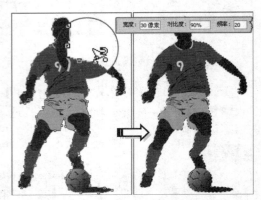

图 4-10　更改选项数值得到的选区

表 4-1　【磁性套索工具】选项及功能

选　项	功　能
宽度	用于设置该工具在选取时，指定检测的边缘宽度，其取值范围是 1～40 像素，值越小检测越精确
对比度	用于设置该工具对颜色反差的敏感程度，其取值范围是 1%～100%，数值越高，敏感度越低
频率	用于设置该工具在选取时的节点数，其取值范围是 0～100，数值越高选取的节点越多，得到的选区范围也越精确
钢笔压力	用于设置绘图板的钢笔压力。该选项只有安装了绘图板及驱动程序时才有效

【多边形套索工具】是通过鼠标的连续单击创建多边形选区的，如五角星等区域。该工具选项栏与【套索工具】完全相似。在画布中的不同位置单击形成多边形，当指针带有小圆圈形状时单击，可以生成多边形选区，如图4-11所示。

在选取过程中按下 Shift 键可以保持水平、垂直或者 45 度角的轨迹方向绘制选区。如果想在同一选区中创建曲线与直线，那么在使用【套索工具】与【多边形套索工具】时，按住 Alt 键单击鼠标左键可以在两者之间快速切换。

2. 魔棒工具

【魔棒工具】与选框工具、套索工具不同，是根据在图像中单击处的颜色范围来创建选区的，也就是说某一颜色区域为何形状，就会创建该形状的选区。选择【魔棒工具】后，在工具选项栏中出现一些与其他工具不同的选项，其功能如下：

❑ 【容差】 设置选取颜色范围的误差值，取值范围在 0 ~ 255，默认的容差数值为 32。输入的数值越大，则选取的颜色范围越广，创建的选区就越大；反之选取范围越小，如图 4-12 所示。

❑ 【连续】 默认情况下为启用该选项，表示只能选中与单击处相连区域中的相同像素；如果禁用该选项则能够选中整幅图像中符合该像素要求的所有区域，如图 4-13 所示。

❑ 【用于所有图层】 当图像中包含多个图层时，启用该选项后，可以选中所有图层中符合像素要求的区域；禁用该选项后，则只对当前作用图层有效。

3. 快速选择工具

可以使用【快速选择工具】，利用可调整的圆形画笔笔尖快速建立选区。拖动时，选区会向外扩展并自动查找和跟随图像中定义的边缘。

❑ 创建选区

选择【快速选择工具】后，工具选项栏中显示【新选区】、【添加到选区】和

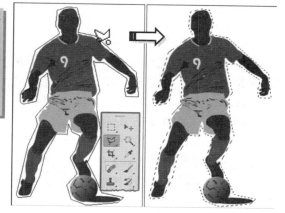

图 4-11 使用【多边形套索工具】创建选区

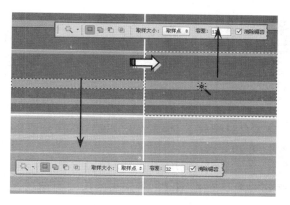

图 4-12 不同容差值创建的连续选区

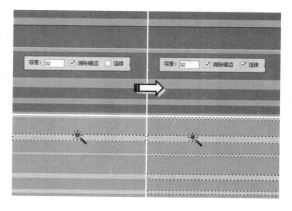

图 4-13 相同容差值创建的连续与不连续选区

【从选区减去】 ![icon]。当启用【新选区】 ![icon]并且在图像中单击建立选区后，此选项将自动更改为【添加到选区】 ![icon]，如图 4-14 所示。

当笔尖处于某种颜色区域内单击后，得到的选区是根据颜色像素建立的；如果将笔尖放置在两种颜色之间，那么单击后得到的选区包括这两种颜色，如图 4-15 所示。

❑ 笔尖大小

要更改【快速选择工具】的笔尖大小，可以单击选项栏中的【画笔】选项并且输入像素大小或移动【大小】滑块。如图 4-16 所示为笔尖大小为 50 像素建立的选区，选区的范围还会随着笔尖的放大而扩大。

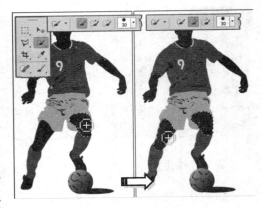

图 4-14 创建选区

技 巧

在建立选区时，按右方括号键（]）可增大【快速选择工具】画笔笔尖的大小；按左方括号键（[）可减小【快速选择工具】画笔笔尖的大小。

❑ 自动增强

【自动增强】选项是用来减少选区边界的粗糙度和块效应。启用【自动增强】选项会自动将选区向图像边缘进一步流动并应用一些边缘调整，如图 4-17 所示为禁用与启用该选项得到相同选区后，填充的颜色效果对比。

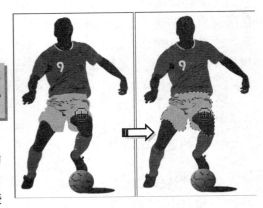

图 4-15 选择两种颜色区域

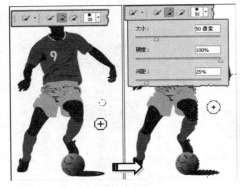

图 4-16 改变笔尖大小

图 4-17 禁用与启用【自动增强】选项

4.1.3 【色彩范围】命令

创建选区除了使用选取工具外，还可以使用命令来创建。Photoshop 在【选择】菜单中设置了【色彩范围】命令用来创建选区，该命令与【魔棒工具】类似，都是根据颜色

范围创建选区。执行【选择】|【色彩范围】命令，打开如图 4-18 所示的对话框。

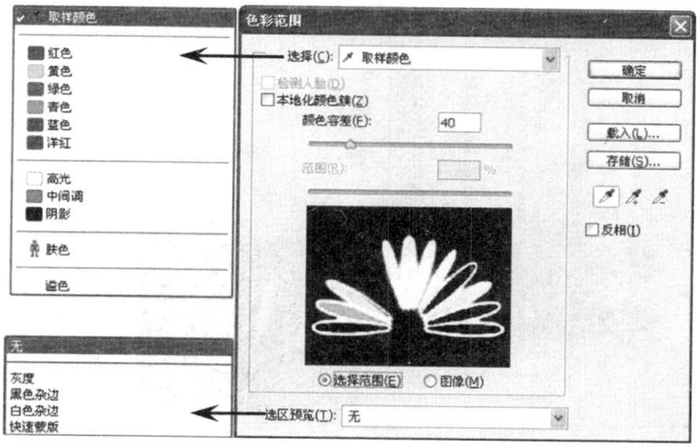

图 4-18 【色彩范围】对话框

1. 选取颜色

在【色彩范围】对话框中，使用【取样颜色】选项可以选取图像中的任何颜色。在默认情况下，使用【吸管工具】在图像窗口中单击选取一种颜色范围，单击【确定】按钮后，显示该范围选区，如图 4-19 所示。

提　示

当【色彩范围】对话框被打开后，在图像窗口中的光标会变成吸管图标。

图 4-19 使用默认选项创建选区

2. 颜色容差

【色彩范围】对话框中的【颜色容差】与【魔棒工具】中的【容差】相同，均是选取颜色范围的误差值，当数值越小，选取的颜色范围越小，如图 4-20 所示为【颜色容差】为 20 得到的选区。

图 4-20 更改【颜色容差】得到的选区

3. 添加与减去颜色数量

【颜色容差】选项更改的是某一颜色像素的范围，而对话框中的【添加到取样】与【从取样中减去】是增加或者减少不同的颜色像素。如图 4-21 所示为在红色像素范围内增加绿色像素得到的选区。

注　意

当图像中存在一种颜色的选区后，再次执行该命令，并且启用【从取样中减去】，这时在选区中单击后，会提示“不能减去任何颜色，因为现在仅选择了一种颜色”。

4. 反相

当图像中的颜色复杂时，想要选择一种颜色或者其他几种颜色像素，就可以使用【色彩范围】命令。在该对话框中选中较少的颜色像素后，启用【反相】选项，单击【确定】按钮后得到反方向选区，如图 4-22 所示。

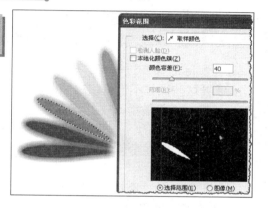

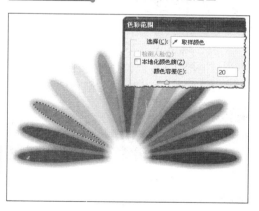

图 4-21　增加不同颜色像素范围

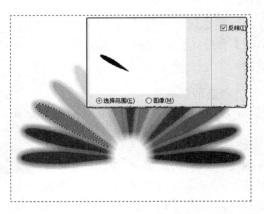

图 4-22　启用【反相】选项得到的选区

4.2　选区基本操作

在实际的操作过程中，会遇到许多选区的基本操作，掌握这些操作不但可以增加图像的更多细节，还可以快速提高工作效率。

4.2.1　全选与反选

不同形状的选区可以使用不同选取工具来创建，要是以整个图像或者画布区域建立选区，那么可以执行【选择】|【全选】命令（快捷键 Ctrl+A），如图 4-23 所示。

图 4-23　选择整个画布

当在选区中完成操作后，可以将选区删除，这样才可以在图像的其他位置继续操作。执行【选择】|【取消选择】命令（快捷键 Ctrl+D）删除选区。

技　巧

当删除选区后，想再一次显示该选区，那么执行【选择】|【重新选择】命令（快捷键 Ctrl＋Shift＋D）即可。

当已经在图像中创建选区后，想要选择该选区以外的像素时，可以执行【选择】|【反向】命令（快捷键 Ctrl+Shift+I）即可，如图 4-24 所示。该命令与【色彩范围】中的【反相】选项相似。

要想隐藏选区而不删除，可以执行【视图】|【显示额外内容】命令（快捷键 Ctrl+H），重新显示选区同样执行该命令即可。如果在编辑工作中，只能在局部绘制或者操作，是因为隐藏了选区而不是删除了选区，如图 4-25 所示。

图 4-24　反向选区

4.2.2 移动选区

当创建选区后，可以随意移动选区以调整选
区位置，移动选区不会影响图像本身效果。使用
鼠标移动选区是最常用的方法，确保当前选择了
选取工具，将鼠标指向选区内，按住左键拖动即
可，如图 4-26 所示。在创建选区的同时也可以移
动选区，方法是按下空格键并且拖动鼠标。

提 示

想要精确地移动选区，可以通过键盘上的 4 个方向键。
如果移动十个像素的距离需要结合 Shift 键。

如果想在同一个图层中移动部分图像，那么
可以在创建选区后，选择工具箱中的【移动工具】
➤+，单击并且拖动选区即可同时移动选区和选区
内的图像，如图 4-27 所示。

技 巧

创建选区后，还可以在不选择【移动工具】的情况下移
动选区内的图像，方法是按住 Ctrl 键的同时单击并且拖
动选区。

4.2.3 存储与载入选区

在完成创建选区后，如果需要多次使用该选
区，可以将其保存起来，以便在需要时载入重新
使用，提高工作效率。

1. 保存选区

使用选取工具或者命令创建选区后，执行【选择】|【存储选区】命令，弹出【存储
选区】对话框，如图 4-28 所示，其中的选项及功能如表 4-2 所示。

图 4-25 在隐藏选区的画布中绘制

图 4-26 移动选区

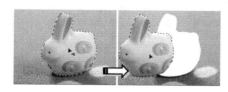

图 4-27 移动选区内的图像

图 4-28 【存储选区】对话框

表 4-2 【存储选区】对话框中的选项及功能

选 项	功 能
文档	设置选区文件保存的位置，默认为当前图像文件
通道	在 Photoshop 中保存选区实际上是在图像中创建 Alpha 通道。如果图像中没有其他通道，将新建一个通道；如果存在其他通道，那么可以将选区保存或者替换该通道
名称	当【通道】选项为新建时，该选项被激活，为新建通道创建名称
新建通道	当【通道】选项为新建时，操作为该选项
替换通道	当【通道】选项为已存在的通道时，【新建通道】选项更改为【替换通道】选项，该选项是将选区保存为【通道】列表中选择的通道名称，并且替换该通道中原有的选区
添加到通道	当【通道】选项为已存在的通道时，启用该选项是将选区添加到所选通道的选区中，保存为所选通道的命令
从通道中减去	当【通道】选项为已存在的通道时，启用该选项是将选区从所选通道的选区中减去后，保存为所选通道的命令
与通道交叉	当【通道】选项为已存在的通道时，启用该选项是将选区与所选通道的选区相交部分，保存为所选通道的名称

在该对话框中，选择【新建通道】保存选区后，【通道】面板中出现以对话框中的通道名称命名的新通道，如图 4-29 所示。

2. 载入选区

将选区保存为通道后，可以将选区删除执行其他操作。当想要再次借助该选区执行其他操作时，执行【选择】|【载入选区】命令，打开如图 4-30 所示的【载入选区】对话框，在【通道】选项中选择指定通道名称即可。该对话框中的选项及功能如表 4-3 所示。

图 4-29 选区保存在通道中

图 4-30 【载入选区】对话框

表 4-3 【载入选区】对话框中的选项及功能

选 项	功 能
文档	选择已保存过选区的图像文件名称
通道	选择已保存为通道的选区名称
反相	启用该选项，载入选区将反选选区外的图像。相当于载入选区后执行【选择】|【反向】命令
新建选区	在图像窗口中没有其他选区时，只有该选项可以启用，即为图像载入所选选区

选　　项	功　　能
添加到选区	当图像窗口中存在选区时，启用该选项是将载入的选区添加到图像原有的选区中，生成新的选区
从选区中减去	当图像窗口中存在选区时，启用该选项是将载入的选区与图像原有选区相交副本删除，生成新的选区
与选区交叉	当图像窗口中存在选区时，启用该选项是将载入的选区与图像原有选区相交副本以外的区域删除，生成新的选区

　　当画布中已经存在一个选区时，在【载入选区】对话框的【操作】选项组中启用【添加到选区】选项，单击【确定】按钮后得到两个选区，如图 4-31 所示。

图 4-31　载入选区

4.3　编辑选区

　　遇到较为复杂的图像时，使用选取工具与命令有时无法一次性创建选区，这时就需要对创建的选区进行编辑，如添加或者减去选区范围、更改选区的形状及在现有的选区基础上执行其他操作等。

4.3.1　选区变形

　　在画布中创建选区后，执行【选择】|【变换选区】命令，或者在选区内右击鼠标，在弹出的快捷菜单中选择【变换选区】命令，会在选区的四周出现自由变形调整框，该调整框带有 8 个控制节点和一个旋转中心点，并且在工具选项栏中出现对应的选项，如图 4-32 所示，其功能如表 4-4 所示。

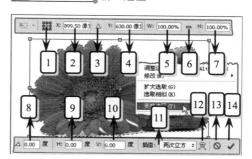

图 4-32　执行【变换选区】命令

表 4-4　【变化选区】选项栏功能表

序号	图　　标	名　　称	功　　能
1	▦	参考点位置	此选项图标中的 9 个点对应调整框中的 8 个节点和中心点，单击选中相应的点，可以确定为变换选区的参考点
2		位移选项	输入数值精确定位选区在水平方向位移的距离
3	X: 899.50 像素　△　Y: 630.00 像素		启用该选项，在 X、Y 文本框中输入的数值为相对于参考点的距离；禁用该选项，在 X、Y 文本框中输入的数值为相对于坐标原点的距离
4			输入数值精确定位选区在垂直方向位移的距离
5	W: 100.00% ∞ H: 100.00%	缩放选项	输入数值用于控制相对于原选区宽度缩放的百分比

序号	图 标	名 称	功 能
6	W: 100.00% ⊙ H: 100.00%	缩放选项	启用该按钮可以使变换后的选区保持原有的宽高比
7			输入数值用于控制相对于原选区高度缩放的百分比
8	△ 0.00 度	旋转选项	输入数值用于控制旋转选区的角度
9	H: 0.00 度 V: 0.00 度	斜切选项	输入数值用于控制相对于原选区水平方向斜切变形的角度
10			输入数值用于控制相对于原选区垂直方向斜切变形的角度
11	插值 两次立方 ⬍	插值	是图像重新分布像素时所用的运算方法，也是决定中间值的一个数学过程。在重新取样时，Photoshop 会使用多种复杂方法来保留原始图像的品质和细节
12	🔲	在自由变换与变形模式之间切换	启用该按钮切换到变形模式；禁用该按钮返回自由变换模式
13	⊘	取消变换	单击该按钮，取消对选区的变形操作，也可以按 Esc 键
14	✓	进行变换	单击该按钮，确认执行对于选区的变形操作，也可以按 Enter 键

执行【变换选区】命令后，除了可以移动选区外，还可以对选区缩小与放大，或者旋转，如图 4-33 所示。

🔘 **图 4-33** 对选区移动、缩小与旋转

技 巧

自由变形调整框中的中心点既可以放置在调整框正中，也可以放置在调整框内的任何位置，还可以放置在调整框外围。

要想对选区执行其他操作，可以在调整框中右击鼠标，在弹出的快捷菜单中分别选择【斜切】、【扭曲】与【透视】命令调整选区，如图 4-34 所示。

🔘 **图 4-34** 对选区斜切、扭曲与透视

在右键快捷菜单中，还有一个变换命令为【变形】，与工具选项栏中的【变形】选项相同，执行该命令后，调整框变成网状，这时可以任意调节，如图 4-35 所示。

注 意

通过对选区的变形，发现只有选区发生变化，选区中的图像并没有任何变化，那是因为执行的是【变换选区】命令，如果执行的是【自由变换】命令，就会对选区中的图像进行变形。

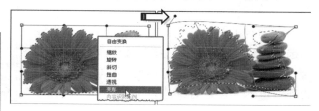

图 4-35 对选区变形

4.3.2 修改选区

在【选择】|【修改】命令中，有一组子命令是专门对选区进行进一步细致调整的。该组命令包括【边界】、【平滑】、【扩展】、【收缩】和【羽化】。

1.【边界】命令

【修改】菜单中的【边界】命令是将区域选区转换为线条选区。当画布中存在选区后，执行【选择】|【修改】|【边界】命令，打开如图 4-36 所示的对话框，其中的【宽度】选项是用来设置线条选区的宽度。

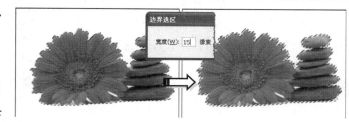

图 4-36 将区域选区转换为线条选区

执行【边界】命令后，区域选区生成具有一定宽度的线条选区，该选区带有一定的羽化效果，如图 4-37 所示。

图 4-37 线条选区效果

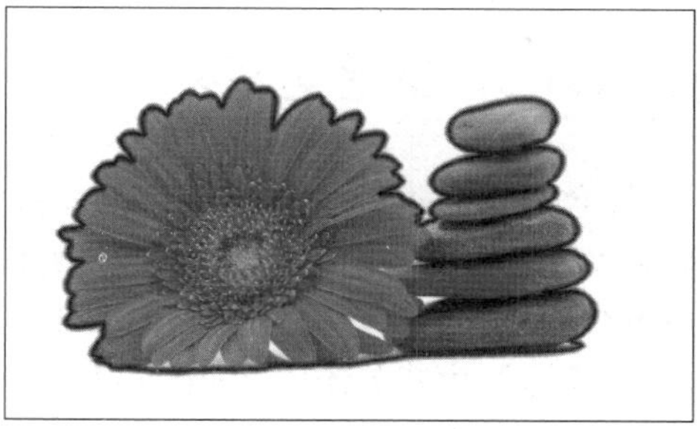

2.【平滑】命令

当遇到带有尖角的选区时，为了使尖角圆滑，可以执行【选择】|【修改】|【平滑】命令。在打开的【平滑选区】对话框中，设置【取样半径】的数值越大，选区转角处越平滑，如图 4-38 所示，使用【平滑】命令之后的选区只有拐角处变得平滑。

3.【扩展】命令

图 4-38 平滑选区

要想在原有选区的基础上，向四周扩大，除了使用【变换选区】命令外，还可以执行【选择】|【修改】|【扩展】命令。在打开的对话框中，【扩展量】选项数值越大，选区越大，

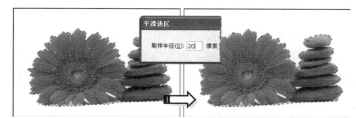

如图 4-39 所示。

4.【收缩】命令

既然有扩大选区的命令，相对的，也有缩小选区的命令。执行【选择】|【修改】|【收缩】命令，会在原有选区的基础上，根据【收缩量】选项数值的大小进行缩小，如图 4-40 所示。

5.【羽化】命令

羽化是将选区边缘生成由选区中心向外渐变的半透明效果，以模糊选区的边缘。在正常情况下建立的选区，其羽化值为 0 像素，要想将选区羽化，执行【选择】|【修改】|【羽化】命令（快捷键 Shift+F6），在 0～255 像素的范围内任意设置，如图 4-41 所示为【羽化半径】值为 15 像素得到的效果。

图 4-39　扩大选区

图 4-40　收缩选区

> **提　示**
>
> 要想直接创建带有羽化效果的选区，可以在选择选取工具后，建立选区前，在工具选项栏设置【羽化】数值，这样建立的选区会带有羽化效果。

4.3.3　选区运算

图 4-41　羽化选区

要创建的选区，并不是都可以一次性创建完成的，根据要求有时需要在现有选区的基础上添加其他选区，有时是减去现有部分选区等。这时就需要运用到选取工具选项中的【运算模式】选项，如图 4-42 所示。Photoshop 中绝大多数创建选区的工具选项栏中均有【运算模式】选项，在默认情况下，【运算模式】选项为【新选区】▣。

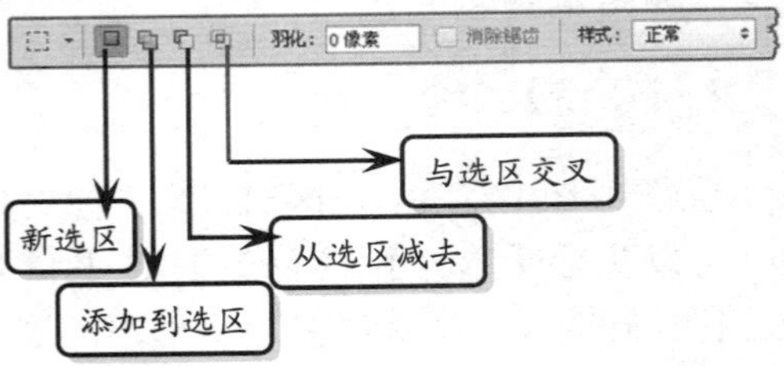

图 4-42　选取工具中的【运算模式】选项

1. 添加到选区

当创建一个选区后，在选取工具的选项栏中启用【添加到选区】选项▣，接着创建选区，如果两个选区重叠，那么会将两个选区合并为一个选区，如图 4-43 所示。因为【添加到选区】选项生成的选区是新建选区与原有选区的合集。

2. 从选区中减去

要想从一个现有的选区中删除部分区域，那么在画布中存在一个选区时启用【从选区中减去】选项[图标]，就可以在该选区中单击并且拖动鼠标绘制另外一个选区，完成后释放鼠标，发现原有选区中的重叠部分被删除，如图 4-44 所示。

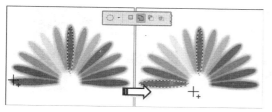

图 4-43　添加到选区

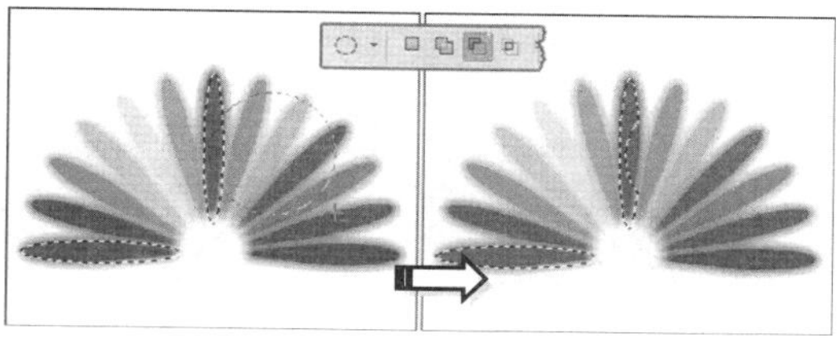

图 4-44　从选区中减去

3. 与选区交叉

【与选区交叉】选项[图标]虽然也是从选区中删除部分选区，但是与【从选区中减去】选项使用的效果不同。启用该选项后，在原有选区中单击并且拖动鼠标绘制另外一个选区，完成后释放鼠标，发现原有选区中的重叠部分被保留，其他部分被删除，如图 4-45 所示。

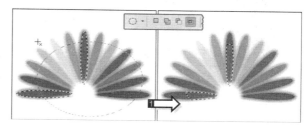

图 4-45　与选区交叉

4.3.4　调整边缘

【调整边缘】选项可以提高选区边缘的品质，并且允许对照不同的背景查看选区以便轻松编辑。但是前提条件是图像中存在必须已经建立的选区，如图 4-46 所示。虽然该选项并不是新添加的功能，但是经过更新，相对应原来的选项设置，新增加的选项设置能够得到更加精确的选区效果。

建立选区后，选取工具选项栏中的【调整边缘】选项呈可用状态，单击该按钮，或者执行【图像】|【调整边缘】命令打开【调整边缘】对话框，图像会根据其中的默认参数呈现如图 4-47 所示效果。要想使选区有所变化，可以设置其中的各种参数。

1. 视图模式

在该对话框中包括 7 种选区视图，默认情况下以【白底】背景显示。除【白底】背景外，还包括【闪烁虚线】、【叠加】、【黑底】、【黑白】、【背

图 4-46　建立选区

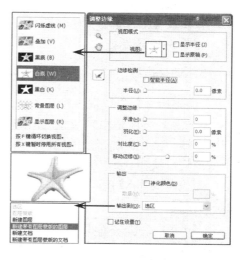

图 4-47　【调整边缘】对话框

景图层】及【显示图层】。单击不同的选项图标得到的展示效果各不相同，如图 4-48 所示为同一图像选区的不同效果。

闪烁虚线

叠加

黑底

黑白

背景图层

显示图层

◑ 图 4-48　不同的选区视图效果

注　意

无论使用哪种选区视图，只能预览设置参数后在某个情况下展示的效果，最终得到的效果只是选区的变化。而在该选项组左侧还准备了两个辅助工具——【缩放工具】 🔍 与【抓手工具】 ✋，以方便视图查看。

2．边缘检测

【视图模式】选项组中的【显示半径】与【显示原稿】选项，是与【边缘检测】选项组相结合应用的。当启用【显示半径】选项后，启用【边缘检测】选项组中的【智能半径】选项，并设置【半径】参数值，即可查看边缘区域，如图 4-49 所示。

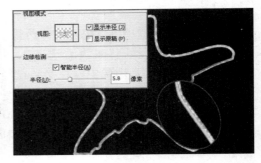

◑ 图 4-49　显示边缘

3．调整边缘

【调整边缘】选项组中包括 4 个选项。

【平滑】选项是用来减少选区边界中的不规则区域，创建更加平滑的轮廓。可以输入一个值或将滑块在 0 到 100 之间移动。如图 4-50 所示为该参数为 85 的预览效果。

提　示

设置【平滑】参数时，在【说明】选项中除了说明该参数的功能外，还提示可以使用【半径】参数恢复一些细节。

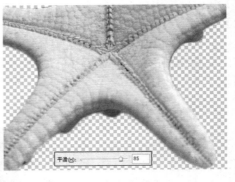

◑ 图 4-50　增加平滑数值

【对比度】选项是用来锐化选区边缘并去除模糊的不自然感。增加对比度可以移去由于【半径】设置过高而导致在选区边缘附近产生的过多杂色。

图 4-51 增加羽化数值

【羽化】选项是用来在选区及其周围像素之间创建柔化边缘过渡，输入一个值或移动滑块以定义羽化边缘的宽度（0～250 像素）。该参数与【选择】|【修改】中的【羽化】命令效果相同，只是该参数可以在设置参数的同时查看效果，如图 4-51 所示。

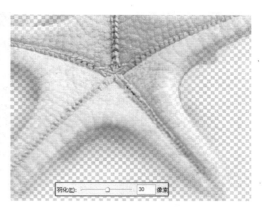

【移动边缘】选项是用来收缩或扩展选区边界，默认参数为 0，参数范围为–100～100。其中，扩展选区对柔化边缘选区进行微调很有用；收缩选区有助于从选区边缘移去不需要的背景色，如图 4-52 所示。

提 示

设置参数后想要返回默认参数时，可以按住 Alt 键，当对话框中的【取消】按钮变成【复位】按钮后，单击即可复原参数设置。

图 4-52 移动选区边缘效果

在该选项组左侧还准备了【调整半径工具】与【抹除调整工具】，前者是用来删除选区边缘的背景图像；后者是用来恢复删除后的背景图像。为了更好地展示这两个功能，这里采用了具有长发的人物。

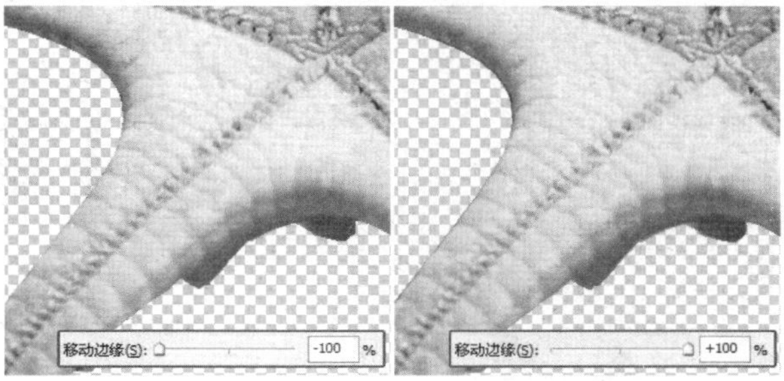

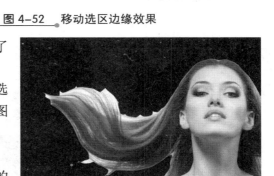

使用方法非常简单，只要在画布中建立选区后，打开【调整边缘】对话框。设置【视图模式】为“黑底”，查看建立选区后的效果，如图 4-53 所示。

图 4-53 选区黑底效果

这时单击【调整半径工具】，在图像的边缘区域涂抹即可删除该区域的背景图像，如图 4-54 所示。

使用相同的方法，涂抹其他边缘区域，或者重复涂抹，能够将背景图像删除得更加彻底，如图 4-55 所示。

【调整半径工具】的应用是建立在选区边缘基础上的，所以在没有选区边缘的区域应用该工具，就无法删除背景图像，如图 4-56 所示。

而对于过度删除背景图像的区域，则可以通过选择【抹除调整工具】，在该区域内进行涂抹，从而恢复删除前的图像效果，如图 4-57 所示。

图 4-54 删除边缘背景图像

图 4-55 涂抹后效果

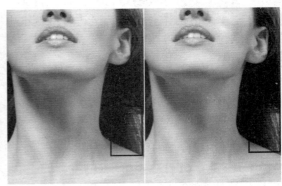

图 4-56 无法删除的区域

4. 输出

　　【输出】选项组中的【净化颜色】选项是为了删除选区边缘的背景颜色。方法是启用【净化颜色】选项，设置【数量】参数值即可查看效果，如图 4-58 所示。

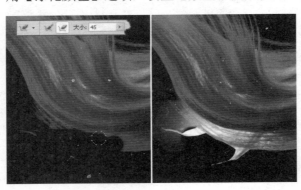

图 4-57 恢复删除前效果

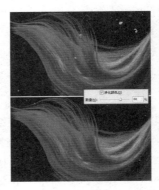

图 4-58 启用【净化颜色】选项

　　而【输出到】选项则是用来设置选区设置后的图像效果，这里列出了 6 个选项。其中，当启用【净化颜色】选项后，"选区"和"图层蒙版"选项将无法使用。当选择【输出到】选项为"新建带有图层蒙版的图层"
选项后，单击【确定】按钮，即可得到新
建图层，并且该图层带有图层蒙版，如图
4-59 所示。

图 4-59 创建带有图层蒙版的新图层

4.4 修饰选区

在 Photoshop 中，创建选区除了可以
对图像进行编辑外，还可以修饰选区，比
如对选区执行填充及描边等操作，从而使图
像得到奇特的效果。

4.4.1 选区填充

创建选区后右击鼠标，选择快捷菜单中
的【填充】命令，或者执行【编辑】|【填充】
命令（快捷键 Shift+F5），打开如图 4-60 所
示对话框。在该对话框中可以填充单色与图
案，以及根据填充的对象设置不同的参数得
到不同的填充效果。

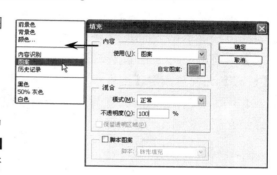

图 4-60 【填充】对话框

1. 填充选区

在默认情况下，选择【填充】对话框的
【使用】下拉列表中的【前景色】或者【背景
色】选项，单击【确定】按钮可以在选区中
填充工具箱中的【前景色】或者【背景色】，
如图 4-61 所示。

图 4-61 填充前景色

提 示

如果是通过选择【使用】下拉列表中的【颜色】选项，那么可以在【选取一种颜色】对话框中选择
任意颜色填充选区。

当选择【使用】下拉列表中的【图案】选项
后，【自定图案】列表框被激活，在下拉列表框
中选择 Photoshop 自带的图案，可以在选区中填
充该图案，如图 4-62 所示。

2. 不透明度

建立选区是为了保护选区以外的图像，当在
选区中填充颜色或者图案后，发现会将选区内原
有的图像覆盖，为了显示原有的图像，在【填充】

图 4-62 填充图案

对话框中提供了【不透明度】选项，设置不同数值的不透明度，会得到不同程度的显示效果，如图 4-63 所示。

3. 模式

设置选区填充的【不透明度】选项，效果较为单一，在【填充】对话框中有一个选项，可以在一个颜色或者图案基础上得到不同的显示效果，那就是【模式】选项，如图 4-64 所示为同一图案设置不同的【模式】选项，得到的不同效果。【模式】选项与图层【混合模式】类似，将会在以后的章节详细介绍。

4. 保留透明区域

【保留透明区域】选项是针对普通图层而言的，在背景图层中该选项不可用。当创建后的选区中存在透明像素时，启用或者禁用【填充】对话框中的【保留透明区域】选项，会得到不同的效果，如图 4-65 所示。

如果是在具有透明像素的选区中填充颜色或者图案，分别在禁用或者启用【保留透明区域】选项的情况下，设置相同的【模式】选项，也会得到不同的效果，如图 4-66 所示，发现禁用【保留透明区域】选项时，在透明区域填充的图案是以原图像显示的。

图 4-63 设置图案填充不透明度

图 4-64 设置图案填充模式

图 4-65 禁用与启用【保留透明区域】选项

图 4-66 禁用与启用【保留透明区域】选项后同一模式效果

技 巧

按住组合键 Ctrl＋Backspace，可以直接用背景色填充选区；按住组合键 Alt＋Backspace，可以直接用前景色填充选区；按住组合键 Shift＋Backspace 可以打开【填充】对话框；按住组合键 Alt＋Shift＋Backspace 及组合键 Ctrl＋Shift＋Backspace 在填充前景色及背景色时只填充已存在的像素（保留选区中透明区域）。

4.4.2　内容感知型填充

在 Photoshop 的【填充】对话框中，【使用】列表中的"内容识别"子选项，该选项是使用附近的相似图像内容不留痕迹地填充选区。而为了获得最佳结果，创建的选区需要略微扩展到要复制的区域之中。

默认情况下，【使用】列表中的【内容识别】选项不可用。必须在画布中创建选区，才能够选择该选项，如图 4-67 所示。

图 4-67　建立选区

当在画布中创建选区后，执行【编辑】|【填充】命令，选择【使用】为【内容识别】选项，单击【确定】按钮即可按照选区外围的图像纹理进行填充，如图 4-68 所示。

在默认情况下，选择【内容识别】选项能够将选区内的图像修饰为选区外围的图像纹理。但是在【填充】对话框中，还能够同时设置【模式】与【不透明度】选项，添加不同选项的设置，得到的填充效果也会有所不同，如图 4-69 所示。

图 4-68　内容识别填充

图 4-69　内容识别的正片叠底模式与 50%不透明度效果

4.4.3　选区描边

除了可以在选区内填充颜色与图案外，还可以为选区的蚂蚁线涂上颜色，生成边框图像的边缘效果。当画布中存在选区时，执行【编辑】|【描边】命令，或者右击选区，在弹出的快捷菜单中选择【描边】命令，打开如图 4-70 所示的对话框。除了与【填充】对话框相同的【模式】、【不透明度】与【保留透明区域】选项外，还可以设置【宽度】、【颜色】与【位置】选项。

1．默认描边

在默认情况下，描边颜色为工具箱中的【前景色】，【宽度】为 1 像素，【位置】为居中，得到的是 1 像素线条，如图 4-71 所示。

图 4-70　【描边】对话框　　　　　图 4-71　1 像素描边

2．描边位置

在为选区进行描边时，线条的位置极为重要，因为线条的位置不同得到的效果也不同，如图 4-72 所示分别为 15 像素在蚂蚁线内部、外部与居中位置的效果。

图 4-72　不同位置的描边效果

3．保留透明区域

当选区内部为图像区域，选区外部为透明区域，那么启用【保留透明区域】选项，对在内部描边没有影响，而外部描边则会完全没有效果，居中描边则是前两者的综合效果。如图 4-73 所示，为居中描边设置相同的模式，分别在禁用与启用【保留透明区域】选项得到的效果对比。

图 4-73　禁用与启用【保留透明区域】选项后同一模式效果

本实例主要使用选区抠图，其中使用的选取工具是【魔棒工具】。将主体元素从其他图像中提取出来后，更换上新的背景图片，即可完成一种新的图像合成效果，如图 4-74 所示。

图 4-74 最终效果

操作步骤：

1 打开如图 4-75 所示素材图片，选择工具箱中的【魔棒工具】来选取，单击背景。

图 4-75 打开图片

2 继续创建选区，单击【添加到选区】按钮，单击右下方区域，如图 4-76 所示。

图 4-76 创建选区

3 继续使用【添加到选区】按钮，单击没有被选中的区域，直到背景完全被选中，如图 4-77 所示。

图 4-77 完全选中背景

4 按快捷键 Ctrl+Shift+I 进行反向选取，选定主体，新建透明文档，与原图大小一致，在原图中按快捷键 Ctrl+C 将选区复制，在新文档中按快捷键 Ctrl+V 粘贴，效果如图 4-78 所示。

图 4-78 把主体放入新文档

5 拖进背景素材，将抠出来的图像，放置在合适的位置，调整大小，得到最终效果，如图 4-79 所示。

图 4-79　调整大小

4.6　课堂练习：制作撕边画框

本实例为图像添加个性边框，通过【魔棒工具】创建选区，然后反向选择人物，进而通过【合并拷贝】、【粘贴】命令，结合【移动工具】将图像放置到合适的边框内，从而得到有个性的图像，如图 4-80 所示。

图 4-80　最终效果

操作步骤：

1 打开素材"人物"，选择【魔棒工具】，设置工具栏中的【容差】为 32。然后在图像灰色区域单击，创建选区，如图 4-81 所示。

图 4-81　打开素材图片

2 这时候人物下方的灰色区域是没有选到的，选择"添加到选区"按钮，继续在没有选到的灰色区域单击，包括臂弯里面的灰色区域，如图 4-82 所示。

图 4-82　创建选区

3 灰色区域全被选中之后，执行【选择】|【反向】命令，人物被选择，然后执行【编辑】|【合并拷贝】命令，复制选区人物，如图 4-83 所示。

4 打开素材"边框.psd"，选择【矩形选框工具】，在下面创建一个选区，按 Delete 键删除，再按快捷键 Ctrl+D 取消选区，如图 4-84 所示。

5 然后执行【编辑】|【粘贴】命令，把人物粘贴进去，可以看见人物相对于边框有点

小，这时候右击鼠标，在弹出的快捷菜单中选择【自由变换】选项，将人物稍微放大，按 Enter 键退出。然后选择【移动工具】，将图像的左边和下面对齐，本实例完成，如图 4-85 所示。

图 4-83　复制选区人物

图 4-84　制作撕边边框

图 4-85　调整素材

4.7　思考与练习

一、填空题

1. 无论使用哪种选取工具创建选区，所选区域都将以_____表示。

2. 结合_____键可以创建一个正方形或者正圆选区。

3. 套索工具组包含了三种类型的工具，分别为【_____】、【多边形套索工具】和【_____】。

4. 【_____】可以利用可调整的圆形画笔笔尖快速建立选区。

5. 通过颜色建立选区的命令是【_____】。

二、选择题

1. 【取消选择】选取范围命令的对应快捷键是_____。

　　A．Shift+D

　　B．Ctrl+D

　　C．Ctrl+H

　　D．Ctrl+Alt+D

2. 要增加选取范围，应该在工具选项栏中启用_____功能按钮？

　　A．

　　B．

　　C．

　　D．

3. 选择整个画布的快捷键是_____。

　　A．Ctrl+A

　　B．Ctrl+B

　　C．Ctrl+D

　　D．Shift+A

4. 对颜色区域进行选择，使用的工具是

_____。

    A．套索工具

    B．椭圆选框工具

    C．魔棒工具

    D．多边形套索工具

5．对选区进行变形的快捷键是_____。

    A．Ctrl+T

    B．Ctrl+F

    C．Shift+T

    D．没有快捷键

三、问答题

1．【羽化】命令与工具选项栏中的【羽化】选项有何区别？

2．对选区执行【存储选区】命令后，选区保存在什么位置？

3．移动选区分别有哪些情况？

4．【调整边缘】命令是在什么基础上才能够进行应用的？

5．在一幅图像中创建了选区后，要想将其载入到其他图像中使用，需要执行哪些操作？

四、上机练习

1．对局部图像进行变形

对于同一个图层的图像来说，要想变形局部图像，那么首先要选择该局部图像。然后按快捷键 Ctrl+T 显示变换框后，单击工具选项栏中的【变形】按钮，即可对选区内的图像进行变形，如图 4-86 所示。

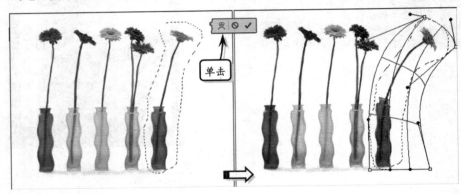

    图 4-86   局部变形

2．快速提取图像

在 Photoshop CS6 中，对于背景较为简单的复杂图像来说，选取工具与【调整边缘】命令相结合，即可快速地进行提取。方法是，使用【磁性套索工具】在老鹰边缘建立大概轮廓选区后，单击工具选项栏中的【调整边缘】按钮，在弹出的【调整边缘】对话框中，使用【调整半径工具】在选区边缘进行涂抹，从而删除老鹰羽毛中的背景图像，得到老鹰的完整提取，如图 4-87 所示。

    图 4-87   提取图像

第 5 章

图层高级应用

  Photoshop 中的图层不仅包括组合、排列等基本功能，还包含用于制作特效的图层样式与用于融合不同图像的混合模式功能。前者是为图像、文字或是图形添加诸如阴影、发光或是浮雕等效果；后者则是对两个图层上的图像，通过各自的红、绿、蓝通道进行"混合"。

  在本章中，主要讲解图层混合模式与图层样式的设置与添加方法，前者不仅应用到图层中，还应用到填充、画笔与通道中；后者则能够为图像添加不同的特效效果。

本章学习目标：

➢ 混合模式原理
➢ 各种混合模式组
➢ 各种图层样式
➢ 应用图层样式

在 Photoshop 中的各个角落，都可以看到混合模式的身影。混合模式其实是通过像素之间的混合使像素值发生改变，从而呈现不同颜色的外观。

基色是做混合之前位于原处的色彩或图像；混合色是被溶解于基色或是图像之上的色彩或图像；结果色是混合后得到的颜色。

比如，画家在画布上面绘画，那么画布的颜色就是基色。画家使用画笔在颜料盒中选取一种颜色在画布上涂抹，这个被选取的颜色就是混合色。被选取颜色涂抹的区域所产生的颜色为结果色，如图 5-1 所示。

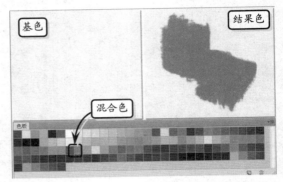

图 5-1　基色、混合色与结果色

当画家再次选择一种颜色涂抹时，画布上现有的颜色也就成为基色。而在颜料盒中选取的颜色为混合色，再次在画布上涂抹，它们一起生成了新的颜色，这个颜色为结果色，如图 5-2 所示。

混合模式在图像处理中主要用于调整颜色和混合图像。使用混合模式进行颜色调整时，会利用源图层副本与源图层进行混合，从而达到调整图像颜色的目的。在编辑过程中会出现三种不同类型的图层，即同源图层、异源图层和灰色图层。

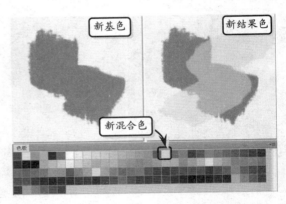

图 5-2　新基色、新混合色与新结果色

- ❑ **同源图层**　"背景副本"图层是由"背景"图层复制而来，两个图层完全相同，那么"背景副本"图层称为"背景"图层的同源图层。

- ❑ **异源图层**　"图层 1"是从外面拖入的一个图层，并不是通过复制"背景"图层而得到的。那么"图层 1"称为"背景"图层的异源图层。

- ❑ **灰色图层**　"图层 2"是通过添加滤镜得到的，这种整个图层只有一种颜色值的图层通常称为灰色图层。最典型的灰色图层是 50% 中性灰图层。灰色图层既可以由同源图层生成，也可以由异源图层得到，因此，既可以用于图像的色彩调整，也可以进行特殊的图像拼合。

5.1.1　组合模式组

组合模式主要包括【正常】和【溶解】选项，【正常】模式和【溶解】模式的效果都不依赖于其他图层；【溶解】模式出现的噪点效果是它本身形成的，与其他图层无关。

1.【正常】模式

【正常】混合模式的实质是用混合色的像素完全替换基色的像素，使其直接成为结果色。在实际应用中，通常是用一个图层的一部分去遮盖其下面的图层。【正常】模式也是每个图层的默认模式，如图 5-3 所示。

基色   混合色   结果色

图 5-3 【正常】模式

> **提　示**
>
> 只要是新建的图层，它的图层混合模式就是【正常】模式。图层混合模式还可以保存。例如，设置当前图层为某个混合模式选项后，保存并关闭文档，再次打开该文档时，就可以看到该图层所设置的混合模式选项。

2.【溶解】模式

【溶解】混合模式的作用原理是同底层的原始颜色交替以创建一种类似扩散抖动的效果，这种效果是随机生成的。混合的效果与图层【不透明度】选项有很大关系，通常在【溶解】模式中采用颜色或图像样本的【不透明度】的参数值越低，颜色或图像样本同原始图像像素抖动的频率就越高，如图 5-4 所示。

不透明度为 80%   不透明度为 50%   不透明度为 20%

图 5-4 【溶解】模式

5.1.2　加深模式组

加深模式组的效果是使图像变暗，两张图像叠加，选择图像中最黑的颜色在结果色中显示。在该模式中，主要包括【变暗】模式、【正片叠底】模式、【颜色加深】模式、【线性加深】模式和【深色】模式。

1.【变暗】模式

【变暗】混合模式通过比较上下层像素后，取相对较暗的像素作为输出。每个不同颜色通道的像素都会独立地进行比较，色彩值相对较小的作为输出结果，下层表示叠放次序位于下面的那个图层，上层表示叠放次序位于上面的那个图层，如图5-5所示。

2.【正片叠底】模式

【正片叠底】混合模式的原理是查看每个通道中的颜色信息，并将基色与混合色复合，结果色总是较暗的颜色。任何颜色与白色混合保持不变，当用黑或白以外的颜色绘画时，绘画工具绘制的连续描边产生逐渐变暗的颜色，如图5-6所示。

图 5-5　【变暗】模式

> **提 示**
>
> 【正片叠底】模式与【变暗】模式不同的是，前者通常在加深图像时颜色过渡效果比较柔和，这有利于保留原有的轮廓和阴影。

图 5-6　【正片叠底】模式

3.【颜色加深】模式

通过查看每个通道中的颜色信息，并通过增加对比度使基色变暗以反映混合色，即为【颜色加深】混合模式。与白色混合后不产生变化，【颜色加深】模式对当前图层中的颜色减少亮度值，这样就可以产生更明显的颜色变换，如图5-7所示。

4.【线性加深】模式

【线性加深】混合模式能够查看颜色通道信息，并通过减小亮度使基色变暗以反映混合色，与白色混合时不产生变化，如图5-8所示。

此模式对当前图层中的颜色减少亮度值，这样就可以产生更明显的颜色变换。它与【颜色加深】模式不同的是，【颜色加深】模式产生鲜艳的效果，而【线性加深】模式产生更平缓的效果。

图 5-7　【颜色加深】模式

5.【深色】模式

【深色】混合模式的原理是查看红、绿、蓝通道中的颜色信息，比较混合色和基色的所有通道值的总和，并显示色值较小的颜色。【深色】模式不会生成第三种

图 5-8　【线性加深】模式

颜色，因为它将从基色和混合色中选择最小的通道值来创建结果颜色，如图5-9所示。

图 5-9　【深色】模式

5.1.3　减淡模式组

减淡模式与加深模式是相对应的。使用减淡模式时，黑色完全消失，任何比黑色亮的区域都可能加亮下面的图像。该类型的模式主要包括【变亮】模式、【滤色】模式、【颜色减淡】模式、【线性减淡】模式和【浅色】模式。

1.【变亮】模式

【变亮】混合模式是通过查看每个通道中的颜色信息，并选择基色或混合色中较亮的颜色作为结果色。比混合色暗的像素被替换，比混合色亮的像素保持不变，如图5-10所示。

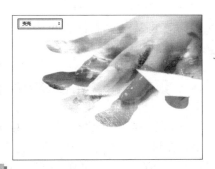

图 5-10　【变亮】模式

> **注　意**
>
> 【变亮】模式对应着【变暗】模式。在【变暗】模式下，较亮的颜色区域在最终的结果色中占主要地位。

2.【滤色】模式

【滤色】混合模式的原理是查看每个通道的颜色信息，并将混合色与基色复合，结果色总是较亮的颜色。用黑色过滤时颜色保持不变；用白色过滤将产生白色。就像是两台投影机打在同一个屏幕上，这样两个图像在屏幕上重叠起来结果得到一个更亮的图像，如图 5-11 所示。

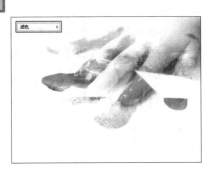

图 5-11　【滤色】模式

3.【颜色减淡】模式

【颜色减淡】混合模式是通过查看每个通道中的颜色信息，并通过增加对比度使基色变亮以反映混合色，与黑色混合则不发生变化，如图5-12所示。

4.【线性减淡】模式

【线性减淡】混合模式的工作原理是查看每个通道的颜色信息，并通过增加亮度使基色变亮以反映混合色。同时，与黑色混合不发生变化，如图5-13所示。

图 5-12　【颜色减淡】模式

【线性减淡】和【颜色减淡】模式都可以提高图层颜色的亮度,【颜色减淡】产生更鲜明、更粗糙的
效果;而【线性减淡】产生更平缓的过渡。因为它们使图像中的大部分区域变白,所以减淡模式非
常适合模仿聚光灯或其他非常亮的效果。

5.【浅色】模式

选择【浅色】混合模式以后,分别检测红、绿、蓝通道中的颜色信息,比较混合色和基色的所有通道值的总和并显示值较大的颜色,如图 5-14 所示。【浅色】模式不会生成第三种颜色,因为它将从基色和混合色中选择最大的通道值来创建结果颜色。

5.1.4 对比模式组

对比模式组综合了加深和减淡模式的特点,在进行混合时,50%的灰色会完全消失,任何高于 50%灰色的区域都可能加亮下面的图像;而低于 50%灰色的区域都可能使底层图像变暗,从而增加图像的对比度。

该类型模式主要包括【叠加】模式、【柔光】模式、【强光】模式、【亮光】模式、【线性光】模式、【点光】模式和【实色混合】模式。

1.【叠加】模式

【叠加】混合模式是对颜色进行正片叠底或过滤,具体取决于基色。图案或颜色在现有像素上叠加,同时保留基色的明暗对比。不替换基色,但基色与混合色互相混合以反映颜色的亮度或暗度,如图 5-15 所示。

2.【柔光】模式

【柔光】混合模式会产生一种柔光照射的效果,此效果与发散的聚光灯照在图像上相似。如果"混合色"颜色比"基色"颜色的像素更亮一些,那么"结果色"将更亮;如果"混合色"颜色比"基色"颜色的像素更暗一些,那么"结果色"颜色将更暗,使图像的亮度反差增大,如图 5-16 所示。

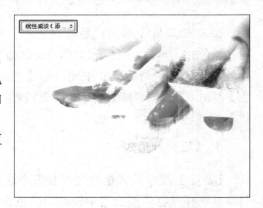

图 5-13 【线性减淡】模式

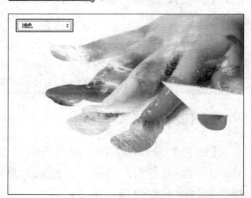

图 5-14 【浅色】模式

图 5-15 【叠加】模式

【柔光】模式是由混合色控制基色的混合方式，这一点与【强光】模式相同，但是混合后的图像却更加接近【叠加】模式的效果。因此，从某种意义上来说，【柔光】模式似乎是一个综合了【叠加】和【强光】两种模式特点的混合模式。

图 5-16　【柔光】模式

3.【强光】模式

【强光】混合模式的作用原理是复合或过滤颜色，具体取决混合色。此效果与耀眼的聚光灯照在图像上相似，如图 5-17 所示。

4.【亮光】模式

【亮光】混合模式是通过增加或减小对比度来加深或减淡颜色，具体取决于混合色。如果混合色（光源）比 50%灰色亮，则通过减小对比度使图像变亮；如果混合色比 50%灰色暗，则通过增加对比度使图像变暗，如图 5-18 所示。

图 5-17　【强光】模式

【亮光】模式是叠加模式组中对颜色饱和度影响最大的一个混合模式。混合色图层上的像素色阶越接近高光和暗调，反映在混合后的图像上的对应区域反差就越大。利用【亮光】模式的特点，用户可以给图像的特定区域增加非常艳丽的颜色。

5.【线性光】模式

【线性光】混合模式是通过减小或增加亮度来加深或减淡颜色，具体取决于混合色。如果混合色（光源）比 50%灰色亮，则通过增加亮度使图像变亮；如果混合色比 50%灰色暗，则通过减小亮度使图像变暗，如图 5-19 所示。

图 5-18　【亮光】模式

6.【点光】模式

【点光】混合模式的原理是根据混合色替换颜色，具体取决于混合色。如果混合色（光源）比 50%灰色亮，则替换比混合色暗的像素，而不改变比混合色亮的像素；如果混合色比 50%灰色暗，则替换比混合色亮的像素，而比混合色暗的像素保持不变，如图 5-20 所示。

7.【实色混合】模式

【实色混合】混合模式是将混合颜色的红色、绿色

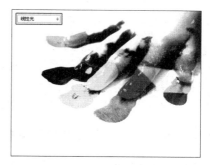

图 5-19　【线性光】模式

和蓝色通道值添加到基色的 RGB 值。如果通道的结果总和大于或等于 255，则值为 255；如果小于 255，则值为 0。因此，所有混合像素的红色、绿色和蓝色通道值要么是 0，要么是 255。这会将所有像素更改为原色：红色、绿色、蓝色、青色、黄色、洋红、白色或黑色，如图 5-21 所示。

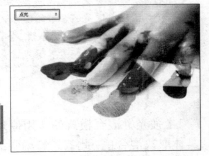

图 5-20 【点光】模式

5.1.5 比较模式组

比较模式组主要是【差值】模式和【排除】模式。这两种模式彼此很相似，它们将上层和下面的图像进行比较，寻找二者中完全相同的区域。使相同的区域显示为黑色，而所有不相同的区域则显示为灰度层次或彩色。

在最终结果中，越接近于黑色的不相同区域，它就与下面的图像越相似。在这些模式中，上层的白色会使下面图像上显示的内容反相，而上层中的黑色则不会改变下面的图像。

图 5-21 【实色混合】模式

1.【差值】模式

【差值】混合模式通过查看每个通道中的颜色信息，并从基色中减去混合色，或从混合色中减去基色，具体取决于哪一个颜色的亮度值更大。与白色混合将反转基色值；与黑色混合则不产生变化，如图 5-22 所示。

2.【排除】模式

【排除】混合模式主要用于创建一种与【差值】模式相似，但对比度更低的效果。与白色混合将反转基色值；与黑色混合则不发生变化。

这种模式通常使用频率不是很高，不过通过该模式能够得到梦幻般的怀旧效果。这种模式产生一种比【差值】模式更柔和、更明亮的效果，如图 5-23 所示。

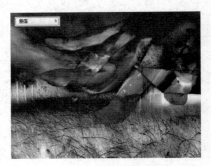

图 5-22 【差值】模式

3.【减去】与【划分】模式

【减去】模式通过查看每个通道中的颜色信息，并从基色中减去混合色，如图 5-24 所示。在 8 位和 16 位图像中，任何生成的负片值都会剪切为零。

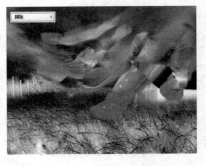

图 5-23 【排除】模式

【划分】模式是通过查看每个通道中的颜色信息，并从基色中分割混合色，如图 5-25 所示。

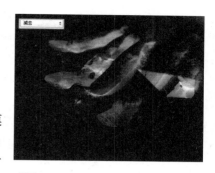

图 5-24 【减去】模式

5.1.6 色彩模式组

色彩模式组主要包括【色相】模式、【饱和度】模式、【颜色】模式和【明度】模式。这些模式在混合时，与色相、饱和度和亮度有密切关系，将上面图层中的一种或两种特性应用到下面的图像中，产生最终效果。

1.【色相】模式

【色相】混合模式的原理是用基色的明亮度和饱和度，以及混合色的色相创建结果色，如图 5-26 所示。

图 5-25 【划分】模式

2.【饱和度】模式

【饱和度】混合模式是用基色的明亮度和色相，以及混合色的饱和度创建结果色，如图 5-27 所示。绘画在无饱和度（灰色）的区域上，使用此模式绘画不会发生任何变化。饱和度决定图像显示出多少色彩。如果没有饱和度，就不会存在任何颜色，只会留下灰色。饱和度越高，区域内的颜色就越鲜艳。当所有对象都饱和时，最终得到的几乎就是荧光色了。

3.【颜色】模式

【颜色】混合模式是用基色的明亮度，以及混合色的色相和饱和度创建结果色。这样可以保留图像中的灰阶，并且对于给单色图像上色和给彩色图像着色都会非常有用，如图 5-28 所示。

图 5-26 【色相】模式

图 5-27 【饱和度】模式

图 5-28 【颜色】模式

【颜色】模式能够使灰色图像的阴影或轮廓透过着色的颜色显示出来,产生某种色彩化的效果。这样可以保留图像中的灰阶,并且对于给单色图像上色和给彩色图像着色都会非常有用。使用【颜色】模式为单色图像着色,能够使其呈现怀旧感,如图 5-29 所示。

4.【明度】模式

【明度】混合模式是用基色的色相和饱和度,以及混合色的明亮度创建结果色。此模式创建与【颜色】模式相反的效果。这种模式可将图像的亮度信息应用到下面图像中的颜色上。它不能改变颜色,也不能改变颜色的饱和度,而只能改变下面图像的亮度,如图 5-30 所示。

图 5-29 单色效果

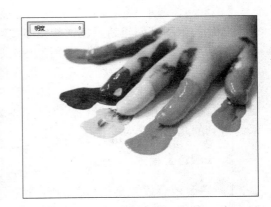

图 5-30 【明度】模式

5.2 图层样式选项

Photoshop 提供了 10 种可供选择的样式,通过这些样式可以为图像添加一种或多种效果。图层样式类似于模板,可以重复使用,也可以像操作图层一样对其执行调整、复制、删除等操作。

因此,掌握图层样式的应用技巧,将会给用户的设计创作带来很大的方便和灵活性,也可以大大提高设计创作的工作效率。

5.2.1 混合选项

混合选项也是图层样式的组成部分,通过调整它里面的选项,可以将独立不同图层混合制造出特定效果。双击图层，打开【图层样式】对话框后，显示的是【混合选项】的参数设置区域。其中，【常规混合】选项组包括了【混合模式】和【不透明度】两项，这两项是调节图层最常用到的，也是最基本的图层选项，与【图层】面板中的选项相同。

选择除"背景"图层以外的任意图层，执行【图层】|【图层样式】|【混合选项】命令，打开【图层样式】对话框，如图5-31所示。

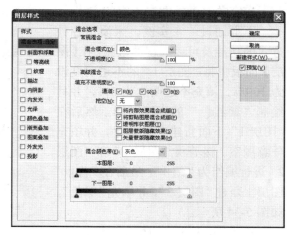

1. 填充不透明度

在【高级混合】选项组中，【填充不透明度】选项只影响图层中绘制的像素或形状，对图层样式和混合模式不起作用。

图 5-31 【图层样式】对话框

使用【填充不透明度】可以在隐藏图像的同时依然显示图层效果，这样可以创建出隐形的投影或透明浮雕效果，如图5-32所示。

填充不透明度100%　　　填充不透明度50%　　　填充不透明度10%　　　填充不透明度0%

图 5-32 设置【填充不透明度】选项

2. 通道

【通道】选项用于在混合图层或图层组时，将混合效果限制在指定的通道内，未被选择的通道被排除在混合之外。比如，白色的鸽子图层与黑色背景图层的混合效果，每禁用一个通道，都会生成其颜色的相反色调，如图5-33所示。

启用所有通道　　　　禁用红色通道　　　　禁用绿色通道　　　　禁用蓝色通道

图 5-33 设置【通道】选项

3. 挖空

【挖空】选项决定了目标图层及其图层效果是如何穿透图层或图层组，以显示其下面图层的。在【挖空】下拉列表中包括"无"、"浅"和"深"三种方式，分别用来设置当前层挖空并显示下面层内容的方式。

下面通过一个实例，来演示各种方式的功能及可以表现的效果。在【图层】面板中将"图层 1"的不透明度设为 100%，填充不透明度为 0%，并且绘制"紫红色"的蝴蝶图形。然后在"图层 1"下面新建"图层 2"，并填充任意图案。接着将"图层 1"和"图层 2"进行编组为"组 1"。最后在"背景"图层上新建"图层 3"，并填充"绿色"，如图 5-34 所示。

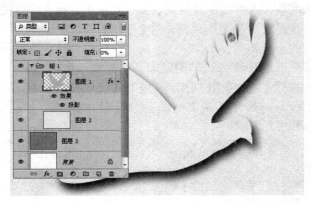

图 5-34 建立图层

接下来，打开"图层 1"的混合选项，通过设置不同的挖空方式，以观察其效果，如图 5-35 所示。其中，如果没有背景图层，那么挖空则一直到透明区域。另外，如果希望创建挖空效果的话，需要降低图层的填充不透明度，或是改变混合模式，否则图层挖空效果不可见。

【挖空】为"无"

【挖空】为"浅"

【挖空】为"深"

图 5-35 设置【挖空】选项

4. 混合颜色带

Photoshop 中混合颜色带的作用与通道的作用相同，它们都是通过选取图像的像素来达到控制图像显示或隐藏的目的。所不同的是，使用混合颜色带，用户拖动哪个滑条的滑块，实际上就是对滑条所代表图层的某个通道做某些修改。然后以这个被改变的通道为蒙版，控制图层的不透明度，以此进行图层混合。如果说图层混合模式是从纵向上控制图层与下面图层的混合方式，那么混合颜色带就是从横向上控制图层相互影响的方式。

在【混合颜色带】选项中，有上下两个滑条。通过这两个滑条不但可以控制本图层的像素显示，还可以控制下一图层的显示。例如，将两幅图像放置在一个文档中，如图 5-36 所示。

双击"图层 1"，打开【图层样式】对话框。

图 5-36 图像图层

在【混合颜色带】的下拉菜单中，选择【灰色】通道。将白色滑块向左拖动，隐藏该图层中的高光图像；将黑色滑块向右拖动，隐藏该图层中的阴影图像，如图 5-37 所示。

图 5-37　设置【本图层】选项

采用同样的方法，拖动【下一图层】的滑块，可以按照下方图层中的明暗关系隐藏当前图层，从而将下面图层中的像素显示出来，如图 5-38 所示。

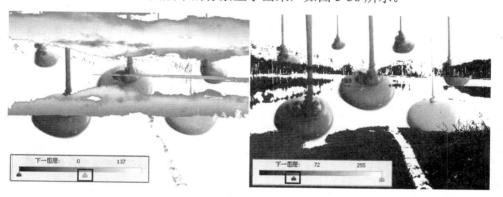

图 5-38　设置【下一图层】选项

有些时候，为了保证在混合区域和非混合区域之间产生平滑的过渡，可以采用部分混合的方法。要定义部分混合像素的范围，可以按住 Alt 键并拖移三角形滑块的一半。这样混合的效果就不会过于生硬，如图 5-39 所示。

5.2.2　阴影与光样式

利用【投影】和【内阴】影样式，可以制作出物体逼真的阴影效果，并且还可以对阴影的颜色、大小及清晰度进行精确的控制，从而使物体富有空间感。而【外发光】和【内发光】是两个模仿发光效果的图层样式，它可在图像外侧或内侧添加单色或渐变发光效果。

图 5-39　设置柔滑效果

1. 投影效果

为图像添加投影效果，能够使图像具有层次感。在【图层样式】对话框中，启用【投影】选项，可以在图层内容的后面添加阴影。该选项中的各个参数的作用如下。

- ❏ **混合模式** 用来确定图层样式与下一图层的混合方式，可以包括也可以不包括现有图层。
- ❏ **角度** 用于确定效果应用于图层时所采用的光照角度，如图 5-40 所示。
- ❏ **距离** 用来指定偏移的距离，如图 5-41 所示。
- ❏ **扩展** 用来扩大杂边边界，可以得到较硬的效果，如图 5-42 所示。
- ❏ **大小** 指定模糊的数量或暗调大小，如图 5-43 所示。
- ❏ **消除锯齿** 用于混合等高线或光泽等高线的边缘像素。对尺寸小且具有复杂等高线的阴影最有用。
- ❏ **杂色** 由于投影效果都是由一些平滑的渐变构成的，在有些场合可能产生莫尔条纹，添加杂色就可以消除这种现象。它的作用和【杂色】滤镜是相同的，如图 5-44 所示。
- ❏ **图层挖空投影** 这是和图层填充选项有关系的一个选项。当将填充不透明度设为 0% 时，启用该选项，图层内容下的区域是透明的；禁用该选项，图层内容下的区域是被填充的。
- ❏ **使用全局光** 启用该选项可以在图像上呈现一致的光源照明外观。

2. 内阴影效果

内阴影效果用于在紧靠图层内容的边缘内添加阴影，使图层具有凹陷外观。该样式的参数与设置方法同【投影】样式相同。

在设置【内阴影】样式时，比如增加【杂色】选项的参数，可创建出模仿点绘效果的图像，如图 5-45 所示。

图 5-40 设置不同角度

图 5-41 设置【距离】选项

图 5-42 设置【扩展】选项

图 5-43 设置【大小】选项

图 5-44 设置【杂色】选项

3. 外发光效果

外发光就是让物体边缘出现光晕效果，从而使该物体更加鲜亮、更加吸引浏览者的目光。启用【图层样式】对话框中的【外发光】选项，右侧显示相应的参数，如图 5-46 所示。

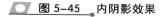
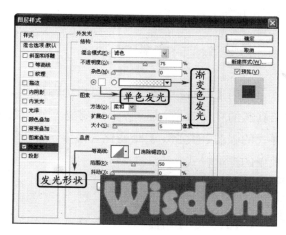

图 5-45 内阴影效果

图 5-46 【外发光】样式选项

在设置外发光时，背景的颜色尽量选择深色图像，以便于显示出设置的发光效果。其中，通过设置发光的方式，可以为图像添加单色或是渐变发光效果，如图 5-47 所示。

单击【等高线】下拉列表，从弹出的列表中可选择不同的选项，以获得效果更为丰富的发光样式，如图 5-48 所示。

图 5-47 渐变外发光

图 5-48 设置不同的【等高线】选项

技　巧

等高线决定了物体特有的材质，物体哪里应该凹陷，哪里应该凸起可以由等高线来控制，而利用图层样式的好处就在于可以随意控制等高线，以控制图像侧面的光线变化。

4. 内发光效果

内发光效果的选项设置与外发光基本相同，【内发光】样式多了针对发光源的选择。

比如，一种是由图像内部向边缘发光；一种是由图像边缘向图像内部发光，如图 5-49 所示。内发光效果的强弱也可以通过调节【不透明度】选项来实现。因为【不透明度】默认参数值为 75%，所以其效果并不是最强的。

图 5-49　设置内发光位置

5.2.3　斜面和浮雕

使用【斜面和浮雕】样式可以为图像和文字制作出真实的立体效果。通过更改众多选项可以控制浮雕样式的强弱、大小、明暗变化等效果，以设置出不同效果的浮雕样式。

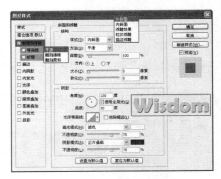

1．样式

【样式】是【斜面和浮雕】样式的第一个选项，其中包括 5 种样式。

- **外斜面**　在图像外边缘创建斜面效果，如图 5-50 所示。
- **内斜面**　在图像内边缘上创建斜面效果，如图 5-51 所示。
- **浮雕效果**　创建使图像相对于下层图像凸出的效果，如图 5-52 所示。
- **枕状浮雕**　创建将图像边缘凹陷进入下层图层中的效果，如图 5-53 所示。
- **描边浮雕**　在图层描边效果的边界上创建浮雕效果(只有添加了描边样式的图像才能看到描边浮雕效果)，如图 5-54 所示。

图 5-50　外斜面效果

图 5-51　内斜面效果

图 5-52　浮雕效果

2．方法

【斜面和浮雕】样式中的【方法】选项，可以控制浮雕效果的强弱。其中包括三个级别。

- **平滑**　可稍微模糊杂边的边缘,用于所有类型的杂边，不保留大尺寸的细节特写。
- **雕刻清晰**　主要用于消除锯齿形状（如文字）的硬边杂边，保留细节特写的能力优于【平滑】选项，如图 5-55 所示。
- **雕刻柔和**　没有【雕刻清晰】描写细节的能力

图 5-53　枕状浮雕效果

图 5-54　描边浮雕效果

精确，主要应用于较大范围的杂边，如图
5-56 所示。

3．光泽等高线

【光泽等高线】选项能够创建有光泽的金属外观。该效果是在为斜面或浮雕加上阴影效果后应用的。

单击【光泽等高线】下拉列表，从弹出的列表中可选择不同的选项，以获得各种光泽效果，如图 5-57 所示。

4．等高线

在【斜面和浮雕】样式中，除了能够设置【光泽等高线】选项外，还可以设置【等高线】选项。前者的设置只会影响"虚拟"的高光层和阴影层；后者则为对象本身赋予条纹状效果，如图 5-58 所示。

🔘 图 5-55　雕刻清晰效果

🔘 图 5-56　雕刻柔和效果

🔘 图 5-57　设置【光泽等高线】选项

🔘 5.2.4　其他图层样式

在【图层样式】对话框中，还能够为图像进行单色、渐变颜色、图案的填充样式，以及描边样式。这些样式效果在工具与命令中同样能够实现，只是后者的效果设置是一次性的，不能够进行参数修改，而前者不仅能够重复修改参数，还可以保留原图像。

1．颜色叠加

【颜色叠加】是一个既简单又实用的样式，其作用实际上相当于为图像着色。只要启用【颜色叠加】选项，即可为图像填充默认的红色，如图 5-59 所示。

在该样式中，可以设置叠加的颜色、颜色混合模式及不透明度，从而改变叠加色彩的效果，如图 5-60 所示。

🔘 图 5-58　设置【等高线】选项

技　巧

【颜色叠加】图层样式中颜色的更换，只要单击色块，即可打开【拾色器（叠加颜色）】对话框，来确定颜色。

图 5-59 默认颜色叠加效果   图 5-60 不同【颜色叠加】选项效果

2．渐变叠加

【渐变叠加】与【颜色叠加】样式的原理完全一样，只不过覆盖图像的颜色是渐变而不是单色。在前者参数中，还可以改变渐变样式以及角度，如图 5-61 所示。

在【图层样式】对话框打开的同时，在画布中单击并拖动光标，即可改变渐变颜色的显示位置；如果要设置渐变颜色的显示效果，可以设置【缩放】参数值，如图 5-62 所示。

图 5-61 渐变叠加效果   图 5-62 拖动与缩小效果

3．图案叠加

使用【图案叠加】样式可在图层内容上添加各种预设或是自定的图案。在打开的图案库中，单击图案方块，选择要填充的图案即可，如图 5-63 所示。

4．描边

【描边】样式也是一个较为直观和常用的样式，它能够使用单色、渐变颜色和图案，为图像进行非透明部分的边缘描边。

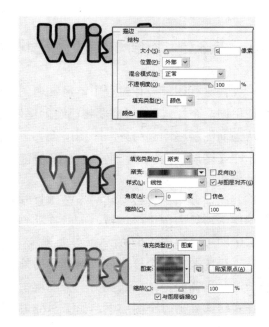

图 5-63 图案叠加效果   图 5-64 描边效果

5.3 应用图层样式

当为图层添加图层样式后,既可以修改与复制该样式,也可以缩放其效果,还可以将设置好的样式保存在【样式】面板中,方便以后重复使用。

5.3.1 应用与编辑图层样式

无论是在【图层样式】中,还是在【样式】面板中,均能够打开 Photoshop 的预设样式效果。只要单击面板中的样式方块,即可为图像添加固定的样式效果,如图 5-65 所示。

在【图层样式】对话框中,还可以将自己设置好的样式添加到【样式】面板中,以便以后重复使用。方法是,在【图层样式】对话框中单击【新建样式】按钮,在弹出的对话框中设置样式的名称,然后在【样式】面板中就可以查看到自定的样式,如图 5-66 所示。

图 5-65 应用预设图层样式

> **技 巧**
>
> 单击【样式】面板右上角小三角,在弹出的关联菜单中,既可以选择样式效果显示的方式,也可以载入 Photoshop 自带的样式,还可以通过【载入样式】命令,载入外部样式。

5.3.2 复制与缩放图层样式

在进行图形设计过程中，经常遇到多个图层使用同一个样式，或者需要将已经创建好的样式，从当前图层移动到另外一个图层上去。这样的操作在【图层】面板中，通过按住功能键，即可轻松完成。

当需要将样式效果从一个图层复制到另一个图层中，只需按住 Alt 键，同时拖动到另一个图层中即可，如图 5-67 所示。

当需要将一个样式效果转移到另外一个图层中时，只需要拖动样式到另一个图层中，即可将样式转移到另一个图层中，如图 5-68 所示。

> **提 示**
>
> 添加完成图层样式后，还可以使用相同的方法再次打开该对话框，在【图层样式】对话框中修改样式选项，改变样式效果。

在使用图层样式时，有些样式可能已针对目标分辨率和指定大小的特写进行过微调，因此，就有可能产生应用样式的结果与样本的效果不一致的现象，如图 5-69 所示。

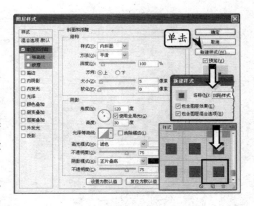

图 5-66　自定义图层样式

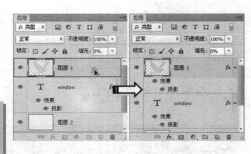

图 5-67　复制图层样式

图 5-68　转移图层样式

图 5-69　缩小图像

这时就需要单独对效果进行缩放，才能得到与图像比例一致的效果。选择缩小图像所在图层，执行【图层】|【图层样式】|【缩放效果】命令。弹出【缩放图层效果】对话框，设置样式的缩放比例参数与图像缩放相同，发现样式效果与缩放前相同，如图 5-70 所示。

图 5-70　缩小样式

5.3.3 将样式创建为图层

为图层内容添加了样式后，用户也可以将图层样式转换为图像图层，然后通过绘画、应用命令或滤镜来增强效果。执行【图层】|【图层样式】|【创建图层】命令，【图层】面板中显示出新创建的样式图层，如图 5-71 所示。

将样式创建为图层后，即可对每一层进行编辑，以创建更特殊的效果。比如在"Wisdom 的投影"图层中，执行【动感模糊】滤镜命令，即可改变整体样式效果，如图 5-72 所示。

图 5-71　创建样式图层

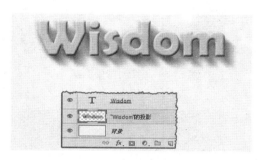

图 5-72　添加滤镜效果

5.4　课堂练习：提高照片亮度

照片由于光线不足，拍摄出来的效果不是太好，能否通过后期处理来调整拍出来的灰蒙蒙的照片？在 Photoshop 中，通过复制图层，将其副本图层【混合模式】设置为"滤色"，从而提高照片亮度，如图 5-73 所示。

图 5-73　提高照片亮度

操作步骤：

1　打开一幅光线暗淡的"风景"照片素材，按快捷键 Ctrl+J，复制"背景"图层，自动命名图层为"背景副本"图层。在【图层】面

板中，将【混合模式】设置为"滤色"，如图 5-74 所示。

2　由于"风景"照片亮度还是不够，重复上次操作，按快捷键 Ctrl+J，复制"背景副本"

图层，自动命名图层为"背景副本 2"图层。
复制图层后，照片亮度就过于高了，设置"背
景副本 2"图层的【不透明度】为 50%，如
图 5-75 所示。

图 5-74 复制背景图层

图 5-75 设置不透明度

3 打开移入"山脉风景"图片，使用【移动工
具】，将该图片拖至光线暗淡的"风景"
素材文档中。命名图层为"山脉"图层，并
将该图层的【混合模式】设置为"正片叠底"，
如图 5-76 所示。

图 5-76 设置"山脉"图层的混合模式

4 隐藏"山脉"图层，执行【选择】|【色彩范
围】的，打开【色彩范围】对话框。使用【吸

管工具】在蓝天处吸取颜色，设置【颜色容
差】值为 68，如图 5-77 所示。

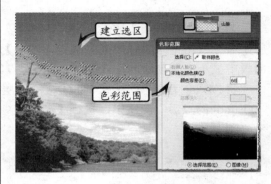

图 5-77 执行【色彩范围】命令

5 显示"山脉"图层，按快捷键 Ctrl+Shift+I，
将选区反选。按 Delete 键，删除选区后，取
消选区，如图 5-78 所示。

图 5-78 删除选区

6 按快捷键 Ctrl+J，复制"山脉"图层，自动
命名图层为"山脉副本"图层，设置该图层
【混合模式】为"滤色"，完成最终效果，如
图 5-79 所示。

图 5-79 设置"山脉副本"图层的混合模式

5.5 课堂练习：霓虹灯

本实例主要针对【图层样式】的应用制作霓虹灯。制作过程中主要应用到了【图层样式】中的【投影】、【外发光】、【内发光】、【颜色叠加】等样式，绘制立体、发光的效果，如图 5-80 所示。

图 5-80　最新效果

操作步骤：

1 新建大小为 1400×1000 像素，分辨率为 300 像素/英寸的文档。执行【文件】|【打开】命令，打开"墙砖"素材，拖动到文档中并调整图像大小，如图 5-81 所示。

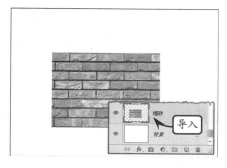

图 5-81　拖入素材

2 按快捷键 Ctrl+J 复制"墙砖"图层，移动到合适位置。使用相同的方法完成背景绘制，如图 5-82 所示。

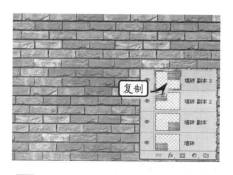

图 5-82　绘制背景

3 新建图层，命名为"暗部"图层并填充黑色。单击【图层】面板下方的【添加图层蒙版】按钮 ▣ 添加图层蒙版，单击"暗部"图层蒙版的缩览框，然后使用【画笔工具】 ✎ 修饰图像，如图 5-83 所示。

4 添加素材图像，调整图像大小并设置该图层的【混合模式】为"叠加"，设置【不透明度】为 60%。添加图层蒙版，使用相同的方法修

117

饰图像，如图 5-84 所示。

图 5-83 绘制暗部

图 5-84 设置不透明度

5 使用【钢笔工具】 ✐ 绘制"咖啡杯"路径，按快捷键 Ctrl+Enter 生成选区，填充白色。单击图层面板下方的【添加图层样式】按钮 ⨍⨯ ，在弹出的子菜单中分别选择【描边】、【投影】选项，设置参数，如图 5-85 所示。

图 5-85 设置【描边】和【投影】选项

6 单击【图层】面板下方的【添加图层样式】按钮 ⨍⨯ ，在弹出的子菜单中分别选择【外

发光】、【内发光】、【光泽】选项，设置参数，如图 5-86 所示。

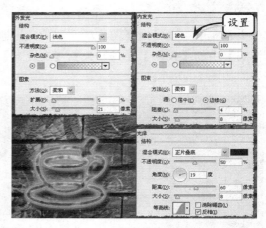

图 5-86 设置【外发光】、【内发光】和【光泽】选项

7 新建图层，命名为"咖啡屋"图层。使用【钢笔工具】 ✐ 绘制路径，生成选区后填充颜色，设置颜色值为#FFF400。使用相同的方法给"咖啡屋"图层添加图层样式，如图 5-87 所示。

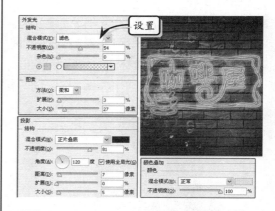

图 5-87 设置"咖啡屋"图层的图层样式

8 将该图层的【不透明度】设置为 30%。复制"咖啡屋"图层，设置其【不透明度】参数为 100%，打开【图层样式】对话框，分别启用【投影】、【外发光】、【内发光】、【颜色叠加】复选框，并设置其参数，如图 5-88 所示。

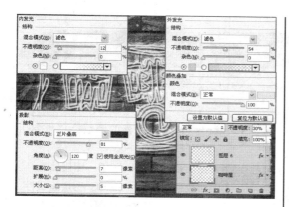

图 5-88 设置不透明度

9 新建图层，命名为"指示标 1"。然后使用【钢笔工具】 绘制指示标路径，生成选区，执行【编辑】|【描边】命令，设置宽度为 3 像素，颜色值为#FFF400。使用相同的方法给"指示标 1"图层添加图层样式，如图 5-89 所示。

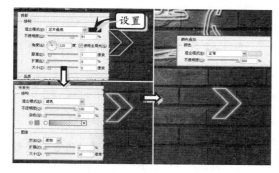

图 5-89 设置"指示标 1"图层的图层样式

10 复制"指示标 1"图层，使用【移动工具】 移动到合适位置，改变【图层样式】参数，使用相同的方法绘制其他指示标，如图 5-90 所示。

11 添加"柳枝"素材图片，调整大小移动到合适位置，单击【图层】面板下方的【添加图层样式】按钮 *fx*，在弹出的子菜单中选择【投影】选项，添加投影，如图 5-91 所示。

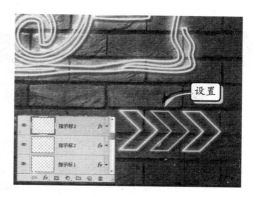

图 5-90 复制并修改

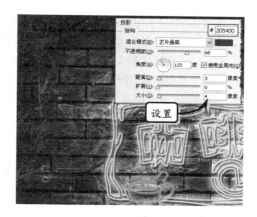

图 5-91 设置投影

12 添加"花"素材图片，移动到合适位置。新建图层，命名为"暗部 1"，填充黑色，添加图层蒙版，然后使用【画笔工具】 修饰图像，完成最终效果，如图 5-92 所示。

图 5-92 添加暗部

一、填空题

1. _____是做混合之前位于原处的色彩或图像；_____是被溶解于基色或是图像之上的色彩或图像；_____是混合后得到的颜色。

2. 加深模式组的效果是使图像变暗，两张图像叠加，选择图像中最黑的颜色在结果色中显示。在该模式中，主要包括_____【正片叠底】模式、【颜色加深】模式、【线性加深】模式和_____。

3. 比较模式组包括【差值】模式、【排除】模式、【_____】模式和【_____】模式。

4. 用于显示图像的阴影效果是_____。

5. 色彩模式组主要包括【色相】模式、_____、【颜色】模式和_____。

二、选择题

1. 【_____】混合模式是通过查看每个通道中的颜色信息，并选择基色或混合色中较亮的颜色作为结果色。
   - A. 溶解
   - B. 正片叠底
   - C. 变亮
   - D. 变暗

2. 【_____】混合模式通过查看每个通道中的颜色信息，并从基色中减去混合色，或从混合色中减去基色。
   - A. 排除
   - B. 差值
   - C. 划分
   - D. 减去

3. 当图层中出现 *fx* 符号，表示该图层添加了【_____】。
   - A. 填充
   - B. 图层样式
   - C. 智能
   - D. 形状

4. 双击"背景"以外的图层，能够打开【_____】对话框。
   - A. 图层样式
   - B. 图层属性
   - C. 面板选项
   - D. 图层组属性

5. 【_____】是用来缩放图层样式效果的。
   - A. 拷贝图层样式
   - B. 创建图层
   - C. 缩放效果
   - D. 使用全局光

三、问答题

1. 简述混合模式的原理。

2. 在哪些工具或对话框中能够设置混合模式选项？

3. 如何为图像添加图层样式效果？

4. 在添加图层样式后，如何为样式添加其他效果？

5. 怎么才能够成比例缩放图像及图像样式效果？

四、上机练习

1. 通过混合模式使图片更加亮丽

图片的色调改变不一定要通过色彩调整命令，还可以通过【图层】面板中的图层【混合模式】选项。【混合模式】列表中包括十多种混合选项，可以根据要显示的效果，来选择合适的混合选项。这里通过选择【颜色减淡】混合模式，来达到使图片更加亮丽的效果，如图 5-93 所示。

图 5-93 设置混合模式

2. 制作凹陷效果

通过添加图层样式效果，制作图像的凹陷效果非常简单。只要为图像所在图层添加【斜面和浮雕】图层样式，并且在【样式】列表中选择【枕状浮雕】选项。然后设置【光泽等高线】为"环形"即可，如图 5-94 所示。

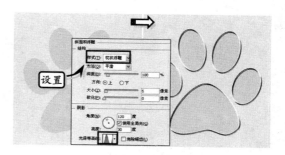

图 5-94　枕状浮雕效果

第6章

修复与绘制图像

　　由于 Photoshop 是图像处理软件，所以其提供了十多种专门用于修饰和修复问题照片的工具，它们可对一些破损或有污点的图像进行精确而全面的修复。而 Photoshop 的绘制功能也非常强大，绘图工具的使用可以说是 Photoshop 的基本功。只有扎实地掌握它们的使用方法和技巧，才能在图像处理中大做文章。

　　在本章中，除了学习用于修饰图像的修复工具，以及用于绘制图像的绘图工具外，还需要掌握绘图中的单色填充与渐变色填充，更好地掌握图像绘制方法。

本章学习目标：

➤ 绘图工具
➤ 编辑画笔
➤ 图形编辑工具
➤ 填充工具

6.1 绘图工具

利用 Photoshop 进行绘图，可以达到与现实生活中使用画笔绘画的真实效果。在Photoshop 中，可以用来绘图的工具包括四种工具，当启用这些工具时，在工具选项栏中就会显示相应工具的参数。通过设置这些参数，如画笔大小、绘图颜色及透明度等，可以创作出非常逼真的作品。

● 6.1.1 画笔工具

【画笔工具】✐可以在画布中，绘制当前的前景色。选择工具箱中的【画笔工具】✐后，即可像使用真正的画笔在纸上作画一样，在空白画布或者图像上进行绘制。

1. 画笔类型

画笔根据笔触类型，可以分为三种。第一种为硬边画笔，此类画笔绘制的线条边缘清晰；第二种为软边画笔，此类画笔绘制的线条具有柔和的边缘和过渡效果；第三种画笔为不规则画笔，此类画笔可以产生类似于喷发、喷射或爆炸等不规则形状，如图 6-1 所示。

硬边画笔　　　　　　　　　软边画笔　　　　　　　　　不规则画笔

图 6-1 画笔笔触类型

当选择工具箱中的【画笔工具】✐后，在文档中右击鼠标，即可弹出一个【画笔预设】选取器。在该选取器中可以设置画笔的【主直径】及【硬度】的参数大小，如图 6-2 所示。

2. 绘画模式

绘图模式的作用是设置绘画的颜色与下面的现有像素混合的方法，而产生一种结果颜色的混合模式。混合模式将根据当前选定工具的不同而变化，其中，绘图模式与图层混合模式类似。只要在绘制之前，在工具选项栏中设置【绘画模式】选项，即可得到不同的绘画效果，如图 6-3 所示。

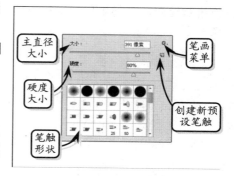

图 6-2 【画笔预设】选取器

正常模式　　　　　　　　　颜色加深模式　　　　　　　　　颜色模式

图 6-3 不同绘画模式

3．不透明度

【不透明度】选项是指绘图应用颜色与原有底色的显示程度，在【不透明度】选项中，可以设置从 1～100 的整数决定不透明度的深浅，或者单击下拉列表框右侧小三角按钮，拖动滑块进行调整，或者直接在文本框中输入数值，如图 6-4 所示。

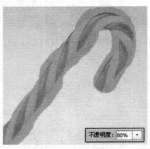  

不透明度为 80%　　　　　　　不透明度为 50%　　　　　　　不透明度为 20%

图 6-4 不同的不透明度效果

4．画笔流量

【流量】选项是设置当将指针移动到某个区域上方时应用颜色的速率。在某个区域上方进行绘画时，如果单击鼠标不放，那么颜色量将根据流动速率增大，直至达到不透明度设置。

 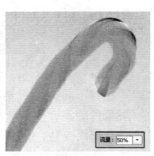 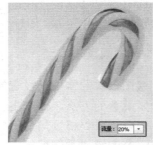

画笔流量速率 80%　　　　　　画笔流量速率 50%　　　　　　画笔流量速率 20%

图 6-5 不同流量画笔效果

5．喷枪功能

使用【喷枪】功能模拟绘画，需要将指针移动到某个区域上方时，如果单击鼠标不放，颜料量将会增加。其中，画笔的【硬度】、【不透明度】和【流量】选项可以控制应用颜料的速度和数量。比如，使用湿介质画笔，单击【喷枪】按钮，在某一区域单击鼠标，每单击一次鼠标颜料量将会增加，如图 6-6 所示。

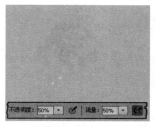
单击 1 次效果

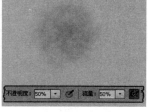
单击 5 次效果

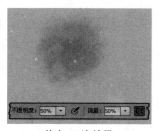
单击 10 次效果

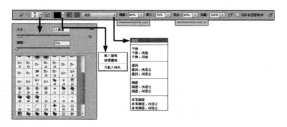
图 6-6 不同喷枪画笔效果

提 示

当选择【画笔工具】✐后，在工具选项栏中新增了两个按钮——【绘图板压力控制大小】按钮✐与【绘图板压力控制不透明度】按钮✐，这两个工具是在使用绘图板时，用来改变笔触的大小与不透明度设置的。

6.1.2 混合器画笔工具

【混合器画笔工具】✐可以模拟真实的绘画技术，如混合画布上的颜色、组合画笔上的颜色，以及在描边过程中使用不同的绘画湿度。

当选择工具箱中的【混合器画笔工具】✐后，在工具选项栏中显示该工具的各种选项，如图 6-7 所示。

1．预设画笔

在 Photoshop CS6 中，在【画笔预设】选取器中可以预设笔触形状。当选择这些新增的笔触形状时，可以在工作区域显示笔刷预览显示效果，如图 6-8 所示。

图 6-7 【混合器画笔工具】✐选项

图 6-8 笔刷预览显示

注 意

要想在选择画笔工具后显示笔刷预览显示效果，则需要执行【编辑】|【首选项】|【性能】命令，在弹出的对话框中启用【启用 OpenGL 绘图】选项，并且重新启动 Photoshop CS6 软件。

2. 有用的混合画笔组合

由于【混合器画笔工具】 是用来绘制带有纹理的笔触效果，所以在工具选项栏中的【有用的混合画笔组合】下拉列表中准备了各种画笔预设效果。这样就能够绘制出不同情况下的笔触效果，如干燥笔触、湿润与潮湿笔触等，如图6-9所示。

◯ **图6-9** 不同笔触效果

> **提 示**
>
> 在【有用的混合画笔组合】列表右侧的【潮湿】、【载入】、【混合】以及【流量】选项，在没有特殊要求下，是不需要设置的。因为这些选项参数会根据【有用的混合画笔组合】列表中的选项来进行设置。

3. 绘画色管

【混合器画笔工具】 有两个绘画色管（一个储槽和一个拾取器）。储槽存储最终应用于画布的颜色，并且具有较多的油彩容量。拾取色管接收来自画布的油彩；其内容与画布颜色是连续混合的。

◯ **图6-10** 绘制图像

在工具选项栏中，当禁用【只载入纯色】选项后，按住 Alt 键在画布中单击，即可拾取画布中的图像作为取样，然后使用画笔在图像中绘制，从而将照片效果的图像绘制成油画效果，如图6-10所示。

> **提 示**
>
> 在工具选项栏中，还包含两个按钮——【每次描边后载入画笔】按钮 与【每次描边后清洗画笔】按钮 。单击后者按钮后，每次使用画笔都能够重新清洗画笔；而前者按钮则能够载入画笔或者纯色。

● 6.1.3 铅笔工具

【铅笔工具】 绘制的图形边缘比较僵硬，常用来画一些棱角突出的线条。它的使用方法与【画笔工具】 ☑ 类似，不同的是铅笔工具不能设置笔触的硬度，如图 6-11 所示。

在【铅笔工具】 ✐ 的工具选项栏中，【自动涂抹】选项允许用户在包含前景色的区域中绘制背景色。当开始拖动时，如果光标的中心在包含前景色的区域上，则该区域将抹成背景色，如图 6-12 所示。

图 6-11 铅笔绘制效果

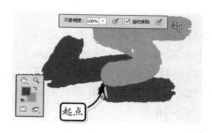

起点

图 6-12 光标的中心在包含前景色的区域上

如果在开始拖动时，光标的中心在不包含前景色的区域上，那么该区域将被绘制成前景色，如图 6-13 所示。

6.1.4 编辑画笔

在【画笔工具】 ☑ 选项栏中，虽然能够设置【画笔预设】选项、【绘画模式】选项、【不透明度】选项与【流量】选项等。但是仅仅通过这些选项，还是不能满足绘画要求。这时可以通过设置【画笔】面板中的选项，来达到要求的效果。当选择【画笔工具】 ☑ 后，在工具选项栏中单击【切换画笔面板】按钮 ▦ ，即可弹出【画笔】面板，如图 6-14 所示。

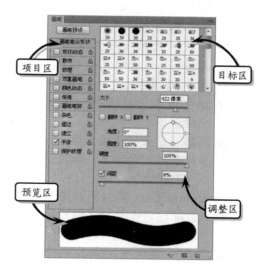

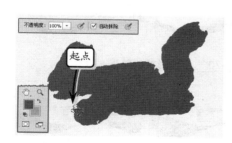

起点

图 6-13 光标的中心在不包含前景色的区域上

图 6-14 【画笔】面板

1. 画笔笔尖形状

选择【画笔工具】 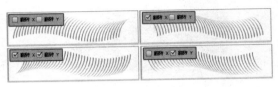 ，并按快捷键 F5，打开【画笔】面板。单击面板左侧的【画笔笔尖形状】选项，面板右侧显示相应的参数。其中，当选择默认的画笔笔触形状时，在调整区域中显示以下选项。

❏ **翻转复选框**　在【画笔笔尖形状】选项右侧的调整区中，【翻转 X】选项为水平翻转，【翻转 Y】选项为垂直翻转。分别启用或者同时启用，其效果各不相同，如图 6-15 所示。

❏ **设置角度参数**　【角度】选项是指定椭圆画笔或样本画笔的长轴从水平方向旋转的角度。随着参数不同的变化，画笔会呈现出不同的效果，如图 6-16 所示。

📷 图 6-15　翻转复选框

❏ **设置圆度**　【圆度】选项是指定画笔短轴和长轴之间的比率。100%表示圆形画笔；0%表示线性画笔；介于两者之间的值表示椭圆画笔，如图 6-17 所示。

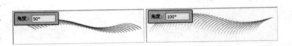

📷 图 6-16　不同角度的效果

❏ **设置间距参数**　设置间距的百分比，从而改变笔触之间的距离，数值范围在 1% ~ 1000%，如图 6-18 所示。

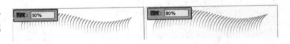

📷 图 6-17　不同圆度的效果

当目标区域中选择的是 Photoshop CS6 新增的画笔笔触形状时，则显示其特有的选项设置——【侵蚀笔尖】选项组。

📷 图 6-18　不同间距的效果

❏ **柔和度**　该选项控制侵蚀笔尖磨损率，数值范围在 0% ~ 100%，如图 6-19 所示。

❏ **形状**　该选项确定侵蚀笔尖的整体排列，该选项包括 6 个选项，如图 6-20 所示为其中两个选项效果。

❏ **锐化笔尖**　该选项可恢复原始锐利度。

❏ **间距**　设置间距的百分比，从而改变笔触之间的距离，数值范围在 1% ~ 1000%。

📷 图 6-19　不同柔和度的效果

Photoshop CS6 新增的画笔笔触形状的特有的选项设置还包括【喷枪笔尖】选项组。

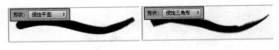

📷 图 6-20　不同形状的效果

❏ **硬度**　该选项用来控制喷枪融合性，硬度越大融合性越小，硬度越小融合性越大，如图 6-21 所示。

📷 图 6-21　不同硬度的效果

❑ **扭曲度** 该选项用来控制喷枪形状效果，扭曲度越大变形越大，扭曲度越小变形越小，如图 6-22 所示。

图 6-22 不同扭曲度的效果

❑ **粒度** 该选项用来控制喷枪颗粒效果，粒度越大颗粒越多，粒度越小颗粒越少，如图 6-23 所示。

图 6-23 不同粒度的效果

❑ **喷溅大小** 该选项用来控制喷溅大小的效果，喷溅越大效果越少，喷溅越小效果越多，如图 6-24 所示。

图 6-24 不同喷溅大小的效果

❑ **喷溅量** 该选项用来控制喷溅量多少的效果，喷溅量越大效果越多，喷溅量越小效果越少，如图 6-25 所示。

图 6-25 不同喷溅量的效果

❑ **间距** 设置间距的百分比，从而改变笔触之间的距离，数值范围在 1%~1000%。

2. 形状动态

【形状动态】选项决定描边中画笔笔迹的变化，该变化中不规则的形状是随机生成的。

❑ **渐隐效果** 该选项是按指定数量的步长在初始直径和最小直径之间渐隐画笔笔迹的大小。每个步长等于画笔笔尖的一个笔迹，值的范围在 1~9999，如图 6-26 所示。

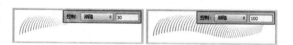

图 6-26 不同渐隐的效果

❑ **钢笔压力** 依据钢笔压力位置在初始直径和最小直径之间改变画笔笔迹大小。选择该选项后，需要设置【角度抖动】参数值，才会显示出效果，如图 6-27 所示。

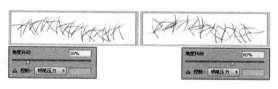

图 6-27 不同钢笔压力的效果

❑ **角度抖动** 该选项是指定描边中画笔笔迹角度的改变方式，其参数范围是 1%~100%，如图 6-28 所示。

图 6-28 不同角度抖动的效果

❑ **圆度抖动** 该选项是指定画笔笔迹的圆度在描边中的改变方式，如图 6-29 所示。

图 6-29 不同圆度抖动的效果

❑ **画笔投影**　该选项是给画笔添加投影的效果，其启用或禁用的效果如图 6-30 所示。

3. 散布

【散布】选项主要确定描边中笔迹的数目和位置，会产生将笔触分散开的效果。

图 6-30　不同画笔投影的效果

❑ **散布距离与方向**　该选项指定画笔笔迹在描边中的分布方式以及散布的距离。散布随机性的参数值范围是 0%～1000%，参数值越大，笔尖距原位置越远，如图 6-31 所示。当禁用【两轴】选项时，笔尖垂直于轨迹分布；当启用该选项时，笔尖按径向分布。

图 6-31　不同散布距离的效果

❑ **笔尖数量**　该选项是指定在每个间距间隔应用的画笔笔迹数量，其参数值范围是 1～16，如图 6-32 所示。

图 6-32　不同笔尖数量的效果

❑ **数量抖动**　该选项是指定画笔笔迹的数量如何针对各种间距间隔而变，其参数值范围是 0%～100%，如图 6-33 所示。

图 6-33　不同数量抖动的效果

4. 纹理

纹理画笔利用图案使描边看起来像是在带纹理的画布上绘制的一样。启用面板左侧的【纹理】选项，即可改变笔尖的显示效果，如图 6-34 所示。

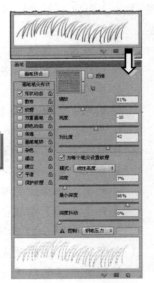

图 6-34　添加纹理效果

提　示

启用【纹理】选项后，还可以通过右侧的各个选项，来设置图案在笔尖中显示的效果。

5. 双重画笔

双重画笔组合两个笔尖来创建画笔笔迹，将在主画笔的画笔描边内应用第二个画笔纹理，并且仅绘制两个画笔描边的交叉区域。方法是选择一个笔尖形状后，启用面板左侧的【双重画笔】选项，在右侧选取器中选择一种笔尖形状后，两种笔尖形状重合，如图 6-35 所示。

技　巧

在【双重画笔】选项中，可以像设置普通画笔一样，设置第二种笔尖的【直径】、【间距】与【散布】等参数。

6．颜色动态

【颜色动态】选项决定描边路线中油彩颜色的变化方式，使用该选项可以使画笔产生随机的颜色变化。方法是设置工具箱中的【前景色】和【背景色】颜色值后，启用【画笔】面板左侧的【颜色动态】选项。在画布中单击并拖动鼠标，即可得到低饱和度的彩色图形，如图 6-36 所示。

图 6-35 双重画笔效果

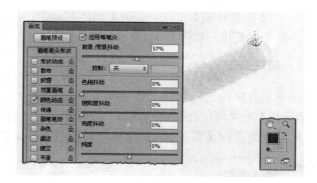

图 6-36 启用【颜色动态】选项

【色相抖动】参数指定描边中油彩色相可以改变的百分比，其中较低的值在改变色相的同时，保持接近前景色的色相；较高的值则增大色相间的差异，如图 6-37 所示。

【饱和度抖动】参数是指定描边中油彩的饱和度可以改变的百分比。其中，较低的值在改变饱和度的同时保持接近前景色的饱和度；较高的值增大饱和度级别之间的差异，如图 6-38 所示。

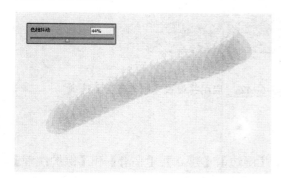

图 6-37 设置【色相抖动】参数

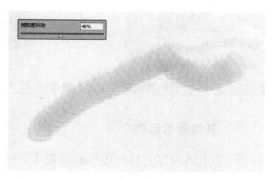

图 6-38 设置【饱和度抖动】参数

【亮度抖动】参数是指定描边中油彩的亮度。其中，较低的值在改变亮度的同时保持接近前景色的亮度；较高的值增大亮度级别之间的差异，如图6-39所示。

【纯度】参数能够增大或减小颜色的饱和度，其参数值范围是–100%～100%。如果该值为–100%，则颜色将完全去色；如果该值为100%，则颜色将完全饱和，如图6-40所示。当同时设置这些参数时，能够得到多彩的图形。

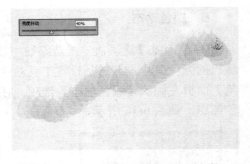

图 6-39　设置【亮度抖动】参数

7. 传递

【传递】选项是确定油彩在描边路线中的改变方式，随机性地改变笔迹不透明度。其中，【不透明度抖动】参数是指定画笔描边中油彩不透明度如何变化；【流量抖动】参数则是指定画笔描边中油彩流量如何变化，如图6-41所示。

8. 画笔笔势

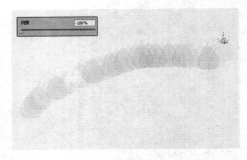

图 6-40　设置【纯度】参数

画笔笔势掌控光笔倾斜、旋转和压力，选择【画笔笔势】选项可以按指定的倾斜、旋转和压力进行绘画。使用光笔可更改默认笔势的相关笔触，或选择【覆盖XX】选项维持静态笔势，如图6-42所示。

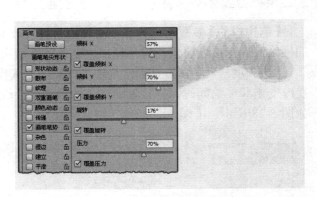

图 6-41　启用并设置【传递】选项　　图 6-42　启用并设置【画笔笔势】选项

9. 其他画笔选项

除了上述内容之外，还能够设置【杂色】、【湿边】、【建立】、【平滑】和【保护纹理】选项，这些选项没有设置参数。而启用这些选项用于画笔描绘时，可以实现各种特殊效果。比如，画笔在宣纸上表现的湿边效果，如图 6-43 所示。

10. 自定义画笔

当面板中的笔触不能满足绘画需要时，可以自定义画笔笔触。通过自定义画笔，能够绘制出无数的定义图案，从而进行再创作。方法是：首先在画布上绘制图形或图案，执行【编辑】|【定义画笔预设】命令，打开【画笔名称】对话框，在该对话框中为画笔命名，如图 6-44 所示。

然后，就可以通过【画笔】面板中的选项设置，得到各式各样的画笔效果，如图 6-45 所示。

图 6-43　启用【湿边】选项

图 6-44　定义画笔

6.2　图形编辑工具

在 Photoshop 工具箱中有几组工具是用来编辑与修改图像的，通过对图像像素的更改来提高图像的质量，从而使图像呈现最佳效果。其中包括更改颜色饱和度的工具组、调整图像形状的工具组及修复图像的工具组等。

6.2.1　颜色工具

工具箱中的颜色工具是用来控制图像特定区域的曝光度和饱和度的，主要包括【减淡工具】、【加深工具】和【海绵工具】。通过这些工具的使用，使制作的图像效果更加丰富。

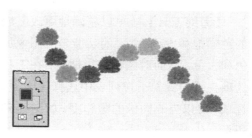

图 6-45　应用自定义画笔效果

1. 减淡工具

【减淡工具】主要是改变图像部分区域的曝光度使图像变亮。在工具选项栏【范围】列表中选择【中间调】选项，如图 6-46 所示。适当调整画笔大小，在图像的亮部和反光进行涂抹。

选项栏中的【范围】下拉列表中，包括【阴影】、【中间调】和【高光】3 个子选项。选择不同的【范围】选项，会得到不同程度的减淡效果。其中，【阴影】范围中的减淡效果最不明显，如图 6-47 所示。

- ❏ **阴影**　更改暗区域。
- ❏ **中间调**　更改灰色的中间范围。

❑ **高光**　更改亮区域。

当启用【喷枪】按钮，单击对图像进行减淡时，在没有释放鼠标之前会一直工作。如果禁用该功能，则单击只能工作一次。而【保护色调】选项能够最小化阴影和高光中的修剪。该选项还可以防止颜色发生色相偏移，如图 6-48 所示。

2．加深工具

【加深工具】同样是改变图像部分区域的曝光度，但是它与【减淡工具】刚好相反。通过【加深工具】的处理，可以使图像变暗，如图 6-49 所示。

3．海绵工具

【海绵工具】可以精确地更改区域的色彩饱和度。它主要的功能是对图像加色和去色，从而对图像进行调整。在工具选项栏【模式】下拉列表中选择【饱和】选项，可以提高图像的饱和度，如图 6-50 所示。

在【海绵工具】的工具选项栏【模式】下拉列表中选择【降低饱和度】选项，可以降低图像的饱和度，最终可以将颜色全部去除（相当于饱和度的数值为 0），如图 6-51 所示。

图 6-46　减淡效果

图 6-47　【高光】与【阴影】范围的减淡效果

图 6-48　启用与禁用【保护色调】选项

图 6-49　加深效果

图 6-50　提高图像饱和度

图 6-51　降低图像饱和度

6.2.2 特效工具

在处理图像时，为了主次分明，会使主题图像更加清晰而背景图像相对模糊。这时就
可以使用工具箱中的特效工具，如【模糊工具】
◎ 、【锐化工具】 △ 或者【涂抹工具】 ◎ 。

1. 模糊工具

【模糊工具】 ◎ 可以柔化硬边缘或减少图
像中的细节。它的工作原理是降低图像相邻像
素之间的反差，使图像的边界区域变得柔和，
产生一种模糊的效果，如图 6-52 所示。

图 6-52 模糊图像

2. 锐化工具

【锐化工具】 △ 与【模糊工具】 ◎ 刚好
相反，它是增大图像相邻像素间的反差，从而
使图像看起来更清晰明了，如图 6-53 所示。

图 6-53 锐化图像

3. 涂抹工具

【涂抹工具】 ◎ 模拟将手指拖过湿油漆时
所看到的效果。该工具可拾取描边开始位置的
颜色，并沿拖移的方向展开这种颜色，如图
6-54 所示。

在【涂抹工具】 ◎ 的工具选项栏中，除
【模糊工具】 ◎ 选项栏的选项以外，还增加了
一个【手指绘画】复选框。当启用【手指绘画】
复选框时，可使用每个描边起点处的前景色进
行涂抹。如果禁用该复选框，【涂抹工具】 ◎
会使用每个描边的起点处指针所指的颜色进
行涂抹，如图 6-55 所示。

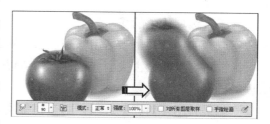

图 6-54 涂抹图像

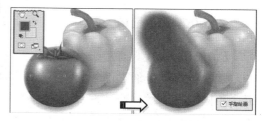

图 6-55 启用【手指绘画】选项

6.2.3 图章工具

在修复图像工具中，【仿制图章工具】 ▣
和【图案图章工具】 ▣ 都是利用图章工具进
行绘画。其中，前者是利用图像中某一特定区域工作；后者是利用图案工作。

1．仿制图章工具

【仿制图章工具】类似于一个带有扫描和复印作用的多功能工具，它能够按涂抹的范围复制全部或者部分到一个新的图像中，它可创建出与原图像完全相同的图像。方法是选择【仿制图章工具】后，按住 Alt 键在图像的某个位置单击，进行取样，如图6-56 所示。

然后将光标指向其他区域时，光标中会显示取样的图像。进行涂抹时，能够按照取样源的图像进行复制图像，如图 6-57 所示。

图 6-56　进行取样　　　　　　　　　　图 6-57　复制图像

工具选项栏中的【对齐】选项，是用来控制像素取样的连续性。当启用该选项后，即使释放鼠标按钮，也不会丢失当前取样点，可以连续对像素进行取样，如图 6-58 所示。

如果禁用【对齐】选项，则会在每次停止并重新开始绘制时，使用初始取样点中的样本像素，如图 6-59 所示。

图 6-58　启用【对齐】选项

2．【仿制源】面板

【仿制源】面板具有用于仿制图章工具或修复画笔工具的选项。通过面板选项设置，可以设置五个不同的样本源并快速选择所需的样本源，而不用在每次需要更改为不同的样本源时重新取样。

在默认情况下，面板中第一个【仿制源】选

图 6-59　禁用【对齐】选项

项被启用，并且呈现"未使用"状态。当使用【仿制图章工具】 进行取样后，该选项将显示样本所在的文档及图层名称，如图6-60所示。

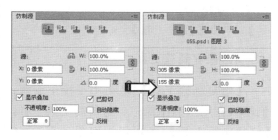

图 6-60 设置第一个仿制源

接着启用第二个【仿制源】选项，为其他图像进行取样，从而显示该样本所在文档及图层的名称，如图 6-61 所示。这时，在面板中启用不同的【仿制源】选项，即可根据不同的样本进行复制。

【仿制源】面板中的各个选项，既能够查看样本源的叠加，以便在特定位置仿制源，又可以缩放或旋转样本源，以便更好地匹配仿制目标的大小和方向，如图 6-62 所示。

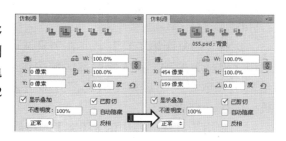

图 6-61 设置第二个仿制源

3．图案图章工具

【图案图章工具】 可以利用图案进行绘画。选择该工具后，单击工具选项栏中的【图案】拾色器。在弹出的对话框中，可以选择各种图案。然后在画布中涂抹，即可填充图案，如图 6-63 所示。

图 6-62 复制不同方向的图像

图 6-63 图案图章效果

在【图案图章工具】 的工具选项栏中，启用【印象派效果】选项后，可使仿制的图案产生涂抹混合的效果，如图 6-64 所示。

6.2.4 修复工具

修复工具具有一个共同点，就是把样本像素的纹理、光照、透明度和阴影与所修复的像素相匹配。而使用复制的方法或使用【仿制图章工具】，则不能实现其效果。修复工具组中包

图 6-64 启用【印象派效果】选项

括【修复画笔工具】 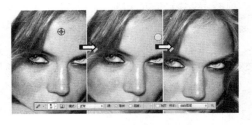、【污点修复画笔工具】 、【修补工具】 、【内容感知移动工具】和【红眼工具】 。

1. 修复画笔工具

【修复画笔工具】 可用于校正瑕疵，使它们消失在周围的图像中。与仿制工具一样，使用【修复画笔工具】 可以利用图像或图案中的样本像素来绘画。该工具的特点是能够将样本像素的纹理、光照、透明度和阴影与所修复的像素进行匹配。

图 6-65　去除瑕疵

选择【修复画笔工具】 ，在工具选项栏中启用【取样】选项。在人物脸部区域按住 Alt 键单击进行取样，然后单击瑕疵部分即可去除瑕疵，如图 6-65 所示。

当启用工具选项栏中的【图案】选项后，【图案】拾色器成可用状态。选择一个图案后，即可在画布中添加该图案。只是填充后的图案边缘，会与原图像的纹理相融合，如图 6-66 所示。

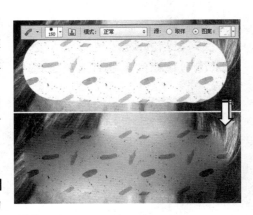

图 6-66　填充图案

【污点修复画笔工具】 与【修复画笔工具】 的工作原理类似，前者可以快速移去照片中的污点和其他不理想部分。该工具的特点是不要求指定样本点，它将自动从所修饰区域的周围取样。方法是选择该工具后，适当调整画笔大小，在人斑点处单击鼠标即可去除斑点，如图 6-67 所示。

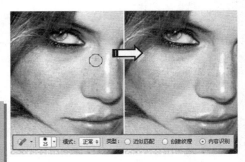

> **提示**
>
> 【污点修复画笔工具】的工具选项栏中的【类型】选项，可控制修复后的图像效果。其中，【近似匹配】选项能够使用选区边缘周围的像素来查找要用作选定区域修补的图像区域；【创建纹理】选项能够使用选区中的所有像素创建一个用于修复该区域的纹理。

图 6-67　去除斑点

2. 修补工具

【修补工具】 可以使用当前打开文档中的像素来修复选中的区域。与其他修复工具原理相似，它不仅可以将样本像素的纹理、光照和阴影与源像素进行匹配，还可以使用该工具来仿制图像的隔离区域。

与其他修复工具不同的是，【修补工具】 在修补图像时，需要首先创建选区，通过调整选区图像实现修补效果。方法是选择该工具后，启用工具选项栏中的【源】选项，在瑕疵区域建立选区后，单击并拖动选区至完好区域，释放鼠标后，原来选中的区域被指向的区域像素替换，如图 6-68 所示。

如果启用选项栏中的【目标】选项，就要实施相反的操作，先在图像中找一个"干净"的区域建立选区，然后像打补丁一样拖动选区到有"污渍的部分"覆盖该区域。

当禁用【透明】选项时，会将选中的目标样本修复成源样本；要是启用该选项，会使源对象与目标图像生成混合图像，如图 6-69 所示。

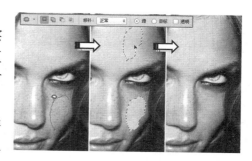

图 6-68　修补图像

3. 内容感知移动工具

使用【内容感知移动工具】可在无须复杂图层或慢速精确的选择选区的情况下快速地重构图像。【扩展】模式可对头发、树或建筑等对象进行扩展或收缩，效果令人信服。【移动】模式支持用户将对象置于完全不同的位置中。

【内容感知移动工具】只是将平时常用的通过图层和图章工具修改照片内容的形式给予了最大的简化，在实际操作时只需通过简单的选区然后通过简单的移动便可以将景物的位置随意更改，这一点是以往任何版本的 Photoshop 不具备的优势。所以合理地利用好【内容感知移动工具】可以大大提高照片编辑的效率，如图 6-70 所示。

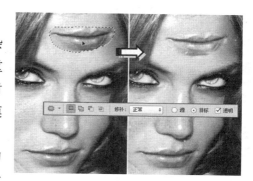

图 6-69　启用【透明】选项

4. 红眼工具

【红眼工具】可以去除闪光灯拍摄的人物照片中的红眼。它的工作原理是去除图像中红色像素。它不但可以去除百分之百的红色，而且只要图像中存在红色像素，使用【红眼工具】就可以将该图像中一定范围的红色去除。

【红眼工具】的使用方法非常简单，打开一张红眼图片，并选择该工具。将光标移动至红眼区域，单击鼠标即可消除红眼现象，如图 6-71 所示。

在该工具的选项栏中，【瞳孔大小】参数栏可增大或减小受红眼工具影响的区域；【变暗量】参数栏用于设置校正的暗度。

图 6-70　使用【内容感知移动工具】

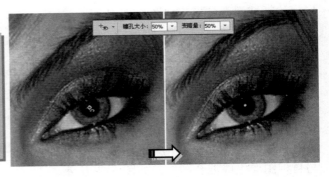

图 6-71　消除红眼

6.2.5　擦除工具

擦除工具主要包括【橡皮擦工具】、【背景橡皮擦工具】和【魔术橡皮擦工具】，它们主要的作用是修改图像中出错的区域。

1．橡皮擦工具

【橡皮擦工具】可以更改图像中的像素。如果在背景图层锁定的情况下进行工作，那么使用【橡皮擦工具】擦除后将填充为背景色，如图 6-72 所示。

图 6-72　擦除后填充为背景色

如果图层为普通图层，则被橡皮擦擦除为透明像素。如图 6-73 所示为使用【橡皮擦工具】将"图层 1"部分区域擦除为透明像素的效果。

提 示

在【橡皮擦工具】的工具选项栏【模式】下拉列表中，可以选择【画笔】、【铅笔】和【方块】选项，同样可以更改擦除的【不透明度】及【流量】百分比。

图 6-73　擦除普通图层

2．背景橡皮擦工具

【背景橡皮擦工具】可以将图层上的像素抹成透明，从而可以在抹除背景的同时在前景中保留对象的边缘，如图 6-74 所示。在工具选项栏中打开【画笔预设】选取器，在选取器中，用户可以设置画笔的【直径】、【硬度】、【间距】、【角度】和【圆度】等参数。

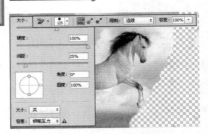

图 6-74　使用【背景橡皮擦工具】

提 示

在【背景橡皮擦工具】的工具选项栏中，单击【连续】按钮时，背景橡皮擦采集画笔中心的色样会随着光标的移动进行采样，可以任意擦除；单击【一次】按钮，背景橡皮擦采集画笔中心的色样只采取颜色一次，而只擦除所吸取的颜色；单击【背景色板】按钮，所擦出的颜色为设置的背景色。

在【背景橡皮擦工具】的工具选项栏中，当用户启用【保护前景色】复选框时，在擦除图像时，与用户所设置的前景色颜色相同的，将不被擦除，如图 6-75 所示。

3. 魔术橡皮擦工具

【魔术橡皮擦工具】在图层中单击时，该工具会自动更改所有相似的像素，将其擦除为透明，如图 6-76 所示。

提 示

启用【魔术橡皮擦工具】的工具选项栏中的【连续】复选框，在擦除图像时，可以连续选择多个像素进行删除。

图 6-75　保护前景色

图 6-76　擦除相同颜色图像

6.3　填充工具与类型

在 Photoshop 中有两种填充工具，它们分别是【渐变工具】和【油漆桶工具】。它们的主要作用是赋予物体颜色，通过对物体颜色的填充，使物体更加生动，从而给人以视觉享受。

6.3.1　单色填充

【油漆桶工具】是进行单色填充和图案填充的专用工具，与【填充】命令相似。方法是选择【油漆桶工具】后，在工具选项栏中选择【填充区域的源】选项，然后在画布中单击，即可得到填充效果，如图 6-77 所示。

当启用工具选项栏中的【所有图层】选项后，可以编辑多个图层中的图像；禁用该选项后，只能编辑当前的工作图层，如图 6-78 所示。

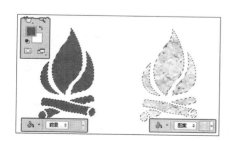

图 6-77　填充单色与图案

图 6-78　禁用与启用【所有图层】选项

6.3.2 渐变填充

【渐变工具】 ▦ 可以创建两种或者两种以上颜色间的逐渐混合。也就是说，可以用多种颜色过渡的混合色，填充图像的某一选定区域，或当前图层上的整个图像。

一般情况下，选择工具箱单击【渐变工具】 ▦ ，在工具选项栏中显示渐变工具参数，在此设置参数。在图像中按下鼠标并拖动，当拖动至另一位置后释放鼠标即可在图像（或者选取范围）中填入渐变颜色，如图 6-79 所示。

技 巧

填充颜色时，若按下 Shift 键，则可以按 45°、水平或垂直的方向填充颜色。此外，填充颜色时的距离越长，两种颜色间的过渡效果就越平顺。拖动的方向不同，其填充后的效果也将不同。

□ **工具选项栏**

在【渐变工具】选项栏中包含有多项参数选项。可以看到【线性渐变】 ▦ 、【径向渐变】 ▦ 、【角度渐变】 ▦ 、【对称渐变】 ▭ 和【菱形渐变】 ▦ 5 种渐变图标，分别选择这 5 种图标可以创建出 5 种渐变样式，即可以完成 5 种不同效果的渐变填充，如图 6-80 所示。它们的功能如表 6-1 所示。

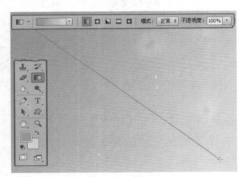

▱ **图 6-79** 创建渐变

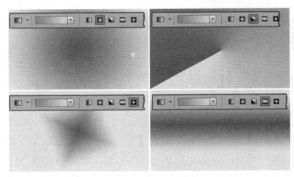

▱ **图 6-80** 渐变样式

▥ **表 6-1** 渐变样式功能

名　称	图标	功　　能
线性渐变	▦	在所选择的开始和结束位置之间产生一定范围内的线性颜色渐变
径向渐变	▦	在中心点产生同心的渐变色带。拖动的起始点定义在图像的中心点，释放鼠标的位置定义在图像的边缘
角度渐变	▦	根据鼠标的拖动，顺时针产生渐变的颜色。这种样式通常称为锥形渐变
菱形渐变	▦	创建一系列的同心钻石状（如果进行垂直或水平拖动），或同心方状（如果进行交叉拖动），其工作原理和【径向渐变】 ▦ 一样
对称渐变	▭	当用户由起始点到终止点创建渐变时，对称渐变会以起始点为中线再向反方向创建渐变

在工具选项栏中，还包括【模式】下拉列表框、【不透明度】文本框、【反向】复选框、【仿色】复选框和【透明区域】复选框。其中前两者与【画笔工具】中的相似，而【仿

色】是用递色法来表现中间色调，使渐变效果更加平顺；启用【透明区域】是将打开透明蒙版功能，在填充渐变颜色时，可以应用透明设置。

□ 【渐变编辑器】对话框

除了可以使用系统默认的渐变颜色填充以外，还可以自定义渐变颜色来创建渐变效果，这需要认识【渐变编辑器】。在【渐变工具】选项栏中单击渐变条，即可打开该对话框，如图6-81所示。其中A为面板菜单；B为不透明度色标；C为调整值或删除选中的不透明度或色标；D为中点；E为色标；F为色标颜色或位置的调整。

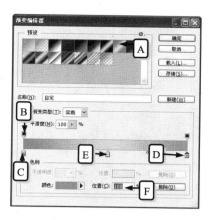

图 6-81　【渐变编辑器】对话框

□ 渐变类型

通过【渐变编辑器】对话框，可以设置两种类型的渐变，它们分别是【实底】渐变和【杂色】渐变。上面所介绍的渐变均为【实底】渐变。下面介绍【杂色】渐变的相关知识。

在【渐变编辑器】对话框的【渐变类型】下拉列表中选择【杂色】渐变。用户可以看到，渐变条上没有色标可以调节了，取而代之的是【颜色模型】选项，共有3种选项：RGB、HSB和Lab，如图6-82所示。

提　示

选择HSB颜色模型，在S滑杆上将滑块向左移动，可以更改杂色渐变的饱和度。选择Lab颜色模型，在L滑杆上将滑块向右移动，可以更改杂色渐变的明度。

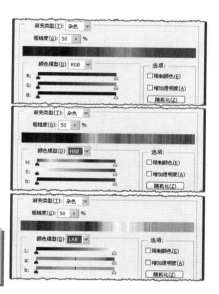

图 6-82　选择【杂色】渐变类型

在【杂色】渐变类型下，还可以通过在【选项】区域中启用相关选项来设置不同的效果。【选项】区域中共有三个选项，分别为【限制颜色】复选框、【增加透明度】复选框与【随机化】按钮。启用【限制颜色】复选框会把渐变条上的颜色值减去一半；启用【增加透明度】复选框渐变条会呈现50%透明的状态；而单击【随机化】按钮将随机出现各种渐变条。

6.4　课堂练习：绘制梅花

本实例将绘制一幅梅花图像，效果如图6-83所示。在绘制的过程中，通过利用【画笔工具】绘制梅花的枝干。选择【旋转画笔20像素】画笔，并设置不同的画笔大小，绘制出有层次感的梅花，再添加花蕊。最后，利用【混合器画笔工具】书写字体，导入印章素材，完成梅花的绘制。

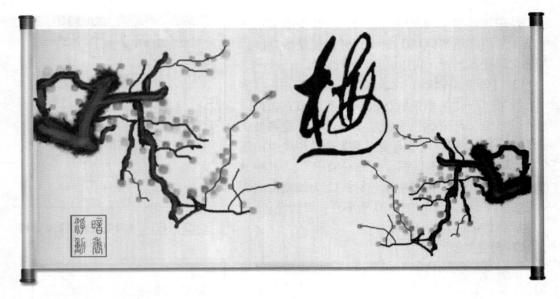

图 6-83 绘制梅花

操作步骤:

1 新建 1000×535 像素的空白文档,命名为"绘制梅花"。在工具箱中单击【画笔工具】按钮 ✍,新建图层,设置前景色为"黑色",如图 6-84 所示。

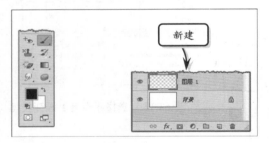

新建

图 6-84 新建图层

提 示

按快捷键 F5 可打开【画笔】面板,单击【画笔】面板右上角的三角形按钮 ▾≡,在弹出的关联菜单中,选择【湿介质画笔】命令,在弹出的对话框中单击【追加】按钮,可在【画笔】面板中添加湿介质画笔。

2 在【画笔】面板中,选择【深描水彩笔】样式,并设置画笔大小为 90 像素,在画布中绘制梅花的枝干,如图 6-85 所示。

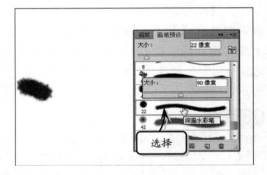

选择

图 6-85 绘制枝干

3 使用相同的画笔,分别调整画笔的大小,绘制出梅花的其他枝干部分,如图 6-86 所示。

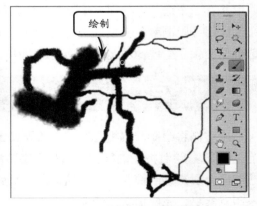

绘制

图 6-86 绘制梅花枝干的其他部分

4 再新建图层，使用相同的画笔工具，调整适当的大小，沿枝干边缘绘制细节，使枝干更有苍劲感，如图 6-87 所示。

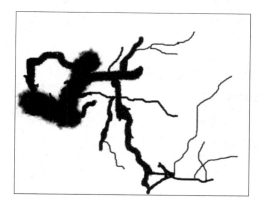

图 6-87 绘制枝干细节

5 在【画笔】面板中，选择【轻微不透明度水彩笔】，设置前景色为#6B6C66，在工具选项栏中，设置画笔的【不透明度】为 30%，在画布中沿枝条涂抹，突出明暗关系，如图 6-88 所示。

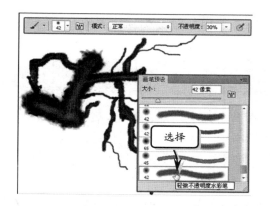

◢ **图 6-88** 绘制枝干的亮部

6 打开【画笔】面板，载入"自然画笔 2"，选择【旋转画笔 20 像素】样式。新建图层，设置前景色为#FC0516，设置不同的画笔大小，绘制梅花图像，如图 6-89 所示。

7 新建图层，设置前景色为#F2E961。在【画笔】面板中选择【铅笔-细】画笔样式，设置【控制】为"渐隐"，参数为 25，绘制渐隐效果的花蕊，如图 6-90 所示。

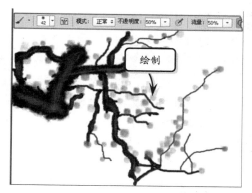

◢ **图 6-89** 绘制梅花

提 示

在工具选项栏中，设置画笔的【不透明度】和【流量】均为 50%，在画布中单击可绘制花瓣。在同一地方单击多次，可绘制颜色较深的梅花。

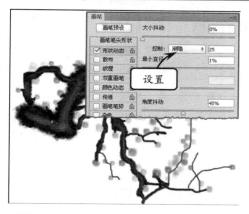

◢ **图 6-90** 绘制花蕊

8 在所有图层的最上方新建图层，按快捷键 Ctrl+Alt+Shift+E 盖印图层。导入"画轴"素材，放在所有图层的最下方，如图 6-91 所示。

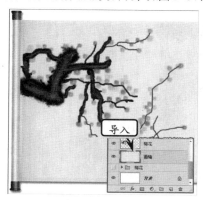

◢ **图 6-91** 导入画轴素材

在【图层】面板中新建名为"梅花"的图层组，将梅花的所有图层拖至该图层组中，并隐藏该图层组，只显示画轴和盖印的梅图层。

9 选择"梅花"图层，按快捷键 Ctrl+J 将其复制一层。执行【编辑】|【变换】|【水平翻转】命令，将图像水平翻转，如图 6-92 所示。

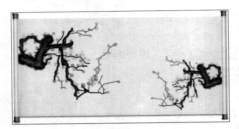

图 6-92 水平翻转图像

提 示

将图像水平翻转后，按快捷键 Ctrl+T 将图像等比例缩小，设置等比例缩放为 70%。

10 新建图层，在工具箱中选择【混合器画笔工具】，在工具选项栏中设置画笔组合为【非常潮湿，深混合】，在画布中书写"梅"字，如图 6-93 所示。

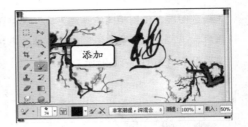

图 6-93 书写"梅"字

提 示

在工具选项栏中，选择画笔类型为【中号湿边油彩笔】，设置大小为 74 像素。

11 再导入印章素材，将其放到合适的位置。最后，保存文件，完成梅花的绘制，如图 6-94 所示。

图 6-94 导入印章素材

6.5 课堂练习：去除图片中的网址和日期

在搜索图片时，经常会看到在很多精美的图片上出现网址、数字或者水印的情况，这样对图像本身的美感和再次使用的方便性都产生了影响，本实例通过修复工具来去除这些瑕疵，使用户得到完整的图片，进而熟悉修复工具的使用方法，如图 6-95 所示。

图 6-95 去掉图片中的网址和日期

操作步骤:

1 导入"狗狗"素材，在素材的周围存在网址和日期。使用【修补工具】🔲在年份数字上创建选区，如图 6-96 所示。

图 6-96 创建选区

2 将鼠标光标移至选区内部，将选区向上拖动，看到选区内的数字消失松开鼠标即可，如图 6-97 所示。

图 6-97 拖动选区

3 继续使用【修补工具】🔲，创建选区并去除剩余的年份数字区域，如图 6-98 所示。

图 6-98 去除年份数字

4 选择【仿制图章工具】🔲，按住 Alt 键在小狗毛皮上部单击取样，然后释放 Alt 键后，涂抹有网址的地方，将网站涂抹干净为止，如图 6-99 所示。

图 6-99 去除网址

5 选择【矩形选框工具】🔲在右上角日历部分创建选区，然后选择【修补工具】🔲拖动选区至日历下方区域，如图 6-100 所示。

图 6-100 创建选区

6 使用同样的步骤，将日历的剩余部分去除，修饰部分细节，完成图片的修饰，如图 6-101 所示。

图 6-101 去除日历

一、填空题

1．画笔根据笔触类型，可以分为 3 种，分别是_____、软边画笔和_____。

2．【_____】可以模拟真实的绘画技术，如混合画布上的颜色、组合画笔上的颜色，以及在描边过程中使用不同的绘画湿度。

3．定义特殊画笔时，只能定义_____，而不能定义画笔颜色。

4．擦除工具组包括 3 种工具，分别为【_____】、【背景橡皮擦工具】和【_____】。

5．修复工具组包括 5 种用于修复图像的工具，分别为【修复画笔工具】、【_____】、【_____】、【修补工具】和【_____】。

二、选择题

1．下面的工具中，_____工具不属于绘图工具图标。

    A．🖊   B．✏

    C．🖋   D．🖌

2．【混合器画笔工具】🖌 的工具选项栏中，不包含【_____】选项。

    A．不透明度   B．潮湿

    C．流量   D．混合

3．使用【背景橡皮擦工具】擦除图像后，前景色将变为【_____】。

    A．白色

    B．透明色

    C．与当前背景颜色相同

    D．以上都不对

4．【红眼工具】选项栏的参数中，包括下面【_____】选项。

    A．流量   B．取样

    C．模式   D．变暗量

5．使用【油漆桶工具】🪣 不能填充_____。

    A．前景色   B．单色

    C．图案   D．内容识别

三、问答题

1．混合器画笔工具主要是用来做什么的？

2．如何自定义画笔？

3．【污点修复画笔工具】🖊 与【修复画笔工具】🖊 有什么区别？

4．简述【渐变工具】▭ 与【油漆桶工具】🪣 的区别。

5．渐变填充包括哪几种类型？

四、上机练习

1．快速制作油画效果

【混合器画笔工具】🖌 可以模拟真实的绘画技术。选择该工具后，禁用【只载入纯色】选项，然后按住 Alt 键在图像中进行取样，即可进行涂抹，形成油画效果，如图 6-102 所示。

🔲 图 6-102 油画效果

2．制作烛光效果

画笔是一个神奇的工具，只要在【画笔】面板选择不同的形状与设置不同的参数，就可以制作出不同的效果，比如绒花、星光、烛光等。如图 6-103 所示的图像就是通过画笔制作出的烛光效果。

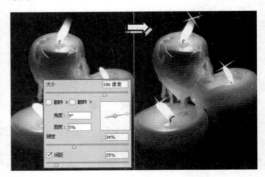

🔲 图 6-103 烛光效果

Photoshop CS6 中文版标准教程

第 7 章

路径应用

Photoshop 以编辑和处理位图著称，它也具有矢量图形软件的某些功能，可以使用路径功能对图像进行编辑和处理。该功能主要应用于对图像进行区域选取及辅助抠图、绘制光滑和精细的图形、定义画笔等工具的绘制痕迹，以及输出输入路径与选区之间的转换等领域。

在本章中，将详细讲解路径功能及工具的操作与编辑技巧。通过学习本章内容，读者可以掌握各种路径工具的选项设置及使用方法，灵活运用路径工具绘制和调整各种矢量形状、路径，实现编辑位图图像的最终目的。

本章学习目标：

> 了解路径
> 创建路径
> 编辑路径
> 应用路径

路径是位图编辑软件中的矢量工具，使用路径中的各种工具能够创建出可以任意放大与缩小的矢量路径，不仅能够绘制出各种形状的图形，还可以为轮廓复杂的图像创建路径边缘。

7.1.1 路径的基本概念

所有使用矢量绘制软件或矢量绘制工具制作的线条，原则上都可以成为路径。它是基于贝赛尔曲线所构成的直线段或曲线段，在缩放或变形后仍能保持平滑效果。

1. 路径

路径分为开放的路径和封闭的路径。路径中每段线条开始和结束的点称为锚点，选中的锚点显示一条或两条控制柄，可以通过改变控制柄的方向和位置来修改路径的形状。两个直线段间的锚点没有控制柄，如图 7-1 所示。

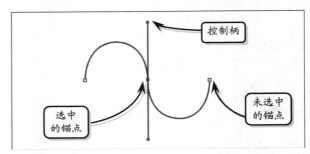

图 7-1　路径与锚点

2. 贝赛尔曲线

一条贝赛尔曲线是由 4 个点定义的，其中 P0 和 P3 定义曲线的起点和终点，又称为节点。P1 和 P2 用来调节曲率的控制点，如图 7-2 所示。一般可以通过调节节点和控制曲率来满足实际需要。

> **提　示**
>
> "贝赛尔曲线"是由法国数学家 Pierre Bezier 所构造的一种以"无穷相近"为基础的参数曲线，由此为计算机矢量图形学奠定了基础。它的主要意义在于无论是直线或曲线都能在数学上予以描述，使得设计师在计算机上绘制曲线就像使用常规作图工具一样得心应手。

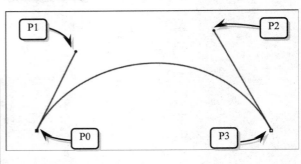

图 7-2　贝塞尔曲线

通常情况下，仅由一条贝赛尔曲线往往不足以表达复杂的曲线区域。在 Photoshop 中，为了构造出复杂的曲线，往往使用贝赛尔曲线组的方法来完成，即将一段贝赛尔曲线首尾进行相互连接，如图 7-3 所示。

> **提　示**
>
> 路径不必是由一系列线段连接起来的一个整体。它可以包含多个彼此完全不同而且相互独立的路径组件。

3．平滑点和角点

锚点分为平滑点和角点。平滑点是指临近的两条曲线是平滑曲线，它位于线段中央，当移动平滑点的一条控制柄时，将同时调整该点两侧的曲线段。两条曲线路径相接为尖锐的曲线路径时，相接处的锚点称为角点，如直线段与曲线段相接处的锚点就是角点。当移动角点的一条控制柄时，只调整与控制柄同侧的曲线段，如图 7-4 所示。

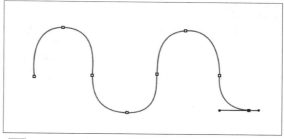

　　图 7-3　曲线路径

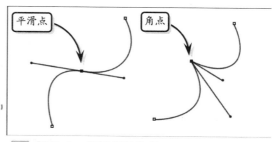

　　图 7-4　平滑点与角点

7.1.2　认识【路径】面板

在 Photoshop 中绘制的路径，将显示在【路径】面板中，而创建的路径则能够临时存储在【路径】面板中，如图 7-5 所示，该面板中的按钮及作用如表 7-1 所示。

表 7-1　【路径】面板中的按钮名称及作用

序号	名　　称	图标	作　　用
A	用前景色填充路径	●	单击该按钮能够在路径中填充前景色
B	用画笔描边路径	○	单击该按钮能够使用当前画笔样式进行描边
C	将路径作为选区载入	⬚	单击该按钮能够将路径转换为选区
D	从选区生成工作路径	◇	单击该按钮能够将现有的选区转换为路径
E	添加图层蒙版	▣	单击该按钮能够为路径添加图层蒙版
F	创建新路径	❑	单击该按钮能够创建新的空白路径
G	删除当前路径	🗑	单击该按钮能够将选中的路径删除

直接在画布中创建路径后，【路径】面板中会自动创建一个临时的"工作路径"。当双击该"工作路径"后，在弹出的【存储路径】对话框中，直接单击【确定】按钮，即可将临时路径存储为永久路径，如图 7-6 所示。

　　图 7-5　【路径】面板

　　图 7-6　保存路径

7.2　创建自由路径

　　路径是一些矢量式的线条，因此无论图像缩小或放大，都不会影响它的分辨率或是平滑度。所以路径也是绘制图像的工具之一，并且是勾勒图像轮廓的最佳工具。而工具箱中的【钢笔工具】 ✎ 与【自由钢笔工具】 ✎，可以创建任何想要的图像轮廓。

7.2.1　钢笔工具

　　【钢笔工具】 ✎ 是建立路径的基本工具，使用该工具可以创建直线路径和曲线路径，还可以创建封闭式路径。

1．创建直线路径

　　在空白画布中，选择工具箱中的【钢笔工具】 ✎，启用工具选项栏中的【路径】功能。在画布中连续单击鼠标，即可创建直线段路径，而【路径】面板中将会出现"工作路径"，如图 7-7 所示。

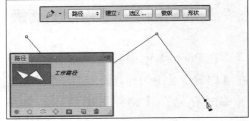

图 7-7　绘制直线路径

2．创建曲线路径

　　曲线路径是通过单击鼠标并拖动来创建的。方法是使用【钢笔工具】 ✎ 在画布中单击 A 点，然后到 B 点单击并同时拖动，释放鼠标后即可建立曲线路径，如图 7-8 所示。

3．创建封闭式路径

　　使用【钢笔工具】 ✎，在画布中单击 A 点作为起始点。然后分别单击 B 点和 C 点后，指向起始点（A 点），这时钢笔工具指针右下方会出现一个小圆圈。单击后形成封闭式路径，如图 7-9 所示。

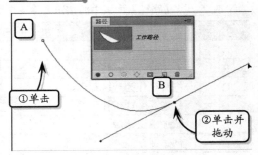

图 7-8　绘制曲线路径

技 巧

启用工具选项栏中的【橡皮带】选项，可以在移动指针时预览两次单击之间的路径段。而无论是直线路径，还是曲线路径，使用相同的方法，均能够创建封闭式路径。

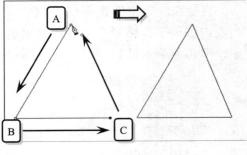

图 7-9　绘制封闭式路径

7.2.2　自由钢笔工具

【自由钢笔工具】 ⌖ 不是通过设置节点来建立路径的，而是通过自由手绘曲线建立路径的，如水纹等曲线路径，如图 7-10 所示。

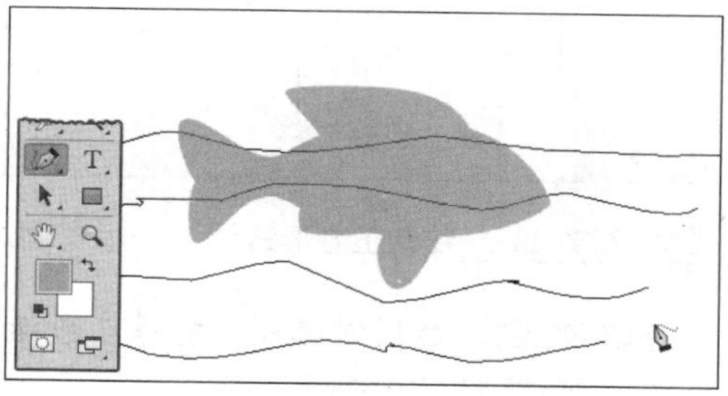

在【自由钢笔工具】 ⌖ 的工具选项栏中，单击【几何选项】按钮 ⚙，在弹出的选项面板中，【曲线拟合】选项是用来控制自动添加锚点的数量的，其参数范围为 0.5～10 像素。当参数值越高，创建的路径锚点越少，路径越简单，如图 7-11 所示。

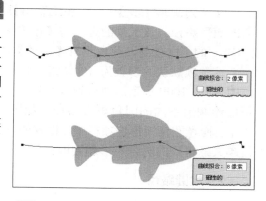

图 7-10　绘制自由路径

7.3　创建形状路径

在 Photoshop 中，【钢笔工具】 ⌖ 是最直接也是最复杂的路径创建工具。因为使用该工具能够一次性得到想要的路径效果，但是在创建过程中则需要同时进行编辑。而现有的几何与预设的形状路径工具，则能够更简单地创建出想要的路径效果。

7.3.1　几何图路径

常见的几种几何图形，在 Photoshop 工具箱中均能够找到现有的工具。通过设置每个工具中的参数，还可以变换出不同的效果。

1．矩形与圆角矩形路径

使用【矩形工具】 ▣ 可以绘制矩形、正方形的路径。其方法是选择【矩形工具】 ▣，在画布任意位置单击作为起始点，同时拖动鼠标，随着光标的移动将出现一个矩形框，如图 7-12 所示。

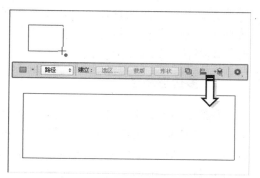

图 7-11　设置【曲线拟合】选项

图 7-12　绘制矩形路径

在【矩形工具】 ▣ 的工具选项栏上单击【几何选项】按钮 ⚙，弹出一个选项面板。默认启用的是【不受约束】选项，而其他选项如下。

- ❑ **方形**　启用该选项后，在绘制矩形路径时，可以绘制正方形路径，如图 7-13 所示。
- ❑ **固定大小**　启用该选项，可以激活右侧的参数栏。在参数栏文本框中输入相应的数值，能够绘制出固定大小的矩形路径，如图 7-14 所示。

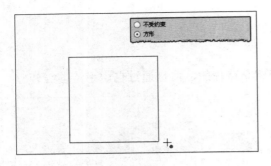

图 7-13　绘制正方形路径

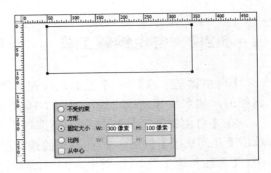

图 7-14　绘制固定大小的矩形路径

□ **比例**　启用该选项，能够在激活右侧的参数文本框中输入相应的数值，来控制矩形路径的比例大小。

□ **从中心**　启用该选项，可以绘制以起点为中心的矩形路径。

【圆角矩形工具】■能够绘制出具有圆角的矩形路径。该工具的选项与【矩形工具】■唯一的不同就是，前者具有【半径】选项。

该选项默认的参数为 10 像素，其参数值范围为 0～1000 像素。通过设置半径的大小，可以绘制出不同的圆角矩形路径，如图 7-15 所示。而在圆角矩形选项栏中，设置的半径数值越大，得到的圆角矩形越接近正圆。

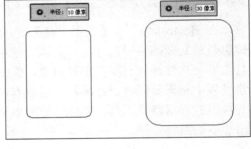

图 7-15　绘制圆角矩形路径

2. 椭圆路径

【椭圆工具】■用于建立椭圆（包括正圆）的路径。其方法是选择该工具，在画布任意位置单击并拖动鼠标，随着光标的移动出现一个椭圆形路径，如图 7-16 所示。

3. 多边形路径

【多边形工具】■能够绘制等边多边形，如等边三角形、五角星和星形等。Photoshop 默认的多边形边数为 5，只要在画布中单击并拖动鼠标，即可创建等边五边形路径，如图 7-17 所示。

在该工具选项栏中，可以设置多边形的边数，其范围是 3～100。多边形边数越大，越接近于正圆，如图 7-18 所示。

单击该工具选项栏中的【几何选项】按钮■，在弹出的面板中，可以设置各种选项参数，来建立不同效果的多边形路径。

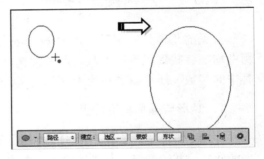

图 7-16　绘制椭圆路径

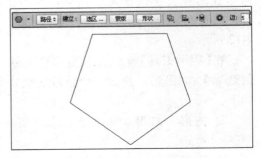

图 7-17　绘制五边形路径

❑ **半径**　通过设置该选项，可以固定所绘制多边形路径的大小，参数范围是 1～150000 像素，如图 7-19 所示。

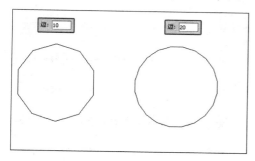

图 7-18　绘制多边形路径

图 7-19　设置【半径】选项

❑ **平滑拐角或平滑缩进**　用平滑拐角或缩进渲染多边形，如图 7-20 所示。
❑ **星形**　启用该选项，能够绘制星形的多边形，如图 7-21 所示。

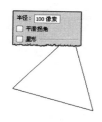

图 7-20　禁用与启用【平滑拐角】选项

图 7-21　不同星形形状

4. 直线路径

【直线工具】既可以绘制直线路径，也可以绘制箭头路径。直线路径的绘制方法与矩形路径相似，只要选中该工具后，在画布中单击并拖动鼠标即可。而直线路径的粗细则是通过工具选项栏中的【粗细】选项来决定的，如图 7-22 所示。

打开该工具的选项面板，其中的选项能够设置直线的不同箭头效果。其中，绘制直线路径时，同时按住 Shift 键可以绘制出水平、垂直或者 45 度的直线路径。

❑ **起点与终点**　启用不同的选项，箭头出现在直线的相应位置，如图 7-23 所示。
❑ **宽度**　该选项是用来设置箭头的宽度，其范围是 10%～1000%，如图 7-24 所示。
❑ **长度**　该选项是用来设置箭头的长度，其范围是 10%～5000%，如图 7-25 所示。

图 7-22　绘制不同粗细的直线路径

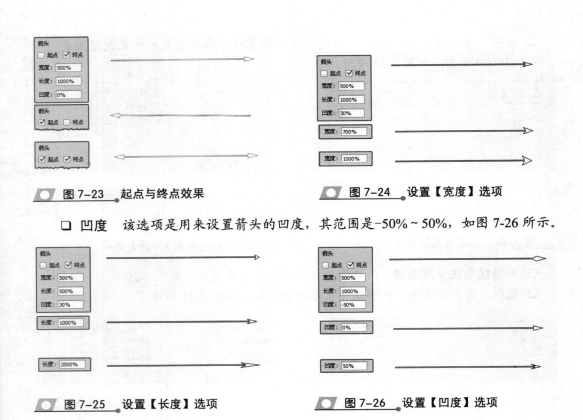

图 7-23 起点与终点效果

图 7-24 设置【宽度】选项

❑ **凹度** 该选项是用来设置箭头的凹度，其范围是-50%~50%，如图 7-26 所示。

图 7-25 设置【长度】选项

图 7-26 设置【凹度】选项

7.3.2 形状路径

要想建立几何路径以外的复杂路径，可以使用工具箱中的【自定形状工具】 。在 Photoshop 中大约包含 250 多种形状可供选择，范围包括星星、脚印与花朵等各种符号化的形状。当然，用户也可以自定义喜欢的图像为形状路径，以方便重复使用。

1. 创建形状路径

选择【自定形状工具】 ，在工具选项栏中单击【形状】右侧的小按钮 。在打开的【定义形状】拾色器中，选择形状图案，即可在画布中建立该图案的路径，如图 7-27 所示。

单击拾色器右上角的小三角按钮，在打开的关联菜单中，既可以设置图案的显示方式，也可以载入预设的图案形状，如图 7-28 所示。

提 示

在关联菜单中，通过选择【载入形状】选项，能够将外部的形状路径导入 Photoshop 中；还可以通过选择【复位形状】选项，还原【定义形状】拾色器中的形状。

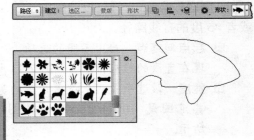

图 7-27 绘制自由形状路径

2. 自定义形状路径

如果不满意 Photoshop 中自带的形状，还可以将自己绘制的路径保存为自定义形状，方便重复使用。方法是在画布中创建路径后，执行【编辑】|【定义自定形状】命令，在【形状名称】对话框中直接单击【确定】按钮，即可将其保存到【自定形状】拾色器中，如图 7-29 所示。

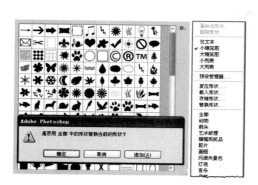

图 7-28　载入预设图案

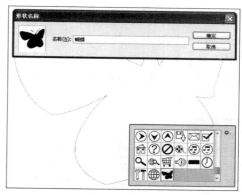

图 7-29　保存自定形状路径

选择【自定形状工具】后，在【自定形状】拾色器中选择定义好的形状，即可建立该形状的路径，如图 7-30 所示。

7.4　编辑路径

从开始绘制路径到熟练掌握，都离不开 Photoshop 的路径整形功能，它能够移动点和控制柄，添加和删除点，以及通过点的转换改变线段的曲率。因此，在初步绘制路径时，不太精确也不要紧，路径编辑工具提供了修正的机会。

7.4.1　选择路径和锚点

在编辑路径之前首先需要选中路径或锚点。选择路径的常用工具有【路径选择工具】和【直接选择工具】。

1. 路径选择工具

选择【路径选择工具】（快捷键 A），在已绘制的路径区域内任意位置单击鼠标，即可选中该路径。此时路径上所有的节点都以实心方块显示，如图 7-31 所示。

如果文档中存在两个或两个以上的路径，用户可以在【路径选择工具】的工具选

图 7-30　创建自定形状路径

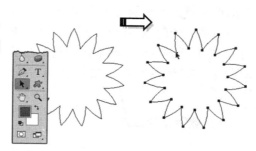

图 7-31　选择整个路径

项栏中单击【合并】按钮，
此时，单击任何一个路径，
都会选中所有的路径，如图
7-32 所示。

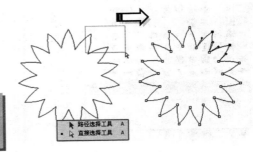

2．直接选择工具

【直接选择工具】 是
Photoshop 中最重要的路径
整形工具。它可以单击路径中的某个节点，单
独选择它，而不影响其他节点。按下 Shift 键并
单击可以同时选择两个节点，如图 7-33 所示。

图 7-32　合并路径

> **提 示**
>
> 如果要选择多个节点，还可以在路径外任意一处单击
> 鼠标左键并拖动。随着光标的移动，将会出现一个矩
> 形框，矩形框中所框选的节点即被选中的节点。

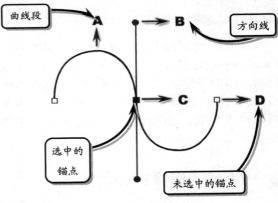

图 7-33　选择节点

7.4.2　编辑路径锚点

路径中点和线段的数量是变化的。无论路径闭合或开放，都可以通过【添加锚点工
具】 和【删除锚点工具】 对路径进
行修改。

当拖动【钢笔工具】 时，Photoshop
自锚点画出了方向线和方向点。可以用
这些方向线和方向点来调整曲线的方向
和形状。在画出曲线路径之后，可以用
方向线和点来编辑路径，如图 7-34 所示。

一条曲线是由四个点进行定义的，
其中 A 与 D 定义了曲线的起点与终点，
又称为节点，而 B 与 C 则是用来调节曲
率的控制点。通过调节 A 与 D 节点，可
以调节曲线的起点与终点，而通过调节 B
与 C 的位置则可以灵活地控制整条曲线
的曲率，以满足实际需要，如图 7-35
所示。

图 7-34　方向线和点示意图

1．删除路径锚点

要在路径上删除一个锚点，首先选
择【删除锚点工具】 ，移动光标到绘
制好路径的锚点上面，单击即可删除，

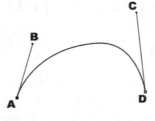

图 7-35　控制曲率

Photoshop CS6 中文版标准教程

如图 7-36 所示。

2. 添加路径锚点

要在路径上添加一个锚点，首先选择【添加锚点工具】，移动光标到绘制好的路径上面（不能移动到锚点上），单击即可添加锚点，如图 7-37 所示。

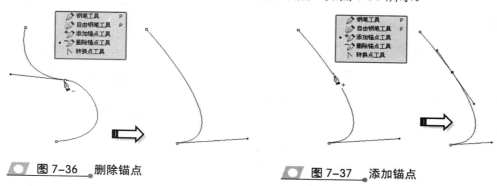

图 7-36　删除锚点　　　　　　　　　图 7-37　添加锚点

3. 更改锚点属性

锚点共有两种类型，即曲线锚点和直线锚点，这两种锚点所连接的分别是直线和曲线。在直线锚点和曲线锚点之间可以互相转换以满足编辑需要。使用编辑路径工具的【转换点工具】，就可以轻松自如地实现这一操作。

❑ **将曲线锚点转换为直线锚点**

首先选择【转换点工具】，然后移动光标至图像中的路径锚点上单击，即可将一个曲线锚点转换为一个直线锚点，如图 7-38 所示。

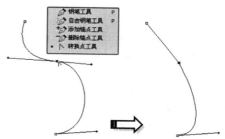

图 7-38　将曲线锚点转换为直线锚点

❑ **将直线锚点转换为曲线锚点**

选择【转换点工具】，在路径上单击要调整的锚点，同时向下拖动鼠标，随着光标的移动将会显示出方向线，拖动方向点即可，如图 7-39 所示。

❑ **调整曲线方向**

使用【转换点工具】还可以调整曲线的方向，使用【转换点工具】在曲线锚点方向线一端的方向上按住鼠标左键并拖动，就可以调整方向线这一端的曲线形状，如图 7-40 所示。

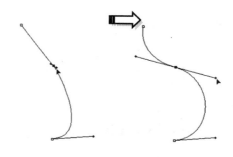

图 7-39　将直线锚点转换为曲线锚点

注　意

使用【钢笔工具】绘制路径时，应该用比较少的点来创建图形。使用的点越少，曲线就越平滑。

7.4.3 路径基本操作

路径可以看成一个图层的图像。因此可以对它执行移动、复制、粘贴和删除等基本操作，甚至进行旋转、翻转和自由变换等。

1．移动与复制路径

在实际操作中，初步绘制的路径往往不到位，需要调整路径的位置，才能够达到要求。因此，移动路径是常用的操作。

选择【路径选择工具】，将光标指向路径内部。然后单击并拖动鼠标，即可移动路径，改变路径在画布中的位置，如图7-41所示。

要是选择【直接选择工具】，单击并拖动路径中的某个锚点，即可移动该锚点，改变该锚点在路径中的位置，而整个路径不会发生位置的变化，如图7-42所示。

无论是工作路径，还是存储路径，均能够对其进行备份，从而达到复制路径的目的。方法是使用【路径选择工具】选中路径后，按住 Alt 键单击并拖动路径，从而复制该路径，如图7-43所示。

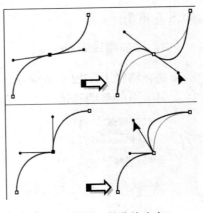

图 7-40　调整曲线方向

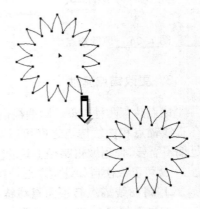

图 7-41　移动路径

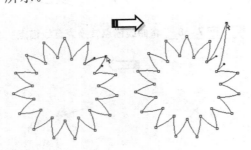

图 7-42　移动锚点位置

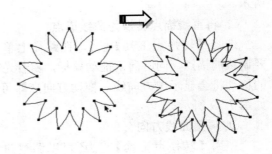

图 7-43　复制路径

2．变换路径

自由变换功能同样能够应用于路径，只要使用【路径选择工具】选中路径后，按快捷键 Ctrl+T 显示变换控制框，即可按图像的自由变换操作来变换路径，这里是对路径进行了水平翻转变换，如图7-44所示。

3．路径类型

无论是钢笔工具、几何工具还是形状工具，均能够得到不同的路径图像。只要选择某个路径工具后，在工具选项栏左侧，分别单击【形状】、【路径】和【像素】，即可逐一创建同一形状、不同类型的效果，如图 7-45 所示。

4．路径运算

在设计过程中，经常需要创建更为复杂的路径，利用路径运算功能可将多个路径进行相减、相交、组合等运算。但单一的路径不容易体现运算的效果，下面通过形状图层来进行路径的运算。

创建一个形状图形后，启用不同的运算方式功能，继续创建形状图形，会得到不同的运算结果，如图 7-46 所示。

> **提 示**
>
> 在路径创建过程中，可以执行路径运算操作。当路径创建完成后，还是能够重新执行路径运算操作，其运算功能均显示在工具选项栏中。

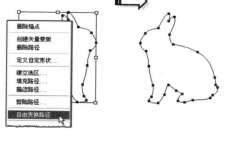

图 7-44　变换路径

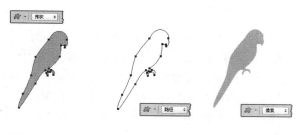

图 7-45　路径类型

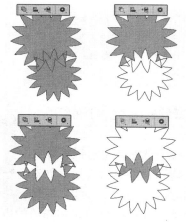

图 7-46　路径运算效果

7.5　应用路径

路径绘制、编辑完成后，就可以将其转换为选取范围，或者直接对路径执行填充和描边的操作。下面将为用户详细介绍路径的实际应用。

7.5.1　路径与选区

路径与选区间的转换，对于经常从事绘画方面的设计者来说相当重要。它将路径与选区从根本上联系在一起，从而方便用户在绘制图像的过程中进行操作。

1．路径转换为选区

路径转换为选区是路径的一个重要功能，运用这项功能可以将路径转换为选区，然

后对其进行各项编辑。方法是打开【路径】面板，单击【将路径作为选区载入】按钮 ⊙
即可，如图 7-47 所示。还有一种方法是单击
【路径】面板右边小三角，选择【建立选区】
选项，在弹出的对话框中还可以设置【羽化
半径】的参数。

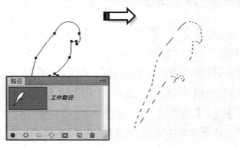

如果路径为一个开放式的路径，则在转
换为选区后，路径的起点会连接终点成为一
个封闭的选区，如图 7-48 所示。

图 7-47　路径转换为选区

2．选区转换为路径

对于一些比较复杂而颜色却很简单的
图像，利用【钢笔工具】 ✎ 绘制又比较麻烦，
这时就可以使用【魔棒工具】 ✎ 创建选区，
然后在【图层】面板下拉菜单中选择【建立
工作路径】选项，在弹出的对话框中设置【容
差】参数即可，如图 7-49 所示。

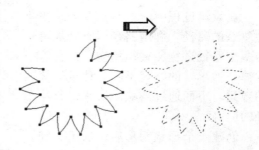

技　巧

在路径打开的前提下，选择快捷键 Ctrl＋Enter，同
样可以将路径转换为选区。而在【路径】面板中，
单击【从选区生成工作路径】 ◇ 按钮，可以直接
将选区转换为路径。

图 7-48　将开放式路径转换为封闭的选区

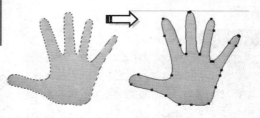

7.5.2　对路径填充和描边

不用将路径转换为选区，也可以对路径
进行编辑，从而达到绘制图像的效果，如对
路径进行填充或描边，绘制出一些线描图像
等。下面就详细介绍几种对路径填充和描边的方法。

图 7-49　选区转换为路径

1．填充路径

要对路径进行填充，首先打开【路径】面板，将前景色设置为要填充的颜色。然后
单击该面板下方的【用前景色填充路径】按钮
● 即可，如图 7-50 所示。

填充路径的另一种方法是通过【填充路
径】对话框对路径进行填充。方法是打开【路
径】面板，同时按下 Alt 键单击【用前景色填
充路径】按钮 ● ，弹出【填充路径】对话框。
在【使用】下拉菜单中可以设置【前景色】、【背
景色】和【图案】等选项，如图 7-51 所示。

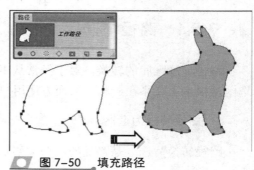

图 7-50　填充路径

2. 描边路径

描边路径和工具箱中所选的工具及画笔的大小与形状有关。在默认情况下，当建立路径后单击【路径】面板底部的【用画笔描边路径】按钮 ○ ，使用的是画笔当前参数设置为路径描边，如图 7-52 所示。

图 7-51　填充图案路径

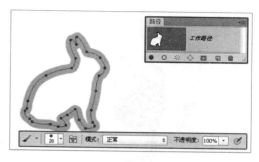

图 7-52　路径描边

在【路径】面板中同时按下 Alt 键单击【用画笔描边路径】按钮 ○ ，弹出【描边路径】对话框，在该对话框中启用【模拟压力】选项，并且选择【工具】为"铅笔"，对路径进行描边可以得到另一种效果，如图 7-53 所示。

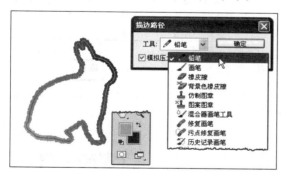

图 7-53　启用【模拟压力】选项

7.6　课堂练习：绘制插画

目前市场上涌现出各式各样的插画，有商业性质的海报、招贴画，也有用来作为装饰画使用的壁纸等，对于插画的绘制也有各种不同的方法途径，这里就讲述在 Photoshop 中通过【钢笔工具】 ✍ 绘制路径的方法制作一幅插画，如图 7-54 所示。

图 7-54　绘制插画效果

操作步骤：

1　新建大小为 1200×1100 像素，分辨率为 300 像素/英寸的文档，单击【图层】面板下方的【创建新图层】按钮 ⬜ 新建"图层 1"，重新命名为"身体描边"。使用【钢笔工具】 ✏ 绘制出人物的主体路径，设置画笔大小为 2 像素，颜色为黑色，单击【路径】面板下方的【用画笔描边路径】按钮 ◯，描边路径，如图 7-55 所示。

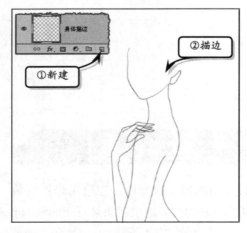

图 7-55　绘制身体

2　单击【图层】面板下方的【创建新组】按钮 📁 新建"组 1"，重新命名为"脸部"，新建图层，使用【钢笔工具】 ✏ 绘制出眼睛和鼻子路径，使用相同的方法描边路径，如图 7-56 所示。

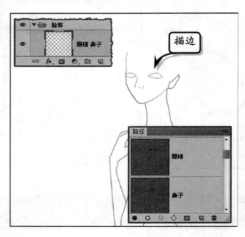

图 7-56　绘制眼睛和鼻子

3　新建图层，重新命名为"眼珠 嘴巴"。使用【椭圆选框工具】 ◯ 同时按住 Shift+Alt 键，绘制圆形选区，填充黑色，绘制"眼珠"。使用【钢笔工具】✐绘制"嘴巴"的路径，生成选区，填充颜色，如图 7-57 所示。

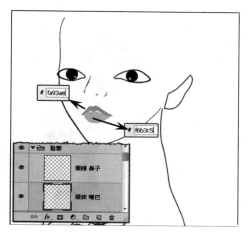

● 图 7-57 ___ 绘制眼睛和嘴巴

4 使用【画笔工具】✐绘制出眼眶及眼睛的高光和反光部分。绘制嘴巴的细节部分时，按 Alt 键转换为【吸管工具】✐吸取周围颜色，方便绘制，如图 7-58 所示。

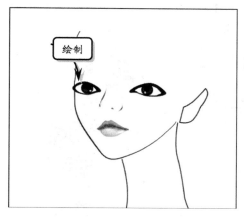

绘制

● 图 7-58 ___ 绘制眼眶和嘴巴

5 使用【钢笔工具】✐绘制出"眉毛"路径，生成选区，单击鼠标右键，在弹出的快捷菜单中选择【羽化】选项，填充颜色。使用【钢笔工具】✐绘制出"睫毛"路径，单击【路径】面板下方的【用画笔描边路径】按钮 ○ ，选择【模拟压力】选项描边路径，如图 7-59 所示。

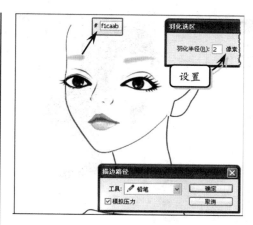

● 图 7-59 ___ 绘制眉毛和睫毛

6 使用【椭圆选框工具】○同时按住 Shift+Alt 键绘制圆形选区，执行【选择】|【修改】|【羽化】命令，设置【羽化半径】为 10 像素，填充颜色。使用【画笔工具】✐绘制出脸部高光，如图 7-60 所示。

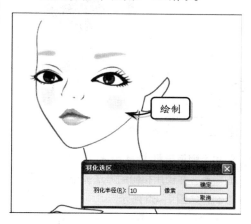

绘制

● 图 7-60 ___ 绘制圆形选区

7 新建图层，命名为"头发"，使用【钢笔工具】✐绘制出头发的大体轮廓并填充黑色。使用【钢笔工具】✐绘制出飘散的一些发丝，单击【路径】面板下方的【用画笔描边路径】按钮 ○ ，选择【模拟压力】选项描边路径，如图 7-61 所示。

8 新建"组 1"，命名为"头饰"，新建图层，使用【钢笔工具】✐绘制出"头饰 1"路径，生成选区，填充颜色，如图 7-62 所示。

图 7-61 绘制头发

图 7-62 绘制头饰

9 使用【钢笔工具】 ✎ 绘制出头饰其他部分
的路径，并使用相同的方法完成"头饰"的
绘制，如图 7-63 所示。

图 7-63 绘制头饰的其他部分

10 选择"身体描边"图层，添加图层蒙版并使
用【画笔工具】 ✎ 修饰图像。然后使用【钢
笔工具】 ✎ 绘制出"衣服"路径，生成选
区，填充颜色，如图 7-64 所示。

图 7-64 绘制衣服

11 选择"背景"图层，使用【钢笔工具】 ✎ 绘
制出背景路径，按快捷键 Ctrl+Enter 生成选
区，单击鼠标右键，在弹出的快捷菜单中选
择【羽化】选项，设置【羽化半径】为 40
像素，填充颜色，如图 7-65 所示。

图 7-65 设置羽化半径并填充颜色

12 复制"头饰"图层，按快捷键 Ctrl+T 执行
自由变换命令，单击鼠标右键，在弹出的快
捷菜单中选择【水平翻转】选项，移动到合
适的位置，如图 7-66 所示。

图 7-66　复制"头饰"图层

13 使用【横排文字工具】 T,添加文字，使用
【移动工具】 ▶+ 把文字移动到合适的位置，
完成最终效果，如图 7-67 所示。

图 7-67　添加文字

7.7　课堂练习：制作桌面壁纸

　　本实例利用【钢笔工具】制作"藤蔓"，形状路径工具制作"叶子"，进而做出藤蔓
爬墙的桌面，如图 7-68 所示。通过本实例的学习，用户可以更好地掌握【钢笔工具】及
形状路径工具的使用方法。

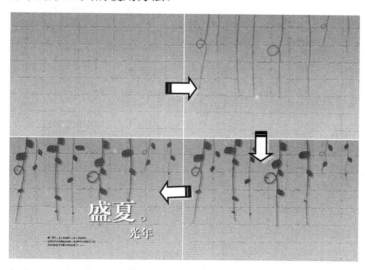

图 7-68　制作桌面壁纸

　　操作步骤：

1 新建一个 1024×768 像素，分辨率为 72 像
素/英寸的空白文档。选择【渐变工具】 ▣,

做鲜绿到深黄的垂直渐变，然后执行【滤镜】
|【纹理】|【马赛克拼贴】命令，如图 7-69

所示。

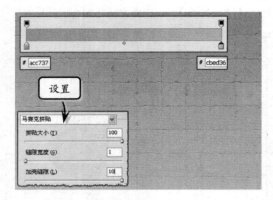

图 7-69 绘制渐变

2 选择【钢笔工具】 ✐，结合 Ctrl 键和 Alt 键，从上至下绘制"藤蔓"路径，绘制时注意曲线的柔和度，以及藤蔓的柔软度，如图 7-70 所示。

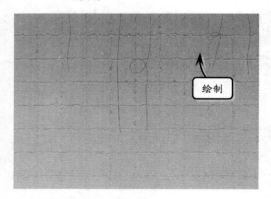

图 7-70 绘制藤蔓

3 设置【前景色】为"深绿色"，设置【画笔工具】笔尖大小为 7。右击鼠标，在弹出的快捷菜单中选择【描边路径】选项，在弹出的对话框中单击【确定】按钮，如图 7-71 所示。

4 然后选择【橡皮擦工具】 ✐，降低不透明度，在"藤蔓"下部涂抹。目的要做到上粗下细，把顶端磨尖，使制作出来的藤蔓比较真实，如图 7-72 所示。

5 新建一个 200×200 像素的空白文档，按快捷键 Ctrl+R 调出标尺。拖拽出两条参考线确定画布的中心。选择【椭圆工具】 ⬤，

结合 Ctrl 键绘制一个圆形。然后再拖拽四条参考线，选择【矩形工具】 ▣，分别在左下、右上绘制矩形，最后右击鼠标，在弹出的快捷菜单中选择【填充路径】选项，在弹出的对话框中单击【确定】按钮，图像效果如图 7-73 所示。

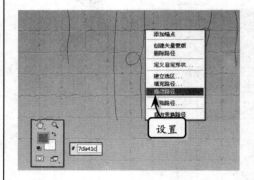

图 7-71 描边路径

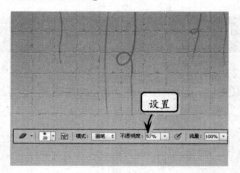

图 7-72 涂抹藤蔓

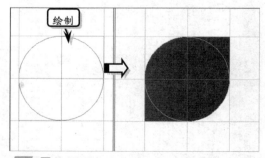

图 7-73 绘制叶子

6 复制该图层到"盛夏光年"文档。按快捷键 Ctrl+T 变换"叶子"的角度，按快捷键 Ctrl+J 复制，将"叶子"摆放到合适的位置。新建"藤蔓"图层组，将所有的"叶子"及"藤蔓"图层放进去，如图 7-74 所示。

图 7-74　新建图层组

7 新建"盖印"图层，隐藏背景按键盖印一层后，显示背景层，隐藏图层组。单击【添加图层样式】按钮 *fx*，选择【投影】选项并设置各参数，如图 7-75 所示。

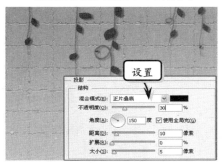

图 7-75　设置【投影】选项

8 利用相同的方法，多做几条藤蔓，并变换大小，合适排列，增加藤蔓的密度，如图 7-76 所示。

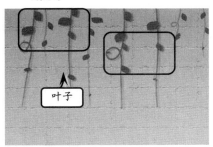

图 7-76　绘制多条藤蔓

9 单击【横排文字工具】按钮 T，输入文字"盛夏"，调整字体大小输入"光年"。右击"藤蔓"的图层样式图层，在弹出的快捷菜单中选择【拷贝图层样式】选项，选择文字图层，右击图层，在弹出的快捷菜单中选择【粘贴图层样式】选项，如图 7-77 所示。

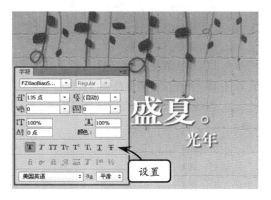

图 7-77　输入字体

10 继续输入字体，设置大小为 12，选择左对齐，在画布中下部分写上几行小字，完成最终效果，如图 7-78 所示。

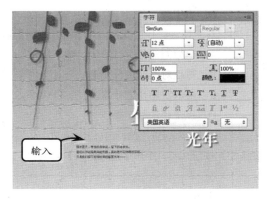

图 7-78　继续输入字体

7.8　思考与练习

一、填空题

1．钢笔工具组中包括【钢笔工具】、【_____】、【添加锚点工具】、【删除锚点工具】和【_____】。

2．使用【多边形工具】⬡，最少能够绘制出_____边的图形。

3．按住快捷键_____可以在【路径选择工具】和【直接选择工具】之间进行切换。

4．按快捷键_____可以将路径直接转换为选区。

5．单击【路径】面板中的_____按钮，可以使用前景色为路径填充。

二、选择题

1．在 Photoshop 中，路径的实质是_____。

    A．选区

    B．矢量式的线条

    C．填充和描边的工具

    D．一个文件或文件夹所在的位置

2．在绘制路径的过程中，如果按下_____键，则可以按 45 度、水平或者垂直的方向绘制线条。

    A．Ctrl

    B．Alt

    C．Shift

    D．Enter

3．如果要显示或者隐藏路径，可以使用快捷键_____。

    A．Alt+H

    B．Shift+H

    C．Ctrl+Shift+H

    D．以上都不对

4．对路径进行自由变换，以下说法正确的是_____。

    A．可以对路径进行放大、缩小操作

    B．可以对路径进行变形

    C．可以对路径进行扭曲

    D．以上说法都正确

5．要选择特定的绘画工具进行描边，必须按住_____键单击【路径】面板底部的【用画笔描边路径】按钮 ◯，打开【描边路径】对话框。

    A．Alt

    B．Ctrl

    C．Shift

    D．Enter

三、问答题

1．使用【钢笔工具】绘制路径时，启用或者禁用【橡皮带】选项有何区别？

2．如何直接创建曲线路径？

3．如何绘制五角星？

4．如何才能够对路径进行变换操作？

5．如何对路径进行不同效果的描边？

四、上机练习

1．提取紫花图像

对于边缘复杂的图像，要进行提取时最快的方法就是使用【钢笔工具】 。该工具不仅能够创建直线路径，还能够创建曲线路径，所以任何形状的图像都能够使用【钢笔工具】 进行边缘路径创建。这里在创建边缘路径时，还运用了【重叠路径区域外】运算功能，将主题内部的背景图像除外，如图 7-79 所示。

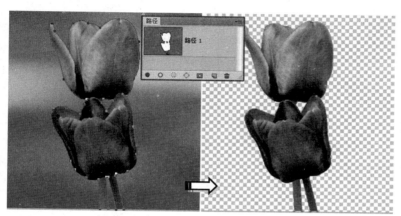

图 7-79　提取紫花图像

2．为路径描边

为路径描边不仅可以使用单纯的笔触形状，还可以使用不规则笔触形状。只要在描边之前，选择【画笔工具】 ，并且在【画笔预设】选取器选择不规则笔触形状。就能够进行不规则笔触的路径描边，如图 7-80 所示。

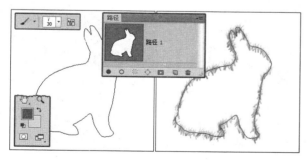

图 7-80　为路径描边

第 8 章

文本应用

无论在何种视觉媒体中，文字和图片都是其两大构成要素。Photoshop 提供了强大的文字工具，它允许用户在图像背景上制作复杂的文字效果。在 Photoshop 中可以随意地输入文字、字母、数字或符号等，同时还可以对文字执行各种变换操作。

本章通过介绍 Photoshop 中创建文本的各种功能和命令，来详细讲解创建和编辑文本、段落、创建路径文字及更改文字外观等操作方法。

本章学习目标：

➢ 创建文字

➢ 编辑文字

➢ 创建路径文字

➢ 更改文字外观

➢ 其他选项

8.1 创建文字

Photoshop 中共有 4 种处理文本工具，用户根据文字显示的不同要求，可以使用不同的文本工具进行输入或修改文本。

8.1.1 横排文字与直排文字

横排文字和直排文字的创建方式相同。输入横排文字时，在工具箱中单击【横排文字工具】按钮 T，在画布中单击，当显示为闪烁的光标后，即可在光标的位置输入文字。在工具选项栏中可以设置文字属性，如字体、大小、颜色等，如图 8-1 所示。

输入完成后，按快捷键 Ctrl+Enter 可退出文本输入状态。如果要输入竖排的文字，在工具箱中单击【直排文字工具】按钮 IT，在画布中单击，输入文字即可，如图 8-2 所示。

图 8-1 创建横排文字

提 示

输入文本的颜色是由工具箱中的【前景色】来决定的，可在输入之前设置好【前景色】颜色值，直接得到相应的文本颜色。

8.1.2 文字选区

使用工具箱中的【横排文字蒙版工具】T 和【直排文字蒙版工具】IT，可以创建文字型选区，它的创建方法和创建文字一样。

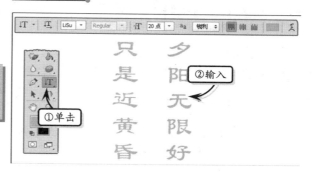

图 8-2 创建竖排文字

在文本工具组中，选择【横排文字蒙版工具】T 和【直排文字蒙版工具】IT 能够创建文本选区，并且在选区中填充颜色，从而得到文本形状的图形，如图 8-3 所示。

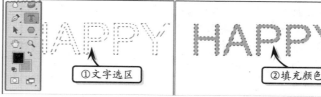

图 8-3 创建文字选区

注 意

当使用【横排文字蒙版工具】T 或者【直排文字蒙版工具】IT 在画布中单击后，就会进入文本蒙版模式。输入文字后，按快捷键 Ctrl+Enter，将文字蒙版转换为文字选区。

得到文字选区后，除了能够填充颜色外，还可以像普通选区一样，对文字选区进行渐变填充、描边、修改及调整边缘等操作，如图 8-4 所示。

① 描边

② 渐变填充

③ 调整边缘

提 示

使用【横排文字蒙版工具】⊤或【直排文字蒙版工具】⊤在当前图层中添加文字时，不会产生新的图层，而且文字是未填充任何颜色的选区。

8.2 编辑文字

当在画布上输入文字后，虽然在工具选项栏中可以简单地设置字体、大小和颜色，但具有限制性。在【字符】面板中，可以更全面地设置文本属性。

在文字排版中，当出现字数较多的文本时，可以创建文本框对其进行段落设置。段落是末尾带有回车符的任何范围的文字，使用【段落】面板，可以设置应用于整个段落的选项。

▰ **图 8-4** 调整文字

8.2.1 【字符】面板

执行【窗口】|【字符】命令，可以打开【字符】面板。在该面板中可以对文字的属性进行详细的设置，如设置字体、字号、行距、缩放及加粗等。

1．设置字体系列与大小

无论是在文本工具选项栏中，还是在【字符】面板中，均能够设置文字的字体系列和大小。只要在相应的下拉列表中，选择某个选项，即可得到不同的文字效果，如图 8-5 所示。

提 示

虽然在文本工具选项栏与【字符】面板中，均能够设置文字的字体系列和大小。但是前者需要选中文字，而后者只要选中文本图层即可。

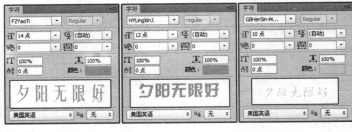

▰ **图 8-5** 设置文字大小、字体和颜色

2．设置行距

在【字符】面板中，【设置行距】用来控制文字行之间的距离，可以设为【自动】或输入数值进行手动设置。若为【自动】，行距将会随字体大小的变化而自动调整。如果手动指定了行间距，在更改字号后一般也要再次指定行间距，如图 8-6 所示。

手动指定还可以单独控制部分文字的行距，选中一行文字后，在【设置行距】中输入数值控制下一行与所选行的行距，如图 8-7 所示。

3．设置文字缩放比例

【字符】面板中的【水平缩放】与【垂直缩放】用来改变文字的宽度与高度的比例，它相当于对文字执行伸展或收缩操作，如图 8-8 所示。

4．设置字体样式

文字样式可以为字体增加加粗、倾斜、下划线、删除线、上标、下标等效果，即使字体本身不支持改变格式，在这里也可以强迫指定，如图 8-9 所示。

其中，【全部大写字母】TT 的作用是将文本中的所有小写字母都转换为大写字母，【小型大写字母】Tr 也是将所有小写字母转换为大写字母，但转换后的字母将参照原有小写字母的大小。

要想在画布中输入上标或下标效果的文字与数字，只要通过文本工具选中该文字，单击【字符】面板中的【上标】按钮 T 或【下标】按钮 T₁ 即可，如图 8-10 所示。

5．设置基线偏移

【字符】面板中的【设置基线偏移】选项是用来控制文字与文字基线的距离的。通过设置不同的数值，可以准确定位所选文字的位置。若输入正值，使水平文字上移，使直排文字右移；若输入负值，使水平文字下移，使直排文字左移，如图 8-11 所示。

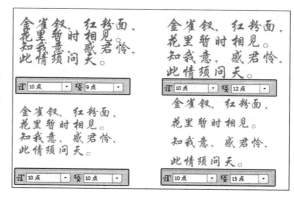

图 8-6　设置行间距

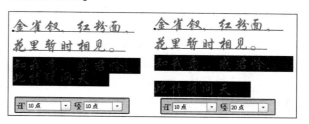

图 8-7　指定选中文字的行间距

图 8-8　水平缩放与垂直缩放

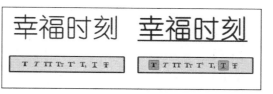

图 8-9　加粗并添加下划线

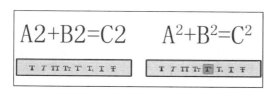

图 8-10　设置上标

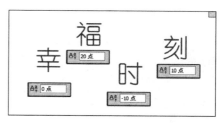

图 8-11　设置基线偏移

6．改变文字方向

虽然在输入文字时，就可以决定其显示的方向。但是，还是可以在输入后随时改变；

只要选中文本图层后，打开【字符】面板关联菜单，选择【更改文本方向】选项即可，如图 8-12 所示。

7．设置消除锯齿的方法

【设置消除锯齿的方法】选项主要控制字体边缘是否带有羽化效果。一般情况下，如果字号较大的话，选择该选项为【平滑】，以得到光滑的边缘，这样文字看起来较为柔和。但是对于较小的字号来说，选择该选项为【平滑】，可能造成阅读困难的情况，这时可以选择该选项为【无】。

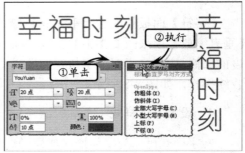

图 8-12　改变文字方向

在文字排版中，如果要编辑大量的文字内容，就需要更多针对段落文本方面的设置，以控制文字对齐方式，段落与段落之间的距离等内容。这时就需要创建文本框，并使用【段落】面板对文本框中大量的文本内容进行调整。

1．创建文本框

使用任何一个文本工具都可以创建出段落文本，选择工具后直接在图像中单击并拖动鼠标，创建出一个文本框，然后在其中输入文字即可。文字延伸到文本框的边缘后将自动换行，拖动边框上的8个节点可以调整文本框大小。如果文本框过小而无法显示全部文字时，可以拖动控制节点调整文本框的大小，显示所有的文字，如图8-13所示。

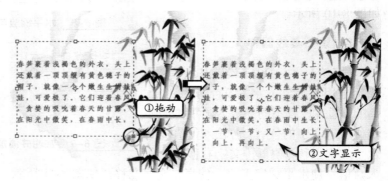

图 8-13　创建文本框

> **提　示**
>
> 在这里将使用文字工具直接输入的文本叫点文本；在文本框输入的文本叫段落文本。执行【图层】|【文字】|【转换为点文本】命令或【图层】|【文字】|【转换为段落文本】命令可将点文本与段落文本互相转换。

2．设置段落文本的对齐方式

当出现大量文本时，最常用的就是使用文本的对齐方式进行排版。【段落】面板中的【左对齐文本】▤、【居中对齐文本】▤和【右对齐文本】▤是所有文字排版中三种最基本的对齐方式，它是以文字宽度为参照物使文本对齐的，如图 8-14 所示。

图 8-14 设置文本对齐方式

而【最后一行左对齐】▤、【最后一行居中对齐】▤和【最后一行右对齐】▤是以文本框的宽度为参照物使文本对齐的。【全部对齐】▤是所有文本行均按照文本框的宽度左右强迫对齐。

3. 设置缩进

【左缩进】选项可以从边界框左边界开始缩进整个段落；【右缩进】选项可以从边界框右边界开始缩进整个段落。【首行缩进】选项与【左缩进】选项类似，只不过【首行缩进】选项只缩进左边界第一行文字，如图 8-15 所示。

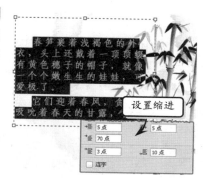

图 8-15 设置文本缩进

┌─────────┐
│ 提　示 │
└─────────┘

Photoshop 提供了两种【避头尾法则】设置，一种是【JIS 宽松】，一种是【JIS 严格】。【JIS 宽松】的避头尾设置忽略长元音字符和小平假名字符。通过对【避头尾法则】的设置，在缩放段落文本框时，文本的开头和结尾都会避免所规定的字符。

8.2.3 更改文字外观

在进行设计创作时，如杂志设计、宣传册或平面广告，漂亮的文字外观能增加整个版面的美感。用户可以通过变形文字，将文本转换为路径和形状，以便对文字做出更特殊美观的效果，对文字进一步进行编辑。

1. 文字变形

输入文本后，单击文本工具选项栏中的【创建文字变形】

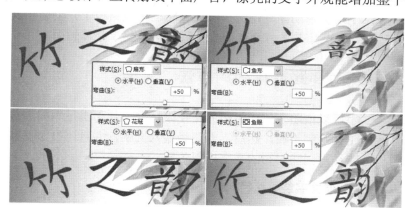

图 8-16 变形文字效果

按钮，在弹出的【变形文字】对话框中，能够进行 15 种不同的形状变形。选择的变形样式将作为文字图层的一个属性，可以随时更改图层的变形样式以更改变形文字的整体效果，如图 8-16 所示，为其中 4 种变形效果。

2．将文本转换为路径

文本图层中的文字，要想在不改变文本属性的前提下，改变其形状，只有通过【文字变形】命令。如果要在改变文字形状的同时，保留图形清晰度，则需要将文本转换为路径。

选中文字图层，执行【图层】|【文字】|【转换为形状】命令，可将文字图层转换为形状图层，如图 8-17 所示。

这时，在矢量蒙版模式中，通过【直接选择工具】，即可改变文字形状如图 8-18 所示。

图 8-17　将文字转换为形状

图 8-18　调整路径

8.3　文字绕路径

文字绕路径功能是将文字添加到路径中或路径上，创建出文字绕路径效果。运用该功能可以让文字与图像更加融合，同时也美化了整体画面。

8.3.1　路径排列的方法

文字可以依照开放或封闭的路径来排列，从而满足不同的排版需求。可以使用创建路径的工具绘制路径，然后沿着路径输入文字，并且可以根据需要更改文字的格式，也可以在路径内创建封闭的文字排版效果。

1．创建文字绕排路径

创建文字绕路径排版的效果，首先要创建路径，然后，选择【横排文字工具】T，移动鼠标到路径上，当光标显示为时，单击即可输入文字，如图 8-19 所示。

2．创建封闭的路径排版文字

选择【横排文字工具】T，移动到路径内部，当显示为()时，单击即可输入文字，创建封闭的路径排版文字，如图 8-20 所示。

■ **图 8-19** 创建文字绕排路径

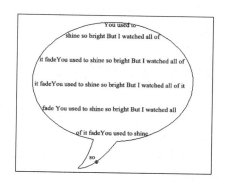

■ **图 8-20** 创建封闭的路径排版文字

3．编辑绕排文字

创建完成绕排文字后，可以使用【段落】面板对封闭路径内的绕排文字进行调整。对于创建的路径排版文本受文本内容的影响，文本一般不会密切地与路径结合在一起，此时，单击【段落】面板中的【全部对齐】按钮■，强迫文本内容填满路径，如图 8-21 所示。

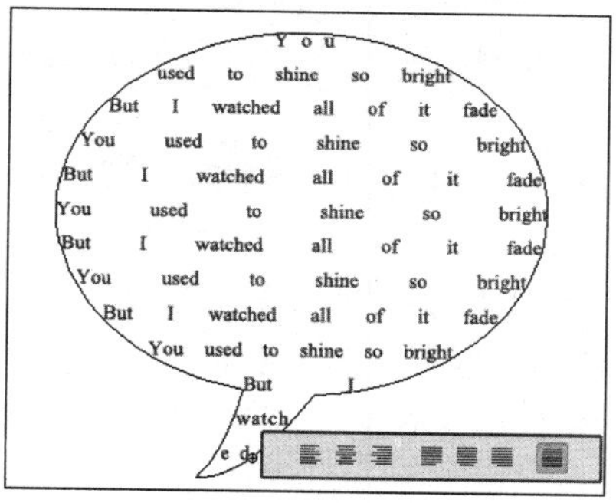

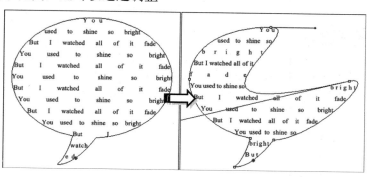

■ **图 8-21** 编辑路径排版文字

8.3.2 调整路径

路径文本与文本框文本均能够调整文本显示的区域范围，只是前者更为灵活。路径文本不仅能够通过调整路径大小来控制文本显示范围，还可以通过调整路径上的控制点，来控制文本显示的形状范围。

当路径内填充文本后，选择【直接选择工具】，选中某个控制点后，进行移动或者改变控制点上的控制柄，使路径边缘变形，从而改变路径内部文字的显示效果，如图8-22 所示。

■ **图 8-22** 编辑形状路径

8.4 其他选项

在编辑文字的过程中，除了以上的选项设置外，还有其他的选项，如【拼写与检查】命令、【查找与替换】命令及【栅格化文字】命令等。通过这些命令，可以深刻地学习文字的编辑，更加快速、方便地编辑文本。

8.4.1 拼写与检查

Photoshop 与字处理软件 Word 一样具有拼写检查的功能。该功能有助于在编辑大量文本时，对文本进行拼写检查。

首先选择文本，然后执行【编辑】｜【拼写检查】命令，在弹出的对话框中进行设置，如图 8-23 所示。

> **提示**
>
> Photoshop 检查到文档中有错误的单词，就会在【不在词典中】文本框中显示出来，并在【更改为】文本框中显示建议替换的正确单词，如果文档中的单词全部正确，那么不会弹出【拼写检查】对话框。

图 8-23 【拼写检查】对话框

8.4.2 查找与替换

【查找与替换】命令也与 Word 类似。在确认选中文本图层的前提下，执行【编辑】｜【查找和替换文本】命令，打开【查找和替换文本】对话框。

在弹出的对话框中，输入要查找的内容。单击【查找下一个】按钮，然后，单击【更改全部】按钮即可全部替换，如图 8-24 所示。

> **提示**
>
> 如果要对图像中的所有文本图层进行查找和替换，可以在【查找和替换文本】对话框中启用【搜索所有图层】选项。

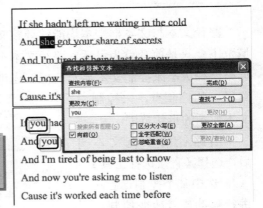

图 8-24 查找和替换文本

8.4.3 栅格化文字

在对文字执行滤镜或剪切命令时，Photoshop 会弹出一个提示对话框，文字必须栅格化才能继续编辑。

右击文本图层，在弹出的快捷菜单中选择【栅格化文字】选项，即可栅格化文字。

栅格化的文字在【图层】面板中以普通图层的方式显示，如图 8-25 所示。

8.5　课堂练习：制作文字标志

图 8-25　栅格化文字

标志有多种类型，文字标志是其中之一。在 Photoshop 中，输入文字后，执行【转换为形状】命令后，使用【直接选择工具】对其进行调整，制作成一个文字标志，如图 8-26 所示。

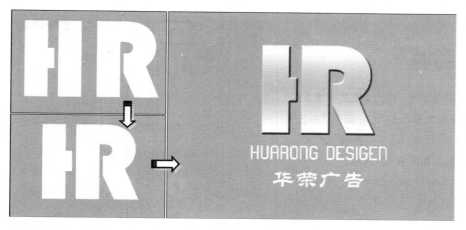

图 8-26　最终效果

操作步骤：

1 新建一个大小为 1024×678 像素，分辨率为 200 像素/英寸的空白文档，并填充"绿色"（#C2CA53），使用【横排文字工具】，输入两个白色字母"HR"，设置【字符】面板，如图 8-27 所示。

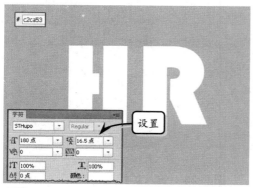

图 8-27　输入文字

2 在【图层】面板的"HR"文字图层上，右键单击鼠标，在弹出的快捷菜单中选择【转换为形状】选项，将文字转换为路径形状，如图 8-28 所示。

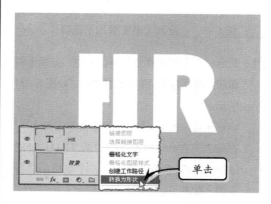

图 8-28　将文字转换为形状

③ 然后，使用【直接选择工具】 ▷，选中"R"字母的所有路径后，向左水平移动，与"H"字母右边重合，如图 8-29 所示。

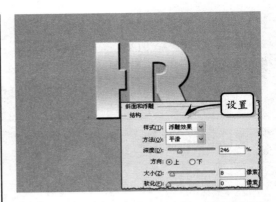

图 8-31 设置【斜面和浮雕】选项

图 8-29 移动位置

④ 双击该文字图层面板，弹出【图层样式】对话框，设置【渐变叠加】选项，绘制"白色"–"灰色"（#C7C8CA）–"黑白"渐变，设置其他参数，如图 8-30 所示。

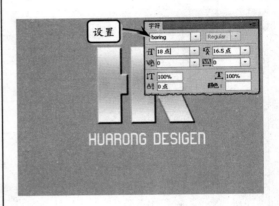

图 8-32 输入文字

⑦ 继续使用【横排文字工具】 T.在空白处输入文字"华荣广告"，在【字符】面板中控制文字的大小和颜色设置，完成最终效果，如图 8-33 所示。

图 8-30 设置【渐变叠加】选项

⑤ 然后，在【图层样式】对话框中，启用【斜面和浮雕】选项，并设置其参数，如图 8-31 所示。

⑥ 将标志绘制完后，使用【横排文字工具】 T.在标志下方分别输入"白色"的"HUARONG DESIGEN"字母，在【字符】面板中进行设置，如图 8-32 所示。

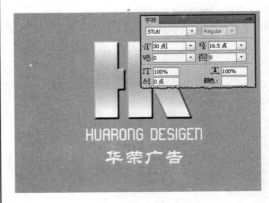

图 8-33 输入文字

8.6　课堂练习：制作茶饮招贴

在现代生活中，视觉时尚逐渐成为现代生活的主体元素，时尚而不失淡雅，风趣而不失意境。本实例是一个十分有个性的茶饮招贴，使用文字的平面构成方式组合成一个富有情趣的茶具，在制作过程中主要是使用文字绕路径功能进行绘制，如图 8-34 所示。

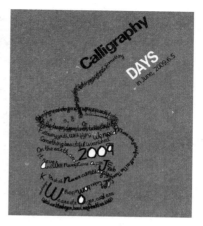

图 8-34　最终效果

操作步骤：

1　新建一个大小为 8×10 厘米，分辨率为 300 像素/英寸的空白文档，并使用【油漆桶工具】 将文档填充为"绿色"，如图 8-35 所示。

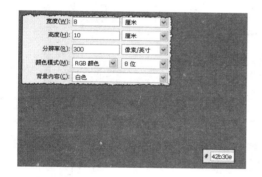

图 8-35　新建文档并填充颜色

2　使用【钢笔工具】 绘制茶杯的手柄部分，然后设置【前景色】为黑色，打开【字符】面板，设置其参数，然后在路径的一端输入文字，如图 8-36 所示。

3　再使用【钢笔工具】绘制杯子的底部，目的就是先要绘制出杯子的主要轮廓线。打开【字符】面板，设置其参数，然后再使用【横排文字工具】 在路径上输入文字，如图 8-37 所示。

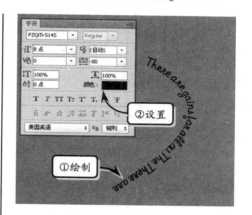

图 8-36　绘制茶杯的手柄并输入文字

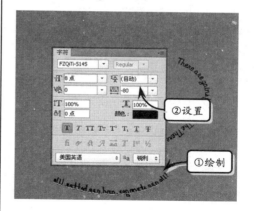

图 8-37　绘制茶杯的底部并输入文字

4　接着使用【钢笔工具】绘制杯子的顶部，在【字符】面板设置其参数，然后再使用【横排文字工具】 在路径上输入文字，如图 8-38 所示。

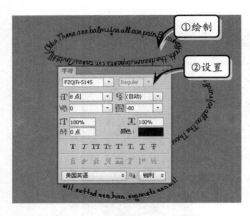

图 8-38　绘制茶杯的顶部并输入文字

5 绘制完杯子的主要结构以后，就开始绘制杯子的身体部分，首先在杯身下部输入文字，然后单击【创建文字变形】按钮，在弹出的对话框中设置【样式】为"波浪"，并设置其他参数，如图 8-39 所示。

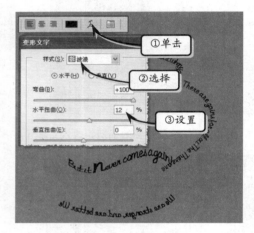

图 8-39　绘制杯身并创建文字变形

6 绘制杯身其他部分的方法基本与绘制杯子主要结构的方法相同，得到效果如图 8-40 所示。

7 在杯子的顶部使用【钢笔工具】大致绘制出烟的流动形状，然后输入文字，单击【创建文字变形】按钮，设置【样式】选项为"旗帜"并设置其他参数，如图 8-41 所示。

8 最后再单个输入英文字母，并使用【自由变换】命令调整其角度和大小，如图 8-42 所示。

图 8-40　绘制杯身其他部分

图 8-41　绘制烟并创建文字变形

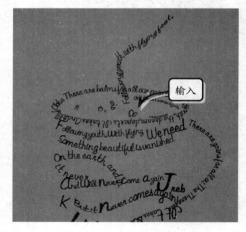

图 8-42　输入单个英文字母

9 新建"白色"图层，然后使用【多边形套索工具】绘制选区并填充白色，大部分的白色图层都在杯子的高光或亮部，使杯子具有立体感，如图 8-43 所示。

10 复制杯子的结构性文字，使结构性部分文字加粗，并添加杯身的其他文字部分，完成最终效果，如图 8-44 所示。

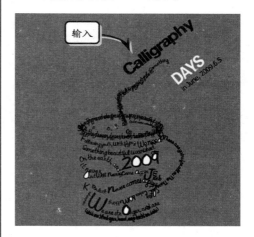

8.7 思考与练习

一、填空题

1．在完成文本的输入后，按快捷键_____可退出文本输入状态。

2．使用工具箱中的【_____】和【_____】，可以直接创建文字型选区。

3．在【字符】面板中，【_____】用来控制文字行之间的距离，可以设为【自动】或输入数值进行手动设置。

4．在【段落】面板中，【_____】选项可以从边界框左边界开始缩进整个段落；【_____】选项可以从边界框右边界开始缩进整个段落。

5．在【变形文字】对话框中，能够将文字进行_____种不同的形状变形。

二、选择题

1．执行【窗口】|_____命令，在该面板中可以对文字的属性进行详细的设置。

    A．【字符】

B．【段落】

C．【画笔】

D．【动画】

2．在下列选项中，_____是【居中对齐文本】按钮。

A． ▤

B． ▤

C． ▤

D． ▤

3．对文字执行滤镜或剪切命令时，必须对文本执行【_____】命令。

A．栅格化文字

B．格式化

C．转换为段落文本

D．创建工作路径

4．下面对【横排文字蒙版工具】▥描述错误的选项是_____。

A．使用工具箱中的【横排文字蒙版工具】▥和【直排文字蒙版工具】▥，可以创建文字型选区，它的创建方法和创建文字一样

B．在使用【横排文字蒙版工具】▥输入文字后，按快捷键 Ctrl+Enter，可

以将文字蒙版转换为文字选区，然后填充颜色

C. 使用【横排文字蒙版工具】 ![T] 或【直排文字蒙版工具】 ![IT] 在当前图层中添加文字时，不会产生新的图层，而且文字是未填充任何颜色的选区

D. 使用【横排文字蒙版工具】 ![T] 或【直排文字蒙版工具】 ![IT] 在当前图层中添加文字时，产生新的图层，文字的填充颜色为前景色

5. 创建路径文本后，下面哪种工具可以用来调整路径的控制节点以改变路径的形状？

_____。

A. 【移动工具】

B. 【直接选择工具】

C. 【矩形选框工具】

D. 【自定形状工具】

三、问答题

1. 简述怎样在文档中创建段落文本。

2. 如何直接创建文字选区？

3. 如何将文字转换为形状路径？

4. 路径文字包括几种情况？分别如何创建？

5. 如何查找和替换文本？

四、上机练习

1. 制作竖排诗词效果文字

制作竖排效果的诗词文字非常简单，只要在 Photoshop 中选择【直排文字工具】 ![T]，在画布中单击即可输入竖排文字，并且输入的竖排文字还是由右至左显示的，如图 8-45 所示。

![图 8-45] 制作竖排诗词效果文字

2. 创建路径文字

路径文字效果是将文字沿绘制好的路径进行排版，要创建路径文字，首先，绘制一个路径，可以使用【自定形状工具】 ![] 绘制形状路径，也可以使用【钢笔工具】 ![] 绘制形状路径。如图 8-46 所示，使用【自定形状工具】 ![] 绘制一个兔子形状路径。

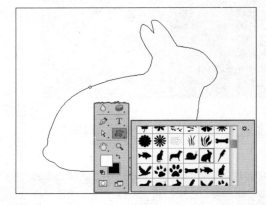

![图 8-46] 绘制路径

在工具箱中选择【横排文字工具】 ![T]，在路径边缘单击输入文本，即可形成路径文字，如图 8-47 所示。

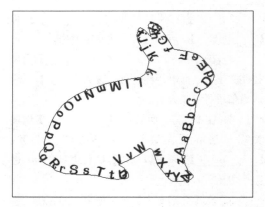

![图 8-47] 创建路径文字

第 9 章

色调简单调整

  图像色调调整是对图像明暗关系及整体色调的调整。无论是平面作品还是日常生活照片，均需要调整图像的明暗关系，或者是将原来图像中的色调更改为另外一种色调，如将蓝色调更改为绿色调，体现生机勃勃的气势。

  在本章中，主要介绍明暗关系的调整命令、基本色调的调整命令及整体色调的转换命令等，从而掌握改变图像整体色调的操作。

本章学习目标：

➢ 明暗关系调整

➢ 基本色调调整

➢ 整体色调转换

9.1 明暗关系调整

当遇到色调灰暗或者是层次不分明的图像时，就可以利用颜色调整命令中的【亮度/对比度】、【阴影/高光】和【曝光度】命令中的任何一个命令来调整图像的明暗关系。图像的明度提高了，颜色的饱和度就会增加，颜色就鲜艳；反之图像的明度降低，颜色的饱和度就会减少，颜色就显得灰暗。

9.1.1 【亮度/对比度】命令

该命令是对图像的色调范围进行调整的最简单的方法，主要用于调节整幅图像的亮度和对比度。对于对比度不太明显的图像非常有效，但不适合对图像进行精确色调调整。该命令将调整明暗区域的反差，使图像看起来更加细腻和真实，可以一次性调整图像中的所有像素。

执行【图像】|【调整】|【亮度/对比度】命令，打开【亮度/对比度】对话框。拖动对话框中的三角形滑块，调整图像的亮度或者对比度。向左拖动，图像亮度和对比度降低；向右拖动时，则亮度和对比度增加，调整至合适的位置后，单击【确定】按钮即可，如图 9-1 所示。

图 9-1　调整亮度与对比度

> **提　示**
>
> 在该对话框中禁用【使用旧版】复选框，【亮度】值设置范围为-150～150，【对比度】值设置范围为-50～100；当启用该复选框时，【亮度】值设置范围为-100～100，【对比度】值设置范围为-100～100。

9.1.2 【阴影/高光】命令

要是逆光观察事物，就会发现看到的事物发暗，与左侧的景象形成强烈的对比，如图 9-2 所示。而【阴影/高光】命令可以使阴影区域变亮。

【阴影/高光】命令适用于校正由强逆光而形成剪影的照片，或者校正由于太接近相机闪光灯而有些发白的焦点。执行【图像】|【调整】|【阴影/高光】命令，打开【阴影/高光】对话框即可发现图像阴影区域变亮，如图 9-3 所示。

图 9-2　带阴影图像

图 9-3　打开【阴影/高光】对话框

> **提　示**
>
> 在默认状态下，【阴影/高光】对话框中的【阴影】参数值为 35%，【高光】参数值为 0%。所以图像中只有阴影区域提亮，而高光区域没有发生变化。

【阴影/高光】命令不是简单地使图像变亮或变暗，它基于阴影或高光中的周围像素（局部相邻像素）增亮或变暗。正因为如此，阴影和高光都有各自的控制选项。当启用【显示更多选项】选项后，对话框中的选项发生变化，如图9-4所示。

1. 数量

无论是简化版还是完整版对话框，【数量】参数都在其中。但是【阴影】选项组中的【数量】参数值越大，图像中的阴影区域越亮；而【高光】选项组中的【数量】参数值越大，图像中的高光区域越暗，如图9-5所示。

2. 色调宽度

【色调宽度】参数用来控制阴影或者高光中色调的修改范围的。较小的值会限制只对较暗区域进行阴影校正的调整，并且只对较亮区域进行"高光"校正的调整。较大的值会增大将进一步调整为中间调的色调的范围。如图9-6所示为设置【阴影】选项组中的【色调宽度】参数值为100%后，提亮范围扩大至中间色调。

3. 半径

【半径】参数是用来控制每个像素周围的局部相邻像素的大小的。相邻像素用于确定像素是在阴影中还是在高光中。向左移动滑块会指定较小的区域，向右移动滑块会指定较大的区域。如图9-7所示为当【高光】选项组中的【数量】参数值为 50%时，【半径】参数值分别为 0 像素或者 2500 像素得到的对比效果。

提 示

半径的概念类似于上面的色调宽度，不过色调宽度是针对全图作用的，而半径是针对图像中暗调区域的大小而言的。它们的区别有点类似【魔棒工具】的邻近选取与非邻近选取一样。

4. 颜色校正

【颜色校正】是在图像的已更改区域中微调颜色，此调整仅适用于彩色图像。例如，通过增大阴影选项组中【数量】滑块的设置，可以将原图像中较暗的颜色显示出来。这时可以希望这些颜色更鲜艳，而图像中阴

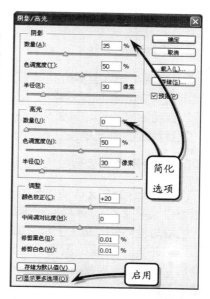

图 9-4　启用【显示更多选项】选项

图 9-5　图像高光区域

图 9-6　扩大提亮范围

图 9-7　不同【半径】参数值

影以外的颜色保持不变，如图 9-8 所示。

5. 中间调对比度

【中间调对比度】参数是用来调整中间调中的对比度的。向左移动滑块会降低对比度，向右移动滑块会增加对比度。如图 9-9 所示为【中间调对比度】参数最小值与最大值对比效果。

6. 修剪黑色和修剪白色

【修剪黑色】与【修剪白色】参数是用来指定在图像中会将多少阴影和高光剪切到新的极端阴影（色阶为 0）和高光（色阶为 255）颜色的。百分比数值越大，生成的图像的对比度越大，如图 9-10 所示。

图 9-8 设置【颜色校正】参数值

图 9-9 调整中间调对比度

注　意

在设置过程中不要把参数值设置太大，因为这样做会减小阴影或者高光的细节。（强度值会被作为纯黑或者纯白色剪切并渲染）

7. 存储

在所有参数设置完成后，要想将这些参数替换该命令原来的默认参数，可以在对话框底部单击【存储为默认值】按钮存储当前设置，并且使它们成为

图 9-10 设置【修剪黑色】参数值

【阴影/高光】命令的默认设置。如果要还原原来的默认设置，可以在按住 Shift 键的同时单击【存储为默认值】按钮。

在【阴影/高光】对话框中【存储为默认值】按钮与【存储】和【载入】按钮作用不同。前者是更改该命令的默认设置，后者是将设置的参数值保存下来，以方便重复使用。方法同样是在设置好所有参数后，单击【存储】按钮，将其保存为扩展名是 SHH 的文件。然后在以后的编辑中，打开【阴影/高光】对话框，直接单击【载入】按钮，即可选择保存的文件，载入该对话框中使用，如图 9-11 所示。

图 9-11 保存与载入参数值

9.1.3 【曝光度】命令

要使图像局部变亮,【曝光度】是一个很好的命令。执行【图像】|【调整】|【曝光度】命令,打开【曝光度】对话框,如图 9-12 所示,图像没有任何变化。

图 9-12 【曝光度】对话框

1. 曝光度

【曝光度】参数是用来调整色调范围的高光端的,对极限阴影的影响很轻微。在默认情况下,该选项的数值为 0.00,数值范围是-20.00～+20.00。当滑块向左移动时,图像逐渐变黑;当滑块向右移动时,高光区域中的图像越来越亮。如图 9-13 所示为【曝光度】参数值为正数的效果。

图 9-13 设置【曝光度】参数

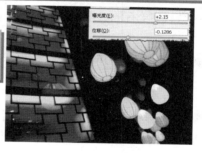

2. 位移

【位移】参数,也就是偏移量,能使阴影和中间调变暗,对高光的影响很轻微。在默认情况下,该选项的数值为 0.0000,数值范围是-0.50000～+0.50000。如图 9-14 所示为负数的效果,发现图像中间调变暗。

图 9-14 设置【位移】参数

3. 灰度系数校正

【灰度系数校正】参数是使用简单的乘方函数调整图像灰度系数。在默认情况下,该选项的数值为 1.00,数值范围是 9.99～0.10。当滑块向右移动时,图像除了像蒙上一层白纱外,最亮区域颜色也发生变化,如图 9-15 所示。【位移】参数保持图像

图 9-15 设置【灰度系数校正】参数

颜色不变，而【灰度系数校正】参数则更改了高亮区域的图像颜色。

4. 吸管工具

在【曝光度】对话框中，有三个吸管工具，分别为【设置白场】吸管工具 🖊、【设置灰场】吸管工具 🖊 与【设置黑场】吸管工具 🖊。使用这三个吸管工具，可以在不设置参数的情况下调整图像的明暗关系。

在默认情况下，【设置白场】吸管工具 🖊 处于被启用状态。该吸管工具将设置【曝光度】，同时将单击的点改变为白色，如图 9-16 所示。

【设置灰场】吸管工具 🖊 也是设置【曝光度】选项的，同时将单击所选的值变为中度灰色。如图 9-17 所示为启用该吸管工具单击不同的点得到的对比效果。

【设置黑场】吸管工具 🖊 将设置【位移】参数，同时将单击的像素改变为零。如图 9-18 所示为启用该吸管工具单击不同的点得到的对比效果。

图 9-16　设置白场

图 9-17　设置灰场

图 9-18　设置黑场

9.2　基本色调调整

在 Photoshop 中，有些颜色调整命令不需要复杂的参数设置，有的甚至没有对话框，也可以更改图像颜色。

9.2.1　彩色图像变黑白图像

在 Photoshop 中，彩色图像变黑白图像的方法很多，而彩色图像变成黑白图像后，其效果也可以各不相同。如图 9-19 所示为原彩色图像显示。

1. 彩色与灰色

【去色】命令是将彩色图像转换为灰度图像，但图像的颜色模式保持不变。例如，RGB 图像中的每个像素指定相等的红色、绿色和蓝色值，并且每个像素的明度值不改变。如图 9-20 所示，就是执行【图像】|【调整】|【去色】命令（快捷键 Shift+Ctrl+U）后得到的灰色图像效果显示。

图 9-19　彩色图像显示

> **技 巧**
>
> 虽然【去色】命令没有对话框，但是可以结合选区使图像局部降低饱和度，形成鲜明的对比效果，只要在执行该命令之前创建选区即可。

图 9-20　灰色图像显示

2. 彩色与黑白

【阈值】命令是将灰度或者彩色图像转换为高对比度的黑白图像，其效果可用来制作漫画或版刻画。如图9-21所示，就是执行默认【阈值】命令后得到的效果显示。

图 9-21　默认阈值效果

第 9 章　色调简单调整

> **提　示**
>
> 阈值是将图像转化为黑白2色图像，可以指定阈值为1～255亮度中任意一级。所有比阈值亮的像素转换为白色，而所有比阈值暗的像素转换为黑色。

3.【黑白】命令

【黑白】命令可以将彩色图像转换为灰度图像，同时保持对各颜色的转换方式的完全控制，也可以通过对图像应用色调来为灰度着色。执行【图像】|【调整】|【黑白】命令（快捷键 Ctrl+Shift+Alt+B），弹出【黑白】对话框，如图9-22所示。

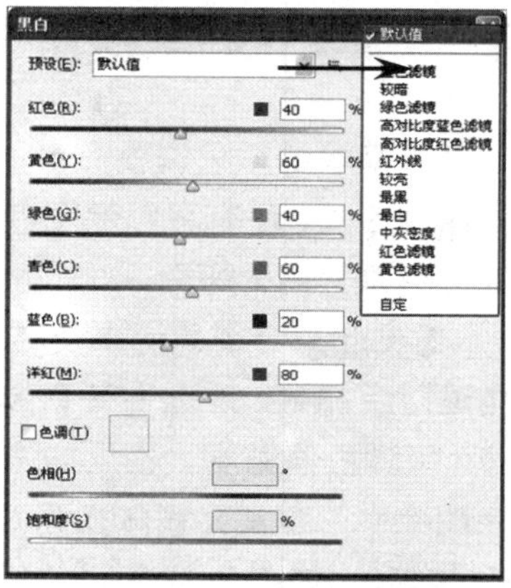

❑ 预设

【预设】选项是选择预定义的灰度混合或以前存储的混合。在默认情况下，该选项为【默认值】，效果与【去色】命令相同。如果选择该选项下拉列表中的【最白】或者【最黑】选项，效果就会有所不同，如图9-23所示。

图 9-22　【黑白】对话框

❑ 颜色滑块

颜色滑块是用来调整图像中特定颜色的灰色调的。将滑块向左拖动或向右拖动分别可使图像的原色的灰色调变暗或变亮。当打开【黑白】对话框后，拖动某个颜色滑块向右，图像变亮，如图9-24所示，而【预设】选项显示为【自定】选项。

图 9-23　不同【预设】选项效果

> **注　意**
>
> 在【黑白】对话框中包括六种颜色的颜色滑块时，当拖动与图像相同颜色的滑块后，图像发生明显变化；当拖动图像中没有的颜色滑块后，图像变化不明显。

❑ 色调

【黑白】命令除了可以将彩色图像转换为灰色图像外，还可以为灰色图像添加单色调。方法是

图 9-24　拖动颜色滑块

在【黑白】对话框中启用【色调】选项，即可为图像添加某一种色调，如图 9-25 所示。

在该选项中，还可以通过向右拖动【饱和度】滑块，来增加图像色调中的饱和度，使色彩更加鲜艳，如图 9-26 所示。

如果对默认颜色不满意，可以通过拖动【色相】滑块，选择任意一种色相作为图像的色调，如图 9-27 所示。改变图像色调还可以通过单击右侧的色块，打开【选择目标颜色】拾色器，在其中选择颜色。

图 9-25　设置单色调图像

9.2.2　简单操作成像

在简单的颜色调整命令中，除了彩色转换为黑白图像命令外，还有将图像颜色反相，以及【色调均化】与【色调分离】等命令。

【反相】命令是用来反转图像中的颜色。在对图像进行反相时，通道中每个像素的亮度值都会转换为 256 级颜色值刻度上相反的值。例如，值为 255 的正片图像中的像素会被转换为 0，值为 5 的像素会被转换为 250。如图 9-28 所示，就是执行【反相】命令后得到的颜色效果显示。

图 9-26　增加饱和度

> **提 示**
>
> 反相就是将图像中的色彩转换为反转色，如白色转为黑色，红色转为青色，蓝色转为黄色等。效果类似于普通彩色胶卷冲印后的底片效果。

图 9-27　改变图像色调

【色调均化】命令是按照灰度重新分布亮度，将图像中最亮的部分提升为白色，最暗部分降低为黑色。如图 9-29 所示，就是执行【色调均化】命令得到的效果显示。

在图像中创建选区后也可以执行【色调均化】命令，但是会弹出一个【色调均化】对话框。在对话框中启用【仅色调均化所选区域】选项，效果如图 9-30 左图所示；启用【基于所选区域色调均化整个图像】选项，效果如图 9-30 右图所示。

图 9-28　将颜色反相

【色调分离】命令可以指定图像中每个通道的色调级或者亮度值的数目，然后将像素映射为最接近的匹配级别。如图 9-31 所示为执行默认【色调分类】命令得到的效果显示。

在大面积的单调区域中，执行此命令非常有用。最小数值为 2 时合并所有亮度到暗调和高光两部分，如图 9-32 左图所示。当数值为 255 时相当于没有效果。根据图像颜色的使用不同，效果不同，如图 9-32 的右图所示，参数值为 20 时，就可以看到细微的变化。

图 9-29　执行【色调均化】命令　　图 9-30　启用不同【色调均化】选项得到的效果对比

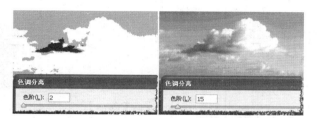

图 9-31　执行【色调分离】命令　　图 9-32　设置不同【色阶】数值的对比效果

9.3　整体色调转换

在处理图像过程中，会遇到将图像色调转换为另外一种色调的操作。其中，一步操作就可以完成的命令包括【照片滤镜】命令、【渐变映射】命令及【匹配颜色】命令。而【HDR 色调】命令则是包含明暗关系、色调、饱和度等选项的综合性色彩调整命令。

9.3.1　【照片滤镜】命令

【照片滤镜】命令是通过模拟相机镜头前滤镜的效果来进行色彩调整的，该命令还允许选择预设的颜色，以便向图像应用色相调整

在【照片滤镜】对话框中，有预设的滤镜颜色，它能快速地使照片达到某种效果，其中包括【加温滤镜】、【冷却滤镜】及个别颜色等选项，如图 9-33 所示。

【浓度】选项用来调整应用于图像的颜色数量。浓度越高，图像颜色调整幅度就越大，反之颜色调整幅度就越小，如图 9-34 所示。

通过添加颜色滤镜可以使图像变暗，为了保持图像原有的明暗关系，必须启用【保留亮度】选项，如图 9-35 所示。

图 9-33　设置【滤镜】选项

图 9-34　设置【浓度】选项

图 9-35　启用与禁用【保留明度】选项

9.3.2　【渐变映射】命令

　　【渐变映射】命令可以将相等的图像灰度范围映射到指定的渐变填充色。指定双色渐变填充是图像中的阴影映射到渐变填充的一个端点颜色，高光映射到另一个端点颜色，而中间调映射到两个端点颜色之间的渐变，从而达到对图像的特殊调整效果，如图 9-36 所示。

在默认情况下,【渐变映射】对话框中的【灰度映射所用的渐变】选项显示的是前景色与背景色,并且设置前景色为阴影映射,背景色为高光映射。两色以上的渐变映射可以使图像的色调变得更加丰富自然,如图9-37所示。

在【渐变选项】中包含【仿色】与【反向】两个选项。【仿色】用于添加随机杂色以平滑渐变填充的外观并减少带宽效应,其效果不明显;【反向】用于切换渐变填充的方向,从而反向渐变映射,如图9-38所示。

图9-36 渐变映射效果

> **提 示**
>
> 颜色的明度范围是0~100,而渐变也是0~100,可以将渐变上的色点不改变明度,而改变色相和饱和度,就可以得到不同明度的渐变映射。

图9-37 多色渐变映射

9.3.3 【匹配颜色】命令

【匹配颜色】命令用来匹配不同图像之间、多个图层之间或者多个颜色选区之间的颜色。它还允许通过更改亮度和色彩范围及中和色痕来调整图像中的颜色。若想使用此命令,首先要准备两个不同色调的图像,如图9-39所示。

1. 异文档匹配

匹配不同图像中颜色的前提是必须打开两幅图像文档,然后选中想要更改颜色的图像文档,在【匹配颜色】对话框的【源】下拉列表中选择另一幅图像文档。结束后【目标】图像的色调会更改为【源】图像中的色调,如图9-40所示。

图9-38 仿色与反向

图9-39 不同色调图像

【中和】选项可以用来自动移去目标图像中的色痕,在选择【源】图像文件后,启用该选项,目标图像的颜色与源图像的颜色相中和,如图9-41所示。

用户还可以通过【明亮度】、【颜色强度】与【渐隐】选项来改变匹配颜色后的效果。其中【明亮度】选项用来增加或者减小目标图像的亮度;【颜色强度】选项用来调整目标图像的色彩饱和度;【渐隐】选项用来控制应用于图像的调整量,如图9-42所示。

2. 选区匹配

当源图像中存在选区时,【匹配颜色】对话框中的【使用源选区计算颜色】选项可用。启用该选项后,目标图像会更改为【源】图像选区中的色调,如图9-43所示。

图 9-40　异文档匹配

图 9-41　启用【中和】选项

图 9-42　设置不同图像选项

图 9-43　启用【使用源选区计算颜色】选项

　　启用【使用目标选区计算调整】选项，可以不通过另外一幅图像更改图像色调。在禁用【应用调整时忽略选区】选项的情况下，只更改选区中的色调；反之更改整幅图像色调。

3．同文档匹配

　　在没有选区的情况下，如果目标图像文档中包括两个或者两个以上图层，同样不需要第二个图像文件。这时只要在【图层】列表中选择目标图像文件中的另外一个图层即可。

9.3.4 【HDR 色调】命令

【HDR 色调】命令可将全范围的 HDR 对比度和曝光度设置应用于各个图像。【HDR 色调】命令，可用来修补太亮或太暗的图像，制作出高动态范围的图像效果。执行【图像】|【调整】|【HDR 色调】命令，弹出【HDR 色调】对话框，如图 9-44 所示。

1. 预设效果

当选中一幅图像文档，并执行【图像】|【调整】|【HDR 色调】命令，弹出【HDR 色调】对话框后，默认情况下，图像就会进行明暗关系的调整，如图 9-45 所示。

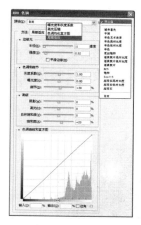

图 9-44　【HDR 色调】对话框　　　图 9-45　默认调整效果

在【HDR 色调】对话框的【预设】列表中，除了【默认值】与【自定】选项外，还包括 16 个选项，通过这些选项的选择，能够直接得到想要的调整效果，如图 9-46 所示为部分预设效果。

单色高对比度　　　　　　更加饱和　　　　　　逼真照片高对比度

饱和　　　　　　超现实高对比度　　　　　　超现实

图 9-46　部分预设效果

2．边缘光

【边缘光】选项组中的【半径】选项是用来指定局部亮度区域的大小的，参数值范围为 1～500 像素。【强度】选项是用来指定两个像素的色调值相差多大时，它们属于不同的亮度区域，参数值范围为 0.10～4.00。同时设置这两个选项的参数值，能够调整整幅画面的细节亮度，如图 9-47 所示。

图 9-47　调整画面的细节亮度

3．色调和细节

【色调和细节】选项组中的【灰度系数】选项设置为 1.00 时动态范围最大；较低的设置会加重中间调，而较高的设置会加重高光和阴影。【曝光度】选项参数值反映光圈大小，而拖动【细节】滑块可以调整锐化程度，如图 9-48 所示。

图 9-48　设置不同【色调和细节】选项效果

4．高级

【高级】选项组中的【自然饱和度】选项可调整细微颜色强度，同时尽量不剪切高度饱和的颜色。而【饱和度】选项则调整从－100（单色）到+100（双饱和度）的所有颜色的强度，拖动【阴影】和【高光】滑块可以使图像区域变亮或变暗，如图 9-49 所示。

图 9-49　不同【高级】选项效果

5．色调曲线和直方图

【色调曲线和直方图】选项在直方图上显示一条可调整的曲线，从而显示原始的 32 位 HDR 图像中的明亮度值。横轴的红色刻度线以一个 EV（约为一级光圈）为增量。当调整该直线为曲线后，能够改变图像的明暗关系，如图 9-50 所示。

图 9-50　调整色调曲线效果

6. 多图层效果调整

　　【HDR 色调】命令不仅能够针对单幅图像进行明暗关系、细节亮度、色彩饱和度等效果的调整，还能够将同一幅图像的不同色调调整为正常色调，并且将其合并为一幅图像。方法是将不同色调的图像放置在同一个文档中，这些图像内容相同但是色调不同，有些明度过低，有些明度过高等，如图 9-51 所示。

图 9-51　不同色调的图像

　　这时，选中【图层】面板中的最上方图像，执行【图像】|【调整】|【HDR 色调】命令，Photoshop 会弹出【脚本警告】对话框，提醒执行该命令会将文档中的图像合并。单击【是】按钮后，弹出【HDR 色调】对话框，这时图像会显示默认值效果，如图 9-52 所示。

　　在该对话框中，重新调整【边缘光】、【色调和细节】等选项组中的选项，即可得到色彩丰富、色调明亮的效果，如图 9-53 所示。单击【确定】按钮后，不仅得到正常的图像色调，还将多幅图像合并为一幅图像。

图 9-52　弹出【HDR 色调】对话框

图 9-53　合并并调整图像

9.4 课堂练习：为照片调出冷色调

　　本实例是为照片调出冷色调效果，主要是通过在【通道】面板中的 RGB 颜色的调整来完成，然后复制颜色最为明显的通道返回图层，通过对【色相/饱和度】的调整，得到最终的效果，如图 9-54 所示。

图 9-54　最终效果

操作步骤：

1　新建一个 1024×768 像素的空白文档，导入人物素材，打开【通道】面板，复制"绿"通道，启用【滤镜】|【其他】|【高反差保留】，设置【半径】为 10 像素，如图 9-55所示。

图 9-55　复制"绿"通道

2　执行【图像】|【计算】命令，在弹出的【计算】对话框中设置参数，执行该命令三次，得到 Alpha3 通道效果，如图 9-56 所示。

3　按 Ctrl 键单击 Alpha3 通道图层，回到【图层】面板，按快捷键 Ctrl+Shift+I 反选，调整【曲线】设置参数，得到人物磨皮效果，

如图 9-57 所示。

图 9-56　Alpha 3 通道效果

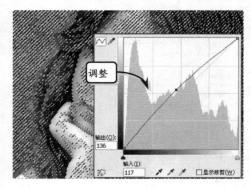

图 9-57　设置【曲线】参数值

4 执行【图像】|【调整】|【亮度/对比度】命令，在弹出的【亮度/对比度】对话框中设置参数，如图9-58所示。

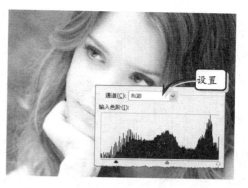

图 9-59 调整色阶效果

图 9-58 设置【亮度/对比度】参数值

5 按快捷键 Ctrl+A，全选【通道】面板上的"红"通道，按快捷键 Ctrl+C 复制，回到【图层】面板，新建图层，按快捷键 Ctrl+V 粘贴到图层，调整色阶，如图9-59所示。

6 按快捷键 Ctrl+U，弹出【色相/饱和度】对话框，设置参数，将图层【混合模式】改为"强光"，完成最终效果，如图9-60所示。

图 9-60 设置【色相/饱和度】参数值和【混合模式】

9.5 课堂练习：校正照片曝光不足

本实例通过使用【HDR 色调】将多张照片合成在一起，利用欠曝的照片将高光中的图像细节完全保留，又利用过曝的照片将阴影中的细节完全保留，恢复照片正常的色调，如图9-61所示。

图 9-61 最终效果

操作步骤：

1 打开两张素材照片，将"照片1"拖入"照片"的文档中，命名为"图层1"，如图9-62所示。

图 9-62　打开两张照片

2 执行【图像】|【调整】|【HDR色调】命令，弹出【脚本警告】对话框，单击【是】按钮，接着会弹出【HDR色调】对话框，如图9-63所示。

图 9-63　合并文档

3 在【HDR色调】对话框中，设置【边缘光】选项组中的【半径】为11像素，【强度】为1.4，效果如图9-64所示。

图 9-64　设置【边缘光】选项

4 设置【色调和细节】选项组中的【灰度系数】为0.85，【曝光度】为1.15，【细节】为66%，

效果如图9-65所示。

图 9-65　设置【色调和细节】选项

5 设置【高级】选项组中的【阴影】为30%，【高光】为20%，【自然饱和度】为26%，【饱和度】为33%，效果如图9-66所示。

图 9-66　设置【高级】选项

6 最后在【色调曲线和直方图】选项中设置【输入】为62%，【输出】为66%，调整照片的整体色调，得到最终效果，如图9-67所示。

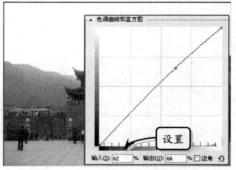

图 9-67　设置【色调曲线和直方图】选项

一、填空题

1. 既可以单独改善图像阴影区域的亮度，又可以增加该区域的颜色饱和度的是【＿＿＿＿＿】命令。

2. 【＿＿＿＿＿】命令既可以将彩色图像转换为灰色图像，也可以转换为单色调图像。

3. 要使图像局部变亮，【＿＿＿＿＿】是一个很好的命令。

4. 【＿＿＿＿＿】命令能够将图像的色阶明显地进行区分。

5. 【＿＿＿＿＿】命令可将全范围的 HDR 对比度和曝光度设置应用于各个图像。

二、选择题

1. 下面的【＿＿＿＿＿】命令能够单独调整图像的阴影区域。
   A．亮度/对比度
   B．阴影/高光
   C．曝光度
   D．黑白

2. 下面的【＿＿＿＿＿】命令不能够将彩色图像转换为黑白图像。
   A．黑白
   B．反相
   C．去色
   D．阈值

3. 【反相】命令的快捷键是＿＿＿＿＿＿。
   A．Shift+I
   B．Ctrl+Alt+I
   C．Ctrl+Shift+I
   D．Ctrl+I

4. 下面的【＿＿＿＿＿】命令是通过模拟相机镜头前滤镜的效果来进行色彩调整的。
   A．照片滤镜
   B．渐变映射
   C．匹配颜色
   D．HDR 色调

5. 下面的【＿＿＿＿＿】命令可用来修补太亮或太暗的图像，制作出高动态范围的图像效果。
   A．阴影/高光
   B．匹配颜色
   C．亮度/对比度
   D．HDR 色调

三、问答题

1. 什么命令能够将图像中的阴影区域显示出细节？

2. 【黑白】命令在彩色图像转换为灰色图像时有哪些优势？

3. 【照片滤镜】命令中的【保留明度】选项有何作用？

4. 简要说明【匹配颜色】命令的使用方法。

5. 简要说明【HDR 色调】命令与其他调色命令的区别。

四、上机练习

1. 重现阴影区域中的图像效果

当图像中的局部细节隐藏在阴影区域，并且无法显示时，可以通过【阴影/高光】命令将阴影区域中的细节重现。为了使重现后的效果更加清晰，这里不仅设置了【阴影】与【高光】选项组中的【数量】参数值，还设置了这两个选项组中的【色调宽度】参数值。使得调整后的阴影与高光对比效果更加和谐，如图 9-68 所示。

⬤ 图 9-68　重现阴影区域中的图像效果

2. 合并并调整多幅图像

对于相同内容而不同色调的图像来说，要想将其调整为正常色调，最简单的方法就是将这两幅图像放置在同一文档中。然后执行【图像】|【调整】|【HDR 色调】命令，将其合并为一幅图像后，在【HDR 色调】对话框调整相关选项，从而得到一幅色调丰富的图像，如图 9-69 所示。

⬤ 图 9-69　合并并调整多幅图像

第 10 章

色彩高级调整

在 Photoshop 图像色彩调整过程中，彩色图像是一个复杂的色彩组合。彩色图像既是通过明度、色相与饱和度等要素组成，也是通过通道色彩组合而成。所以彩色图像除了能够简单地执行明暗关系、色调改变等操作外，还能够根据不同的图像信息使用相应的颜色校正命令，精确地增强、修复和校正图像中的颜色效果。例如，根据色彩三要素更改图像颜色、利用通道调整图像色调或者改变图像中的个别颜色等。

在本章中，主要介绍以色相、饱和度、通道颜色及单个颜色为基准的颜色调整命令，从而使用户掌握更加复杂的图像色彩调整操作。

本章学习目标:

➢ 色相/饱和度
➢ 色阶
➢ 曲线
➢ 色彩平衡

任何一种色彩都有它特定的明度、色相和纯度。所以我们把明度、色相、纯度称为色彩的三要素。在 Photoshop 中有两个命令是专门调整图像颜色三要素的，那就是【色相/饱和度】与【替换颜色】命令。

● 10.1.1 【色相/饱和度】命令

【色相/饱和度】命令可以调整图像中特定颜色分量的色相、饱和度和明度，根据颜色的色相和饱和度来调整图像的颜色。这种调整应用于特定范围的颜色，或者对色谱上的所有颜色产生相同的影响。执行【图像】|【调整】|【色相/饱和度】命令（快捷键 Ctrl+U），弹出【色相/饱和度】对话框，如图10-1 所示。

图 10-1 【色相/饱和度】对话框

1．参数设置

在【色相/饱和度】对话框中，【色相】、【饱和度】、【明度】三个参数设置选项依据色彩三要素原理来调整图像的颜色。

【色相】选项用来更改图像色相，在参数栏中输入参数或者拖动滑块，可以改变图像的颜色信息外观，如图10-2 所示。

图 10-2 改变色相

【饱和度】选项控制图像彩色显示程度，在参数栏中输入参数或者拖动滑块，可以改变图像的色彩浓度，当饱和度数值为负值时，状态色谱显示为灰色，这说明图像已经不是彩色，而是无彩色图像，如图10-3 所示。

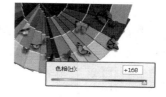
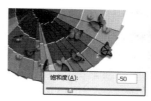

图 10-3 改变饱和度

【明度】选项控制图像色彩的亮度，在参数栏中输入参数或者拖动滑块，可以改变图像的明暗变化，当明度数值为负数时，图像上方覆盖一层不同程度的不透明度黑色；当明度数值为正数时，图像上方覆盖一层不同程度的不透明度白色，如图10-4 所示。

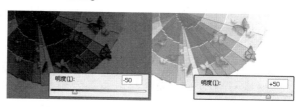

图 10-4 改变明度

> **注　意**
>
> 在【色相/饱和度】对话框中显示了两个色谱，它们以各自的顺序表示色轮中的颜色。下方的状态色谱根据不同选项和设置情况而改变，上方的固定色谱则起到参照作用。

2. 单色调设置

启用【着色】选项，可以将画面调整为单一色调的效果，它的原理是将一种色相与饱和度应用到整个图像或者选区中。启用该选项，如果前景色是黑色或者白色，则图像会转换成红色色相；如果前景色不是黑色或者白色，则会将图像色调转换成当前前景色的色相，如图 10-5 所示。启用【着色】选项，色相的取值范围为 0～360；饱和度取值范围为 0～100。

图 10-5　启用【着色】选项

> **注　意**
>
> 启用【着色】选项后，每个像素的明度值不改变，而饱和度值则为 25。根据前景色的不同，其色相也随之改变。

3. 颜色蒙版功能

颜色蒙版专门针对特定颜色进行更改而其他颜色不变，以达到精确调整颜色的目的。在该选项中可以对红色、黄色、绿色、青色、蓝色、洋红六种颜色进行更改。在下拉列表中默认的是【全图】颜色蒙版，选择除全图选项外的任意一种颜色编辑，在图像中的色谱会发生变化，如图 10-6 所示。

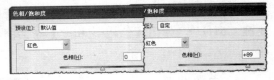

图 10-6　红色蒙版

除了选择颜色蒙版列表中的颜色选项外，还可以通过吸管工具选择列表中的颜色或者近似的颜色。在颜色蒙版列表中任意选择一个颜色后，使用【吸管工具】在图像中单击，可以更改要调整的色相，如图 10-7 所示。

图 10-7　颜色范围

10.1.2　【替换颜色】命令

【替换颜色】命令是在图像中基于特定颜色创建蒙版，然后替换图像中的那些颜色。它用来替换图像中指定的颜色，并可以设置替换颜色的色相、饱和度和明度属性，该功能只能调整某一种颜色。执行【图像】|【调整】|【替换颜色】命令，弹出【替换颜色】对话框，如图 10-8 所示。

打开【替换颜色】对话框后，显示的选取颜色是前景色，这时【吸管工具】处于可用状态，可以在

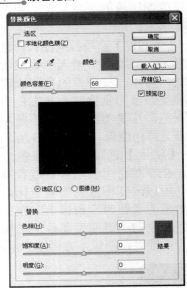

图 10-8　【替换颜色】对话框

图像中单击选取要更改的颜色，在选区颜色范围预览框中，白色区域为选中区域，黑色区域为被保护区域，如图 10-9 所示。

扩大或者缩小颜色范围可以使用【添加到取样】工具 ![icon]，与【从取样中减去】工具 ![icon]，如图 10-10 所示。在【替换颜色】命令中，还有一种扩大或者缩小颜色范围的方法，就是通过【颜色容差】选项。当【颜色容差】参数值大于默认参数值时，颜色范围就会扩大。

图 10-9　　选择颜色

选取颜色选区后替换颜色的方法为拖动【替换】选项组中的【色相】、【饱和度】与【明度】滑块，或者直接在相应的文本框中输入数值，同时也可以双击【结果】颜色显示框，打开【拾色器（结果颜色）】对话框，在该对话框中可以选择一种颜色作为替换的颜色，如图 10-11 所示。

图 10-10　　扩大颜色范围

10.2　调整通道颜色

在图像色调调整命令中，除了能够为色相、饱和度等信息进行色彩设置外，还能够通过颜色信息通道调整图像色彩，如【色阶】、【曲线】与【通道混合器】命令。其中，【色阶】和【曲线】命令不仅能够进行单独的颜色信息通道的调整，还可以进行复合颜色通道信息的调整；而在【通道混合器】命令中，只能在单独的颜色信息通道中调整颜色。

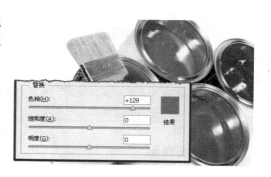

图 10-11　　替换颜色

10.2.1　【色阶】命令

【色阶】主要是用来调整图片的亮部与暗部，整体或局部，操作时色调变化直观，简单且实用。其主要通过高光、中间调和暗调 3 个变量进行图像色调调整。当图像偏亮或偏暗时，可使用此命令调整其中较亮和较暗的部分，对于暗色调图像，可将高光设置为一个较低的值，以避免太大的对比度。执行【图像】|【调整】|【色阶】命令（快捷键 Ctrl+L），弹出【色阶】对话框，如图 10-12 所示。

1. 输入色阶

图 10-12　　【色阶】对话框

在【色阶】对话框中，主要调整选项为【输入色阶】选项，该选项可以用来增加图像的对比度。它有两种调整方法，一种是通过拖动色阶的三角滑块进行调整；另外一种是直接在【输入色阶】文本框中输入数值。其中最左侧的黑色三角滑块用于控制图像的暗调部分，数值范围为 0～253。当该滑块向右拖动时，增大图像中的暗调的对比度，使图像变暗，而相应的数值框也发生变化，如图 10-13 所示。

图 10-13　调整暗调区域

最右侧的白色三角滑块用于控制图像的高光对比度，数值范围为 2～255。当该滑块向左拖动时，将增大图像中的高光对比度，使图像变亮，而相应的数值框也发生变化，如图 10-14 所示。

中间的灰色滑块用于调整中间色调的对比度，可以控制在黑场和白场之间的分布比例，数值小于 1.00 时图像变暗；大于 1.00 时图像变亮。如果往暗调区域移动，图像将变亮，因为黑场到中间调的这段距离，比起中间调到高光的距离要短，这代表中间调偏向高光区域更多一些，因此图像变亮了；如果向右拖动会产生相反的效果，使图像变暗，如图 10-15 所示。

图 10-14　调整高光区域

图 10-15　调整中间调区域

> **注　意**
>
> 无论是向左或者向右拖动灰色滑块，滑块的位置都不能超过黑白两个三角滑块之间的范围。

2．输出色阶

【输出色阶】选项可以降低图像的对比度，其中的黑色三角滑块用来降低图像中暗部的对比度，向右拖动该滑块，可将最暗的像素变亮，像是在其上方覆盖了一层半透明的白纱，其取值范围是 0～255；白色三角滑块用来降低图像中亮部的对比度，向左拖动滑块，可将最亮的像素变暗，图像整体色调变黑，其取值范围是 255～0，如图 10-16 所示。

图 10-16　设置【输出色阶】参数值

如果将【输出色阶】的滑块向左或向右拖动后，再将【输入色阶】的滑块向右或向左拖动，图像色调会发生变化，这是因为在【输出色阶】选项中已经提高或降低了图像的整体对比度，用户是在调整整体亮度或暗度的基础上操作【输入色阶】选项的。

3．通道选项

该选项用于选择特定的颜色通道，以调整其色阶分布。【通道】选项中的颜色通道是根据图像颜色模式来决定的,当图像颜色模式为RGB 时,该选项中的颜色通道为 RGB、红、绿与蓝;当图像颜色模式为 CMYK 时,该选项中的颜色通道为 CMYK、青色、洋红、黄色与黑色,如图 10-17 所示。

例如,在 RGB 颜色模式中,选择【通道】下拉列表中的【红】通道后,将【输入色阶】中的黑色滑块向右拖动,发现图像不是变暗,而是由阴影区域向高光区域转变为青绿色;如果将白色滑块向左拖动,整个图像不是变亮,而是由高光区域向阴影区域变为红色,如图 10-18 所示。总之,当移动滑块的时候,暗部变化所倾向的颜色与亮部所倾向的颜色为互补色。

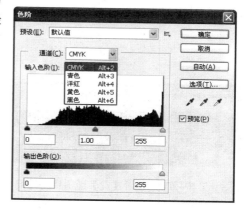

■ 图 10-17 ___ CMYK 颜色模式

技 巧

当灰色滑块向左拖动时,图像中的红色像素增加;当灰色滑块向右拖动时,图像中的青绿色像素增加。但是与黑色滑块向右、白色滑块向左所产生的效果不同,这是由中间调向周围转变的。

如果在黑色滑块向右拖动的同时,将白色滑块向左拖动,这时图像中的阴影区域呈现绿色,高光区域呈现红色,如图 10-19 所示。

如果在【输出色阶】中向右拖动黑色滑块,将会显示整个图像覆盖一层半透明红色;向左拖动白色滑块,则显示整个图像覆盖一层半透明青绿色,如图 10-20 所示。

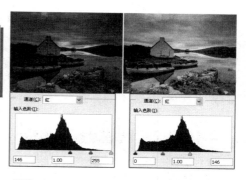

■ 图 10-18 ___ 调整【红】通道颜色信息

4.双色通道

【色阶】命令除了可以调整单色通道中的颜色,还可以调整由两个通道组成的一组颜色通道。但是【通道】下拉列表中没有该选项,只有结合【通道】面板才能调整双色通道。方法是在【通道】面板中结合 Shift 键,选中其中的两个单色通道,如图 10-21 所示。

当【输入色阶】中的黑色滑块向右拖动时,图像中的红色与黑色像素增加。完成设置后返回RGB 通道,图像由阴影区域到高光区域发生了细微变化,如图 10-22 所示。

■ 图 10-19 ___ 同时调整阴影与高光

提 示

在默认的【红】通道中,向右拖动【输入色阶】中的黑色滑块,图像中增加青绿色与黑色,而在 RG 双色通道中设置相同的参数,则在图像中增加绿色与黑色。这是因为红色通道与绿色通道相组合的原故。

图 10-20 设置【红】通道中的【输出色阶】　　图 10-21　　选择双色通道

5. 自动颜色校正选项

用户可以在【自动颜色校正选项】对话框里更改默认参数，单击对话框中的【选项】按钮，打开【自动颜色校正选项】对话框，然后调整自己需要的参数。

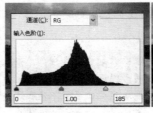

图 10-22　　调整双色通道

10.2.2 【曲线】命令

【曲线】命令可以调节任意局部的亮度和颜色，也可以调节全体或是单独通道的对比。它不仅可以使用三个变量（高光、暗调、中间调）进行调整，而且可以调整 0～255 范围内的任意点，还可以使用曲线对图像中的个别颜色通道进行精确的调整。执行【图像】|【调整】|【曲线】命令（快捷键 Ctrl+M），弹出【曲线】对话框，如图 10-23 所示。

1. 预设选项

【曲线】对话框中的【预设】选项是已经调整后的

图 10-23　　【曲线】对话框

参数，在该选项的下拉列表中包括【默认值】、【自定】与 9 种预设效果选项，选择不同的预设选项会得到不同的效果，如图 10-24 所示。

原图　　　　　　　　　　彩色负片　　　　　　　　　　反冲

线性对比度

负片

强对比度

图 10-24 部分预设效果

2. 曲线显示选项

在【曲线】对话框中，显示了要调整图像的直方图，直方图能够显示图片的阴影、中间调、高光，并且显示单色通道。要想隐藏直方图，禁用【曲线显示选项】组中的【直方图】复选框即可，如图 10-25 所示。

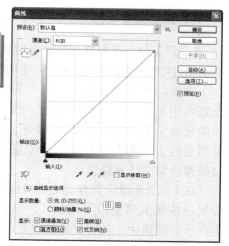

图 10-25 禁用【直方图】选项

在曲线编辑窗口中有两种显示模式，一种是 RGB，另一种就是 CMYK，RGB 模式的图像以光线的渐变条显示，CMYK 模式的图像以油墨的渐变条显示，方法是启用【显示数量】的【颜料/油墨】选项。

在【曲线显示选项】选项组中，还有曲线编辑窗口的方格显示选项、【通道叠加】选项、【基线】选项等。这些选项可以更加准确地编辑曲线。

3. 调整图像明暗关系

可以使用【曲线】命令来提高图像的亮度和对比度，具体方法是在对角线的中间单击，添加一个点，然后将添加点向上拖动，此时图像逐渐变亮，如图 10-26 所示。相反，如果将添加点向下拖动，图像则逐渐变暗。

图 10-26 提亮图像

如果图像对比度较弱，可以在【曲线】对话框里增加两个点，然后将最上面的增加点向右上角拉，增加图像的亮部，将最下面的增加点向左下角拉，使得图像的暗部区域加深，如图 10-27 所示。

4. 自由曲线

要改变网格内曲线的形状，并不只限于增加和移动控制点。还可以启用【曲线】对话框中的【通过绘制来修改

图 10-27 增强对比度

曲线】按钮 ✐，它可以根据自己的需要随意绘制形状，如图 10-28 所示。

　　绘制完形状之后，会发现曲线的形状会凹凸不平，这时可以点击【平滑】按钮，它主要能使凹凸不平的曲线形状变得平滑，点击它的次数越多，绘制的曲线就会越平滑，如图 10-29 所示。其中，【曲线】对话框中的 ◠ 按钮能将铅笔绘制的线条转换为普通的带有节点的曲线。

图 10-28　绘制自由曲线

5. 调整通道颜色

　　【曲线】命令在单独调整颜色信息通道中的颜色时，可以通过增加曲线上的点来细微地调整图像的色调。

　　例如，选择【通道】下拉列表中的【红】选项，在直线中单击添加一个控制点，然后向上拖动，这时图像会偏向于红色，如图 10-30 所示。如果在【红】通道的直线上添加一个控制点，并且向右下角拖动，这时图像会偏向于青绿色。

　　在【红】通道中调整完之后，返回 RGB 复合通道，会发现曲线编辑窗口中增加了一条红色的曲线，这说明在所有通道中，只有红通道发生了变化，如图 10-31 所示。

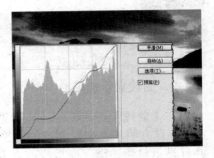

图 10-29　平滑曲线

提　示

在【曲线】命令中，也可以使用双通道来改变图像的颜色。其操作方法与【色阶】命令基本相同，只是在调整过程中，采用的是拖动曲线的方式。

图 10-30　调整【红】
通道信息

10.2.3　【通道混合器】命令

　　在某些通道缺乏颜色资讯时，【通道混合器】命令可以用来对图像作大幅度校正，使用某一颜色通道的颜色资讯作用于其他颜色通道的颜色。它可以对偏色现象作校正，可以从每个颜色通道中选取它所占的百分比来创建高品质的灰度图像，还可以创建高品质的棕褐色调或者其他彩色图像。

　　执行【图像】|【调整】|【通道混合器】命令，打开【通道混合器】对话框。该对话框中的【输出通道】列表中的选项和【源通道】选项会根据图像的颜色模式有所变化，该命令分为 RGB 颜色模式与 CMYK 颜色模式两种混合方式，如图 10-32 所示。

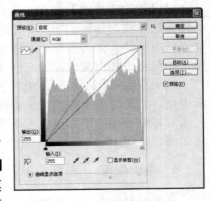

图 10-31　调整后显示

1．预设选项

在【通道混合器】对话框中，【预设】下拉列表中包含了【默认值】、【自定】和其他 6 个预设效果选项。当选择这 6 个选项后，能够直接得到以不同颜色为主的黑白效果，如图 10-33 所示。

2．源通道

在【通道混合器】对话框中，主要是通过【源通道】选项来调整颜色的，该选项中显示的颜色参数是由图像颜色模式来决定的。

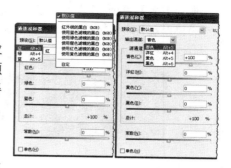

图 10-32 不同颜色模式的选项显示

颜色通道是代表图像（RGB 或 CMYK）中颜色分量的色调值的灰度图像，在使用【通道混合器】时，就是在通过源通道向目标通道加减灰度数值，当【输出通道】为【红】通道时，设置【源通道】中的各种颜色数值，图像会发生相应的变化，如图 10-34 所示。

红外线的黑白　　　　使用蓝色滤镜的黑白　　　　使用绿色滤镜的黑白

使用橙色滤镜的黑白　　　使用红色滤镜的黑白　　　使用黄色滤镜的黑白

图 10-33 预设效果

输出通道：红
— 源通道
红色：　+100　%　　绿色：　+100　%　　蓝色：　+100　%

图 10-34 各个颜色数值

3．输出通道

以上所讲的是以红色通道为输出通道的【源通道】选项，选择【输出通道】为【绿】

通道，或者【蓝】通道，【源通道】中的颜色信息参数相同，但是设置相同的参数会出现不同的效果，如图 10-35 所示。

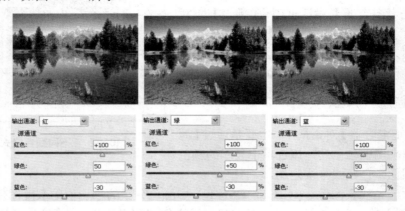

图 10-35　相同参数不同输出通道效果

4．单色

【通道混合器】对话框中的【单色】选项用来创建高品质的灰度图像。该选项在将彩色图像转换为灰度图像的同时，还可以调整颜色信息参数，以调整其对比度。

启用【单色】选项将彩色图像转换为灰色图像后，要想调整其对比度，必须是在当前对话框中调整，否则就是在为图像上色。要想为灰色图像上色，还可以在【通道混合器】对话框中启用【单色】选项后再禁用该选项，即可设置源通道参数为其上色，如图 10-36 所示。

图 10-36　灰色与单色效果

5．常数

【通道混合器】对话框中的【常数】选项用于调整输出通道的灰度值。负值增加更多的黑色，正值增加更多的白色。【常数】选项分为两种效果，在彩色图像的通道中设置【常数】选项，最大值的效果与所有颜色信息参数均为最大值的相同；最小值的效果与所有颜色信息参数均为最小值的相同，如图 10-37 所示。

图 10-37　设置【常数】选项

10.3　校正单个颜色

在色彩调整命令中，除了按照色调、通道信息调整颜色外，还有专门调整个别颜色的命令，那就是【色彩平衡】命令与【可选颜色】命令。前者是在明暗色调中增加或者减少某种颜色；后者是在某个颜色中增加或者减少颜色含量。

10.3.1　【色彩平衡】命令

【色彩平衡】命令在色调平衡选项中将图像笼统地分为阴影、中间调和高光 3 个色调，每个色调可以进行独立的色彩调整。该命令能进行一般性的色彩校正，可以改变图像颜色的构成，但不能精确控制单色通道，只能作用于复合颜色通道。执行【图像】|【调整】|【色彩平衡】命令（快捷键 Ctrl+B），弹出【色彩平衡】对话框，如图 10-38 所示。

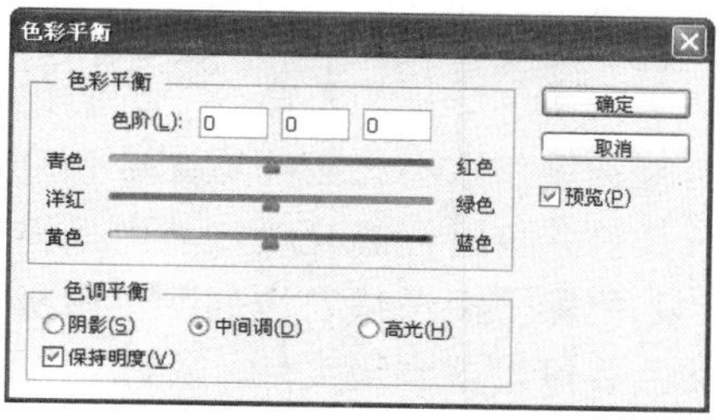

　图 10-38　　【色彩平衡】对话框

1. 颜色参数

该命令是根据在校正颜色时增加基本色，降低相反色的原理工作。在其对话框中，青色与红色、洋红与绿色、黄色与蓝色分别相对应，因此想要修改图像某种颜色信息，只需要调整该种颜色对应的相反颜色参数值就能达到修改目的。例如，在颜色参数选项中增加黄色参数值，对应的蓝色就会减少；反之就会出现相反的效果，如图 10-39 所示。

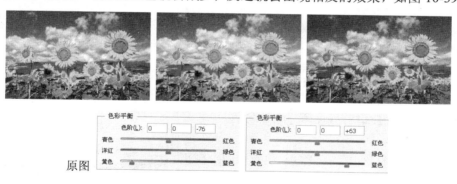

　图 10-39　　增加黄色或蓝色

2. 调整区域

因为图像中不同色调显示的是不同的颜色，所以在图像中的阴影、中间调与高光区域中添加同一种颜色，会得到不同的效果，如图 10-40 所示。

> **提　示**
>
> 不管是在哪个色调中添加颜色，如果同时向相同的方向拖动，增加相同数值的颜色，其效果与原图相同。

图 10-40 设置不同色调区域中的相同选项

3. 亮度选项

在【色彩平衡】命令中的颜色自身带有一定的亮度,当启用【保持明度】选项时,调整颜色参数不会破坏原图像亮度,因为该选项的作用是在三基色增加时降低亮度,在三基色减少时提高亮度,从而抵消三基色增加或者减少时带来的亮度改变。

色彩平衡滑块右侧的颜色本身带有提高明度的功能。当禁用【保持明度】选项时将颜色数值设置到最大后,在增加颜色信息的同时提高了整幅图像的亮度,而当启用该选项时设置相同的数值,图像还是保持原有的亮度,如图 10-41 所示。

图 10-41 启用与禁用【保持明度】选项

10.3.2 【可选颜色】命令

【可选颜色】命令用于在 RGB 色彩空间中校正图像并转换为 CMYK 空间准备交付印刷前的二次校正,也就是调整单个颜色分量的印刷色数量,是针对 CMYK 模式的图像颜色调整,当然也可以在 RGB 颜色模式的图像中使用它,使用该命令可以在这两种色彩空间中拥有更多的校正空间和可使用的色彩。执行【图像】|【调整】|【可选颜色】命令,弹出【可选颜色】对话框,如图 10-42 所示。

1. 减去颜色参数

因为该命令主要是针对 CMYK 颜色模式图像的

图 10-42 【可选颜色】对话框

颜色调整，所以【颜色参数】为青色、洋红、黄色与黑色。当选择的颜色中包含颜色参数中的某些颜色时，就会发生较大的改变，反之效果不明显，如图 10-43 所示。

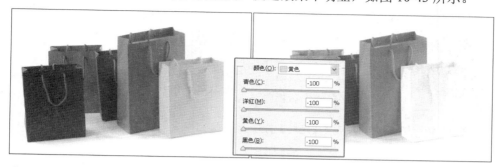

图 10-43　减去黄色信息

2．增加颜色参数

在图像颜色中增加颜色参数时，基本上不会更改颜色色相，并且会发现增加某些颜色参数产生的变化较大，而增加某些颜色参数产生的变化较小，这是因为颜色含量比例问题，如图 10-44 所示。

图 10-44　增加颜色信息

3．调整不同颜色

【可选颜色】校正是高端扫描仪和分色程序使用的一项技术，它可以在图像中的每个加色和减色的原色分量中增加和减少色的量。通过增加和减少与其他油墨相关的油墨数量，可以有选择地修改任何原色中印刷色的数量，而不会影响任何其他原色，并且可以在同一对话框中调整不同的颜色，如图 10-45 所示。

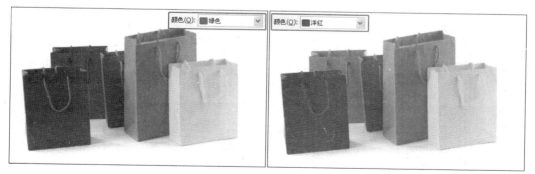

图 10-45　为不同颜色增加油墨数量

4．调整方法

【相对】方法按照总量的百分比更改现有的青色、洋红、黄色或者黑色的量；【绝对】方法是采用绝对值调整颜色，图像调整的效果比较明显。

图 10-46 【相对】方法与【绝对】方法

10.4 课堂练习：从夏天走到秋天

　　自然界中的某些事物是随着季节的变换而改变的，比如植物。树叶发黄已经成为秋天到了的一种标志。下面通过【通道混合器】命令，将绿色的爬山虎转换为黄色的爬山虎，从而体现秋意盎然的效果，如图 10-47 所示。

图 10-47 秋意盎然的效果

操作步骤：

1. 打开图片"爬山虎"，该图像呈现生机勃勃之景象。将"背景"图层，拖至【创建新图层】| 🗗 按钮，复制一层背景，得到"图层1"，如图 10-48 所示。

图 10-48 导入背景素材

2. 执行【图像】|【调整】|【通道混合器】命

令，在弹出的【通道混合器】对话框中，选择【输出通道】为"红"，设置参数【红色】为-160%，【绿色】为+40%，【蓝色】为+5%，如图 10-49 所示。

图 10-49 设置【通道混合器】参数值

3. 执行【图像】|【调整】|【色相/饱和度】命

令，在弹出的【色相/饱和度】对话框中，选择颜色蒙版为"红色"；设置【色相】为17，【饱和度】为-30，【明度】为0；禁用【着色】选项。因为执行【通道混合器】命令后，拱桥上石头的颜色发红，所以这一步操作意在把发红的石头恢复为原来的暗黄和青灰色，如图10-50所示。

图 10-50　设置【色相/饱和度】参数值

10.5　课堂练习：紫色梦幻

在这个对生活质量及要求层次不断攀升的社会中，一幅色彩单一的平实图片与一幅色彩斑斓的梦幻图片相比，后者应该会更吸引人们的目光。本实例通过使用【替换颜色】命令，把色彩单一的绿色图片绘制成具有梦幻色彩的紫色风格的图片，如图10-51所示。

图 10-51　紫色梦幻

操作步骤：

1　导入所需素材，按快捷键 Ctrl+J 复制背景图层，得到"图层1"，设置"图层1"图层的【混合模式】为"柔光"。然后为该图层添加图层蒙版，使用【画笔工具】 在画面的亮部和暗部涂抹几次，如图10-52所示。

图 10-52　导入素材

2　按快捷键 Ctrl+Shift+Alt+E 盖印可见图层，得到"图层2"，执行【图形】|【调整】|【替换颜色】命令。打开【替换颜色】对话框，设置参数，如图10-53所示。

图 10-53　设置【替换颜色】参数值

3 然后，为"图层2"添加图层蒙版，使用【画笔工具】✏️将不需要替换的区域涂抹出来，再次按快捷键 Ctrl+Shift+Alt+E 盖印可见图层，得到"图层3"，如图 10-54 所示。

图 10-54 添加图层蒙版

4 执行【图像】|【调整】|【色彩平衡】命令，打开【色彩平衡】对话框，设置参数。然后执行【滤镜】|【锐化】|【锐化】命令，多锐化几次，如图 10-55 所示。

图 10-55 设置【色彩平衡】参数值

5 执行【图层】|【新建调整图层】|【通道混合器】命令，打开【通道混合器】对话框，设置相关参数，如图 10-56 所示。

6 新建图层，命名为"泡泡"使用【椭圆选框工具】⬭，绘制正圆选区并填充白色。添加图层蒙版，使用【渐变工具】▥在白色正圆选区中绘制渐变效果，如图 10-57 所示。

图 10-56 设置【通道混合器】参数值

图 10-57 绘制正圆

7 将前景色设置为白色。使用【画笔工具】✏️在正圆选区中绘制图形制作高光，然后多次复制"泡泡"图层，调整大小和位置，完成最终效果，如图 10-58 所示。

图 10-58 调整泡泡的大小和位置

10.6 思考与练习

一、填空题

1. 利用【_____】命令可以为黑白图像上色。

2. 【_____】命令是【色相/饱和度】命令功能的一个分支，因为它只能调整某一种颜色。

3.【_____】和【_____】命令既可以调整复合通道，也可以调整双通道，还可以调整单色通道。

4.【_____】对话框中的参数会根据图像颜色模式的不同，而有所改变。

5.【可选颜色】命令是调整【_____】颜色的命令。

二、选择题

1. 在 RGB 颜色模式中，R（红）＋G（绿）产生 Y（黄），那么 R＝255，G＝128，B＝0 代表_____颜色。

    A．紫色　　　　B．橙色

    C．青色　　　　D．粉色

2. 按快捷键_____，能够打开【色相/饱和度】对话框。

    A．Ctrl+L　　　B．Ctrl+M

    C．Ctrl+U　　　D．Ctrl+B

3. 按快捷键_____，能够打开【色阶】对话框。

    A．Ctrl+L　　　B．Ctrl+M

    C．Ctrl+U　　　D．Ctrl+B

4.【色彩平衡】对话框中包括【色彩平衡】和【_____】两个选项组。

    A．色调平衡　　B．去色

    C．亮度　　　　D．对比度

5. 按快捷键 Ctrl＋M，可以打开【_____】对话框。

    A．色相/饱和度　B．替换颜色

    C．曲线　　　　D．色彩平衡

三、问答题

1. 简述【替换颜色】与【色相/饱和度】命令之间的区别。

2. 简述【色阶】与【曲线】命令之间的相同之处。

3. 根据不同的图像打开【通道混合器】对话框，为什么其中的选项会有所不同？

4.【色彩平衡】对话框中的【保持明度】选项的作用是什么？

5. 对于 RGB 与 CMYK 颜色模式的图像，【可选颜色】命令更适用于什么颜色模式？

四、上机练习

1．改变图像的整体色调

要改变图像的整体色调，只要执行【图像】|【调整】|【色相/饱和度】命令，在弹出的【色相/饱和度】对话框中，设置【色相】选项参数值，即可改变图像的整体色调效果，如图 10-59 所示。

　图 10-59　改变图像的整体色调

2．改变局部颜色

【可选颜色】命令是专门针对图像中的单个颜色进行设置的颜色命令，而某种颜色又不一定只包含一种颜色信息，所以在使用【可选颜色】命令进行局部颜色改变时，要根据所需要更改的颜色信息来进行设置。如图 10-60 所示的绿色汽车，就需要通过【可选颜色】对话框中的"绿色"与"黄色"信息，才能够将其局部颜色改变。

　图 10-60　改变局部颜色

第 11 章

通道与蒙版

图像局部选择包含多种途径，除了前面介绍的选取工具、选取命令及路径工具外，还能够通过通道进行选择。通道是存储不同类型信息的灰度图像，是图像的另外一种显示方式，主要用来保存图像的颜色信息和选区。而蒙版是用来保护被遮蔽的区域，具有高级选择功能，同时也能够对图像的局部进行颜色的调整，而使图像的其他部分不受影响。

在本章中，主要介绍了通道的类型与使用方法，以及如何通过蒙版形成无损坏的提取局部图像与改变图像色彩等操作。

本章学习目标：

➢ 通道基本操作
➢ 通道类型
➢ 通道应用
➢ 蒙版类型
➢ 蒙版高级运用
➢ 调整图层

11.1 通道操作

通道是在色彩模式基础上衍生出的简化操作工具，其应用非常广泛。用户可以用通道来建立选区，进行选区的各种操作，也可以把通道看作由原色组成的图像，由此可以进行单种原色通道的变形、执行滤镜、色彩调整、复制粘贴等操作。

11.1.1 【通道】面板

当打开一幅图像后，系统会自动创建颜色信息通道。执行【窗口】|【通道】命令，即可在【通道】面板中查看该图像的复合通道和单色通道。在 Photoshop 中，不同的颜色模式图像，其通道组合各不相同，并且在【通道】面板中显示的单色通道也会有所不同，如图 11-1 所示。【通道】面板中的选项及功能如表 11-1 所示。

表 11-1　【通道】面板中的选项及功能

选　项	图标	功　能
将通道作为选区载入	⊙	单击该按钮可以将当前通道中的内容转换为选区
将选区存储为通道	▣	单击该按钮可以将图像中的选区作为蒙版保存到一个新建 Alpha 通道中
创建新通道	▢	单击该按钮可以创建 Alpha 通道。拖动某通道至该按钮可以复制该通道
删除当前通道	🗑	删除所选通道

通道最主要的功能是保存图像的颜色数据。例如，一个 RGB 颜色模式的图像，其每一个像素的颜色数据是由红色、绿色、蓝色这 3 个通道来记录的，而这 3 个单色通道组合定义后合成了一个 RGB 主通道，如图 11-2 所示。

图 11-1　【通道】面板

如果在 CMYK 颜色模式图像中，颜色数据则分别由青、洋红、黄、黑 4 个单色的通道组合成一个 CMYK 颜色的主通道，如图 11-3 所示。

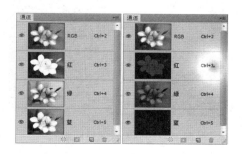

图 11-2　RGB 颜色模式图像的【通道】面板

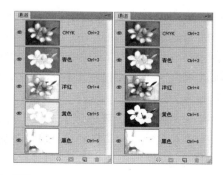

图 11-3　CMYK 颜色模式图像的【通道】面板

在默认情况下，【通道】面板中单色通道以亮度显示，要想以原色显示单色通道，可以在
【首选项】命令中启用【通道以原色显示】选项。

图像与通道是相连的，也可以理解为通道是存储不同类型信息的灰度图像。实际上，每一
个通道是一个单一色彩的平面。以屏幕图像为例，来介绍通道与图像之间的色彩关联。通道中
的 RGB 分别代表红、绿、蓝三种颜色。它们通过不同比例的混合，构成了彩色图像。

在【通道】面板中，按住 Ctrl 键单击红色通道缩览图，载入该通道中的选区。在【图层】
面板中新建"图层 1"，并且填充红色（#FF0000），得到红色通道图像效果，如图 11-4 所示。

使用上述方法，分别显示蓝通道和绿通道中的选区，并且在不同的图层中填充蓝色
和绿色，如图 11-5 所示。

图 11-4　填充红色

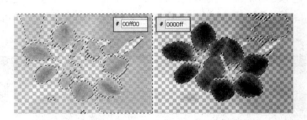

图 11-5　填充绿色与蓝色

在三个颜色图层下方新建图层，并且填充黑色。
然后分别设置彩色图层的【混合模式】为"滤色"，得
到与原图像完全相同的效果，如图 11-6 所示。

11.1.2　颜色信息通道

颜色通道记录的是图像的颜色信息与选择信
息，所以编辑颜色通道，既可以建立局部选区，也
可以改变图像色彩。

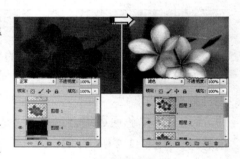

图 11-6　设置图层属性

1. 通过颜色通道提取图像

颜色通道是图像自带的单色通道，要想在不改
变图像色彩的基础上，

通过通道提取局部图像，需要通过对颜色通道
的副本进行编辑。这样既可以得到图像选区，也不
会改变图像颜色。

比如，打开一幅图像的【通道】面板，选择对
比较为强烈的单色通道。将其拖动至【创建新通道】
按钮 ，创建颜色通道副本，如图 11-7 所示。

图 11-7　创建红通道副本

接着在"红副本"通道中，就可以随意使用颜色调整命令，加强该通道中的对比关

系。在通常情况下，最常用的是【色阶】调整命令，如图 11-8 所示。

对于通道图像的细节调整，则可以通过【加深工具】🖐和【减淡工具】🔍进行涂抹，从而得到黑白双色图像，如图 11-9 所示。

单击【通道】面板底部的【将通道作为选区载入】按钮⊙|，载入该通道中的选区进行复制，就可以在没有改变图像色彩的情况下，提取边缘较为复杂的局部图像，如图 11-10 所示。

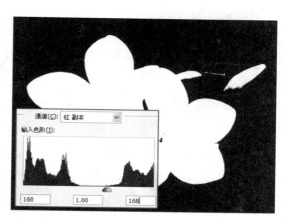

图 11-8 加强对比度

图 11-9 加深与减淡

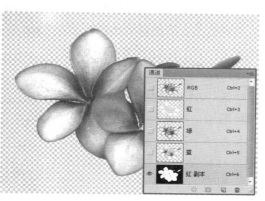

图 11-10 提取局部图像

2. 同文档中的颜色通道复制与粘贴

在同一图像文档中，当把其中一个单色信息通道复制到另外一个不同的单色信息通道中，返回 RGB 通道时就会发现图像颜色发生了变化。

比如，在【通道】面板中选中绿通道，并且进行全选复制。然后选中蓝通道进行粘贴后，返回 RGB 通道，发现图像色彩发生了改变，如图 11-11 所示。

以 RGB 颜色模式的图像为例，复制通道颜色至其他颜色通道中，能够得到 6 种不同的图像色调。其中，部分效果如图 11-12 所示。

图 11-11 复制与粘贴颜色通道

红通道复制到绿通道

蓝通道复制到红通道

红通道复制到蓝通道

🔘 **图 11-12** 其他颜色通道复制效果

3. 不同文档中的颜色通道复制与粘贴

除了可以在同一个图像文档中复制颜色通道信息外，还可以在两个不同的图像文档之间复制颜色通道信息。前提是准备两幅完全不同但尺寸相同的图像，如图 11-13 所示。

🔘 **图 11-13** 两幅图像

选中其中一幅图像的某一个颜色通道，将其全选后复制。切换到另外一个文档，选择某个单色通道进行粘贴，得到一幅综合的效果，如图 11-14 所示。

如果将花卉图像中的单色通道复制到天空图像的单色通道中，那么会得到天空纹理清晰，而花卉纹理模糊的效果，如图 11-15 所示。

4. 分离与合并通道

既然一幅 RGB 颜色模式的图像中包含红、绿、蓝三个原色通道，就可以将其分别分离为单独的图像文档。方法是选择【通道】面板关联菜单中的【分离通道】选项，Photoshop 自动将 RGB 图像分离为R、G、B 的灰色图像，如图 11-16所示。

分离通道后，还可以合并通道。方法是选中任何一个分离后的

🔘 **图 11-14** 天空文档中的单色通道复制到花卉文档中

🔘 **图 11-15** 花卉文档中的单色通道复制到天空文档中

灰度图像,在【通道】面板中选择关联菜单中的【合并通道】选项,在弹出的【合并通道】对话框的【模式】下拉列表中选择【RGB 颜色】选项,单击【确定】按钮进入【合并 RGB 通道】对话框,如图 11-17 所示,直接单击【确定】按钮可以得到原图像。

如果在【合并 RGB 通道】对话框中,选择【红色】、【绿色】与【蓝色】下拉列表中的不同灰度图像名称,会得到不同颜色的图像。如图 11-18 所示为依次在【红色】、【绿色】与【蓝色】下拉列表中选择原蓝色通道、原红色通道与原绿色通道得到的效果显示。

图 11-16 分离颜色通道

提 示

因为在新建通道中可以任意选择原色通道,所以合并 RGB 通道图像可以合并 6 幅不同颜色的图像。

在【合并通道】对话框的【模式】下拉列表中还可以选择【Lab 颜色】选项与【多通道】选项。选择【Lab 颜色】选项,单击【确定】按钮进入【合并 Lab 通道】对话框,可以在【指定通道】的【明度】、【a】与【b】下拉列表中选择不同的原通道,如图 11-19 所示为其中的一种效果显示。

要是选择【多通道】选项,单击【确定】按钮进入【合并多通道】对话框,那么可以分别在【指定通道 1】、【指定通道 2】与【指定通道 3】的下拉列表中选择不同原通道,如图 11-20 所示为其中的一种效果显示。

如果是 4 幅灰度图像合并通道,如图 11-21 所示,那么除了可以合并【RGB 颜色】通道、【Lab 颜色】通道与【多通道】外,还可以合并【CMYK 颜色】通道。

图 11-17 合并通道

图 11-18 合并通道后得到的图像

图 11-19 合并 Lab 通道

图11-20 合并多通道

图11-21 4幅灰度图像

合并CMYK颜色模式通道与其他模式通道相同,只要在【合并通道】对话框的【模式】下拉列表中选择【CMYK 颜色】选项,单击【确定】按钮后在【合并CMYK 通道】对话框中,可以任意选择【青色】、【洋红色】、【黄色】与【黑色】通道中的灰度图像名称。如图11-22所示为其中一种效果显示。

图11-22 合并CMYK颜色模式通道

11.1.3 通道基本操作

在【通道】面板中,颜色通道除了可以复制颜色信息、分离与合并通道外,还可以通过显示与隐藏通道、复制与删除通道来改变图像色调。

1. 显示和隐藏通道

在默认情况下,【通道】面板中的【眼睛】图标呈显示状态。单击红色通道的【眼睛】图标后,隐藏图像中的红色像素,只显示图像中的绿色与蓝色像素,如图11-23所示。

图11-23 隐藏红色通道的图像前后对比

在【通道】面板中,还可以分别隐藏绿色通道与蓝色通道,隐藏前者图像显示红色和蓝色的像素,隐藏后者图像显示红色与绿色的像素,如图11-24所示。

2. 复制和删除通道

在通常情况下,不要在原通道中编辑单色通道,以免编辑后不能还原。这时就需要将该通道复制一份再编辑。复制通道的方法有两种,一种是直接选中并且拖动

图11-24 分别隐藏绿色通道与蓝色通道

要复制的通道至【创建新通道】按钮 ▢ ，得到其通道副本，如图 11-25 所示复制"红"通道得到"红副本"通道。

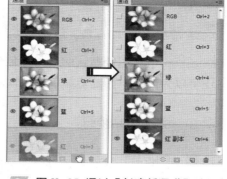

　　还有一种方法是选中要复制的通道后，选择关联菜单中的【复制通道】选项，打开【复制通道】对话框，直接单击【确定】按钮得到与第一种方法完全相同的副本通道；如果启用对话框中的【反相】选项，那么会得到与之明暗关系相反的副本通道，如图 11-26 所示。

　　如果在【复制通道】对话框的【文档】下拉列表中选择【新建】选项，那么会将通道复制到一个新建文档中，如图 11-27 所示。

● **图 11-25** 通过【创建新通道】按钮复制通道

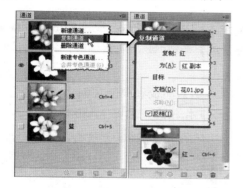

● **图 11-26** 通过【复制通道】选项复制通道　　● **图 11-27** 复制通道至新建文档中

　　将没有用的通道删除，是为了节省硬盘存储空间，提高程序运行速度。方法是将要删除的通道拖至【删除当前通道】按钮 🗑 上，或者选择关联菜单中的【删除通道】选项。

　　在【通道】面板中删除单色通道会得到意想不到的颜色效果。如图 11-28 所示，分别为删除红、绿、蓝单色通道得到的效果显示。

删除红通道效果

删除绿通道效果

删除蓝通道效果

● **图 11-28** 分别删除红、绿、蓝单色通道

注 意

如果是在含有两个或者两个以上图层的文档中删除原色通道，Photoshop 会提示将其图层合并，否则将无法删除。

11.2　其他通道类型

在 Photoshop 中，图像默认的是由颜色信息通道组成的。但是图像中除了颜色信息通道外，还可以为图像中的通道添加 Alpha 通道与专色通道。

11.2.1　Alpha 通道

在选区操作过程中，选区就是存储在 Alpha 通道中的。该通道主要用来记录选择信息，并且通过对 Alpha 通道的编辑，能够得到各种效果的选区。

1. 创建 Alpha 通道

当画布中存在选区时，通过【存储选区】命令，即可创建具有灰度图像的 Alpha 通道；而单击【通道】面板底部的【将选区存储为通道】按钮 ▣ ，能够创建同样的 Alpha 通道，如图 11-29 所示。

Alpha 通道的另外一种创建方法是直接单击【通道】面板底部的【创建新通道】按钮 ▣ ，创建一个背景为黑色的空白通道，并且处于工作状态，如图 11-30 所示。

　　图 11-29　创建 Alpha 通道　　　　　　　　　　　　图 11-30　创建空白 Alpha 通道

> **提　示**
>
> Alpha 通道是自定义通道，创建该通道时，如果没有为其命名，那么 Photoshop 就会使用"Alpha1"这样的名称。

2. 编辑 Alpha 通道

Alpha 通道相当于灰度图像，能够使用 Photoshop 中的工具或者命令来编辑，从而得到复杂的选区。

比如，在具有黑白双色的 Alpha 通道中，执行【滤镜】|【素描】|【半调图案】命令，使 Alpha 通道呈现复杂的图像，如图 11-31 所示。

这时，单击【通道】面板底部的【将通道作为选区载入】按钮 ▨ ，载入该通道中的选区。返回复合通道后，按快捷键 Ctrl+J 复制选区中的图像，得到复杂纹理的图像效果，如图 11-32 所示。

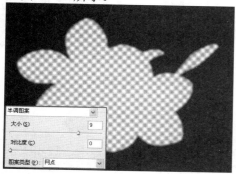

图 11-31　执行滤镜效果

图 11-32　复制通道选区图像

提　示

在通道中，白色区域记录选区，灰色区域记录羽化的选区，而黑色不记录选区。

11.2.2　专色通道

专色通道主要用于替代或补充印刷色（CMYK）油墨，在印刷时每种专色都要求专用的印版，一般在印刷金、银色时需要创建专色通道。

1.　创建与编辑专色通道

在 Photoshop 中，创建与存储专色的载体为专色通道。按住 Ctrl 键，单击【通道】面板底部的【创建新通道】按钮 ｜ ◻ 。在弹出的【新建专色通道】对话框中，单击【颜色】色块，选择专色，得到专色通道，如图 11-33 所示。

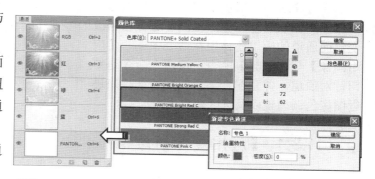

图 11-33　创建专色通道

提　示

因为专色颜色不是用 CMYK 油墨打印，所以在选择专色通道所用的颜色时，可以完全忽略色域警告图标⚠。

创建的专色通道为空白通道，需要在其中建立图像才能够显示在图像中。在专色通道中，既可以使用绘图工具绘制图像，也可以将外部图像的单色通道图像复制到专色通道中，使其呈现在图像中。

例如，将另外一幅图像中的蓝色通道选中并复制，返回新建的专色通道进行粘贴。发现静物以专色的形式，在图像中显示，如图 11-34 所示。这时，可以通过各种工具对专色通道中的图像进行编辑。

专色通道的属性设置与 Alpha 通道相似。同样是双击通道，在弹出的【专色通道选项】对话框中，设置专色通道的【颜色】与【密度】选项，从而得到不同的效果，如图 11-35 所示。

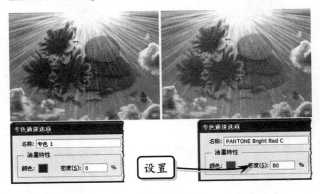

图 11-34　复制到专色通道中

2. 合并专色通道

大多数家用台式打印机不能打印包含专色的图像，这是因为专色通道中的信息与 CMYK 或者灰度通道中的信息是分离的。要想使用台式打印机正确地打印出图像，需要将专色融入图像中。

Photoshop 虽然支持专色通道，但是添加到专色通道的信息不会出现在任何图层上，甚至也不会显示在"背景"图层上。这时单击【通道】面板右上角的下三角按钮，选择【合并专色通道】选项，可以使专色图像融入图像中，如图 11-36 所示。

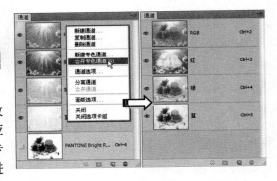

图 11-35　设置专色通道属性

11.3　通道应用

通过【通道】面板中的各种类型通道，不仅能够提取局部图像，还能够进行色调改变。而通道的应用还体现在命令中——【应用图像】与【计算】命令，这两个命令是专门针对通道，并且配合混合模式等选项来进行图像色调调整以及选区建立。

图 11-36　合并专色通道

11.3.1　【应用图像】命令

图层中的混合模式只是针对图层之间的图像进行混合，而【应用图像】命令不仅可以进行图层之间的混合，还可以将一个图像（源）的通道和图层图像混合，从而得到意想不到的混合色彩。

例如，选择目标图像，执行【图像】|【应用图像】命令，选择源图像中的不同图层，进行混合，得到两幅图像混合的彩色效果，如图 11-37 所示。

【应用图像】命令不但可以混合两张

图 11-37　不同源图像应用

图片，而且还可以对单张图片的复合通道和单个通道进行混合，实现特殊的效果，如图

11-38 所示。

同图像红通道与复合通道混合

同图像绿通道与复合通道混合

同图像蓝通道与复合通道混合

图 11-38　同图像不同单色通道与复合通道混合

　　当然也可以将一幅图像的复合通道，与另外一幅图像的单色通道进行混合，从而得到不同程度的混合效果的图像，如图 11-39 所示。

不同图像红通道与复合通道混合

不同图像绿通道与复合通道混合

不同图像蓝通道与复合通道混合

图 11-39　不同图像不同单色通道与复合通道混合

11.3.2　【计算】命令

　　对于边缘较为复杂的图像提取，首先想到的是通过副本颜色通道的亮度调整，从而得到强对比的灰度图像。这种方式的图像提取是通过手动方式进行操作的，具有随意性。

　　而【计算】命令是通过混合模式功能，混合两个来自一个或者多个源图像中的单色通道，然后将结果应用到新图像、新通道或者现有的图像选区中。

　　比如，打开一个图像文档，执行【图像】|【计算】命令。在弹出的【计算】对话框中选择不同的单色通道，并且设置【混合模式】选项，得到新通道，如图 11-40 所示。

　　将通道载入选区后，按快捷键 Ctrl+J 复制选区中的图像。隐藏"背景"图层，会发现图片的局部已经提取出来，并且呈现半透明效果，如图 11-41 所示。

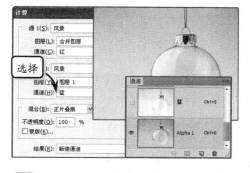
图 11-40　创建新通道

图 11-41　提取图像

11.4 蒙版类型

Photoshop 蒙版是将不同灰度色值转化为不同的透明度，并作用到它所在的图层，使图层不同部位透明度产生相应的变化。

其中，蒙版中的纯白色区域可以遮罩下面图层中的内容，显示当前图层中的图像；蒙版中的纯黑色区域可以遮罩当前图层中的图像，显示下面图层中的内容；蒙版中的灰色区域会根据其灰度值呈现出不同层次的透明效果。因此，用白色在蒙版中绘画的区域是可见的，用黑色绘画的区域将被隐藏，用灰色绘画的区域会呈现半透明效果，如图 11-42 所示。在 Photoshop 中蒙版包括快速蒙版、剪贴蒙版、图层蒙版与矢量蒙版等。

图 11-42 蒙版原理

11.4.1 快速蒙版

快速蒙版模式是使用各种绘图工具来建立临时蒙版的一种高效率方法。使用快速蒙版模式建立的蒙版，能够快速地转换成选择区域。

1. 创建快速蒙版

单击工具箱下方【以快速蒙版模式编辑】按钮🔲，进行快速蒙版编辑模式。使用【自定形状工具】🔳在画布中单击并拖动，绘制半透明红色图像，如图 11-43 所示。

图 11-43 建立快速蒙版

单击工具箱下方【以标准模式编辑】按钮🔲，返回正常模式，半透明红色图像转换为选区。进行任意颜色填充后，发现原半透明红色图像区域被保护，如图 11-44 所示。

图 11-44 返回正常模式并填充

2. 设置快速蒙版选项

在默认情况下，在快速蒙版模式中绘制的任何图像，均呈现红色半透明状态，并且代表被蒙版区域。

当快速蒙版模式中的图像与背景图像有所冲突时，可以通过更改【快速蒙版选项】对话框中的【颜色】值与【不透明】度值，来改变快速蒙版模式中的图像显示效果。

方法是双击工具箱底部的【以快速蒙版模式编辑】按钮 或者【以标准模式编辑】按钮，打开【快速蒙版选项】对话框，设置其中的选项。这里设置的是【不透明度】选项得到的效果，如图 11-45 所示。

图 11-45 设置【快速蒙版选项】参数值

技 巧

由于快速蒙版模式中的图像与标准模式中的选区为相反区域，要想使之相同，需要启用【快速蒙版选项】对话框中的【所选区域】选项。这样才能够在标准模式中，编辑选区中的图像。

3. 编辑快速蒙版

虽然快速蒙版与选取工具均为临时选择工具，但是前者能够在相应编辑模式中重复编辑。比如，使用【自定形状工具】添加其他形状图形，如图 11-46 所示。

快速蒙版的优势还包括能够在选区中应用滤镜命令，使选区边缘更加复杂。比如，在快速蒙版编辑模式中，执行【滤镜】|【模糊】|【径向模糊】命令，得到缩放选区，从而复制模糊效果的图像，如图 11-47 所示。

图 11-46 添加其他形状图形

图 11-47 为快速蒙版图像添加滤镜效果

11.4.2 剪贴蒙版

剪贴蒙版主要是使用下方图层中图像的形状，来控制其上方图层图像的显示区域。剪贴蒙版中下方图层需要的是边缘轮廓，而不是图像内容。

1. 创建剪贴蒙版

当【图层】面板中存在两个或者两个以上图层时，即可创建剪贴蒙版。一种方法是选中上方图层，执行【图层】|【创建剪贴蒙版】命令（快捷键 Ctrl+Alt+G），该图层会与其下方图层创建剪贴蒙版；另外一种方法是按住 Alt 键，在选中图层与相邻图层之间单击，创建剪贴蒙版，如图 11-48 所示。

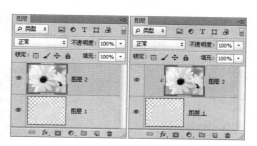

图 11-48 创建剪贴蒙版

剪贴蒙版创建后，发现下方图层名称带有下划线；而上方图层的缩览图是缩进的。

并且显示一个剪贴蒙版图标，而画布中图像的显示也会随之变化，如图 11-49 所示。

2．编辑剪贴蒙版

创建剪贴蒙版后，还可以对其中的图层进行编辑，如移动图层、设置图层属性及添加图像图层等操作，从而更改图像效果。

❑ 移动图层

在剪贴蒙版中，两个图层中的图像均可以随意移动。例如，移动下方图层中的图像，会在不同位置，显示上方图层中的不同区域的图像；如果移动的是上方图层中的图像，那么会在同一位置，显示该图层中不同区域图像，并且可能会显示出下方图层中的图像，如图 11-50 所示。

❑ 设置图层属性

在剪贴蒙版中，可以设置图层【不透明度】选项，或者设置图层【混合模式】选项，来改变图像效果。通过设置不同的图层，来显示不同的图像效果。

当设置剪贴蒙版中下方图层的【不透明度】选项，可以控制整个剪贴蒙版组的不透明度；而调整上方图层的【不透明度】选项，只是控制其自身的不透明度，不会对整个剪贴蒙版产生影响，如图 11-51 所示。

设置上方图层的【混合模式】选项，可以使该图层图像与下方图层图像融合为一体；如果设置下方图层的【混合模式】选项，必须在剪贴蒙版下方放置图像图层，这样才能够显示混合模式效果；同时设置剪贴蒙版中两个图层的【混合模式】选项时，会得到两个叠加效果，如图 11-52 所示。

图 11-49　剪贴蒙版效果

图 11-50　移动不同图层的效果

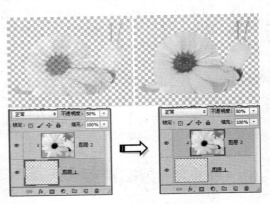

图 11-51　设置【不透明度】选项

设置上方图层为叠加模式

设置下方图层为叠加模式

设置两个图层均为叠加模式

图 11-52　设置【混合模式】选项

❏ **添加图像图层**

剪贴蒙版的优势就是可以将形状图
层应用于多个图像图层，从而分别显示
相同范围中的不同图像。创建剪贴蒙版
后，将其他图层拖至剪贴蒙版中即可，
如图 11-53 所示。这时，可以通过隐藏其
他图像图层显示不同的图像效果。

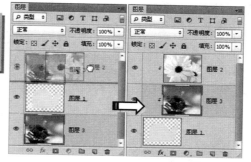

图 11-53　添加图像图层至剪贴蒙版中

11.4.3　图层蒙版

图层蒙版之所以可以精确细腻地控
制图像显示与隐藏的区域，是因为图层
蒙版是由图像的灰度来决定图层的不透
明度的。

1．创建图层蒙版

创建图层蒙版有多种途径。其中最
简单的方法，是直接单击【图层】面板
底部的【添加图层蒙版】按钮 ，或者
选择【图层】|【图层蒙版】|【显示全部】
命令，即可为当前普通图层添加图层蒙
版，如图 11-54 所示。

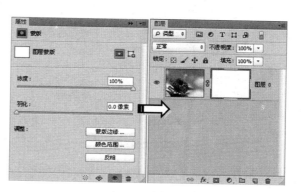

图 11-54　添加图层蒙版

如果画布中存在选区，直接单击【添
加图层蒙版】按钮 。在图层蒙版中，
选区内部呈白色，选区外部呈黑色。这
时黑色区域被隐藏，如图 11-55 所示。

2．调整图层蒙版

图 11-55　为选区建立图层蒙版

无论是单独创建图层蒙版，还是通过选区创建，均能够重复调整图层蒙版中的灰色
图像，从而改变图像显示效果。

❏ **移动图层蒙版**

图层蒙版中的灰色图像，与图层中的图像为链接关系。也就是说，无论是移动前者
还是后者，均会出现相同的效果；如果单击【指示图层蒙版链接到图层】图标 ，可以使
图层蒙版与图层分离。这时无论是移动图层中的图像，还是移动蒙版中的灰色图像，均

会使显示范围与图像错位，如图 11-56 所示。

❏ **停用与启用图层蒙版**

通过图层蒙版编辑图像，只是隐藏图像的局部，并不是删除。所以，随时可以还原图像原来的效果。比如，右击图层蒙版缩览图，在弹出的快捷键菜单中选择【停用图层蒙版】选项，或单击【蒙版】面板底部的【停用/启用蒙版】按钮 ❙❙，即可显示原图像效果，如图 11-57 所示。

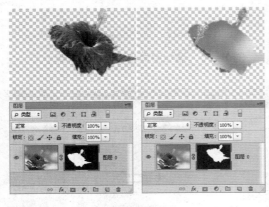

图 11-56 移动蒙版图像　　　　图 11-57 停用图层蒙版

用户若想启用图层蒙版，只要右击图层蒙版缩览图，在弹出的快捷键菜单中选择【启用图层蒙版】选项，或者直接单击图层蒙版缩览图即可。

❏ **复制图层蒙版**

当图像文档中存在两幅或者两幅以上图像时，还可以将图层蒙版复制到其他图层中，以相同的蒙版显示或者隐藏当前图层内容。方法是按住 Alt 键，单击并且拖动图层蒙版至其他图层。释放鼠标后，在当前图层中添加相同的图层蒙版，如图 11-58 所示。

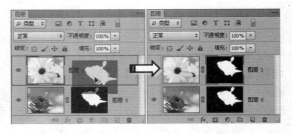

图 11-58 复制图层蒙版

技 巧

如果需要对当前图层执行源蒙版的反相效果，则可以选择蒙版缩览图，按住组合键 Shift+Alt 拖动鼠标到需要添加蒙版的图层，这时当前图层添加的是颜色相反的蒙版。

在图层蒙版中再次编辑灰色图像时，在画布中只能查看灰色图像应用于彩色图像后的最终效果。要想查看图层蒙版中的灰色图像效果，需要按住 Alt 键单击图层蒙版缩览图，进入图层蒙版编辑模式，画布显示图层蒙版中的图像，如图 11-59 所示。

通过显示图层蒙版编辑模式，还可以将外部图像复制到其中，呈现更为细致的图像显示效果。例如，全选外部图像并且复制后，按住 Alt 键单击

图 11-59 编辑图层蒙版图像

空白图层蒙版，进入图层蒙版编辑模式。然后进行粘贴，使灰色图像显示在图层蒙版中。再次返回正常模式后，显示细微的隐藏效果，如图11-60所示。

❑ **浓度与羽化**

为了柔化图像边缘，会在图层蒙版中进行模糊，从而改变灰色图像。为了减少重复操作，可以使用【蒙版】面板中的【羽化】或者【浓度】选项。

图 11-60 外部图像复制到图层蒙版

当图层蒙版中存在灰色图像时，在【蒙版】面板中向左拖动【浓度】滑块，蒙版中黑色图像逐渐转换为白色，而彩色图像被隐藏的区域逐渐显示，如图11-61所示。

【浓度】为70%   【浓度】为50%   【浓度】为30%

图 11-61 不同【浓度】参数值

在【蒙版】面板中，向右拖动【羽化】滑块，灰色图像边缘被羽化，而彩色图像由外部向内部逐渐透明，如图11-62所示。

【羽化】为40%   【羽化】为100%   【羽化】为250%

图 11-62 不同【羽化】参数值

3. 图层蒙版与滤镜

图层蒙版与滤镜具有相辅相成的关系。在图层蒙版中能够应用滤镜效果；而在智能滤镜中则可以编辑滤镜效果蒙版来改变滤镜效果。

❑ **在蒙版中应用滤镜**

图层蒙版中的灰色图像同样可以应用滤镜效果，只是得到的最终效果呈现在图像显示效果中，而不是直接应用在图像中。

在具有灰色图像的图层蒙版中执行【滤镜】|【风格化】|【风】命令，灰色图像发生变化的同时，彩色图像的显示效果同时改变，如图11-63所示。

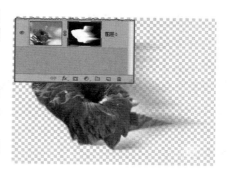

图 11-63 为图层蒙版添加滤镜效果

❏ 智能滤镜中的图层蒙版

滤镜效果的范围显示可以通过滤镜蒙版来改变，而滤镜蒙版必须在智能滤镜的基础上添加。首先执行【滤镜】|【转换为智能滤镜】命令，将其转换为智能对象，然后执行【风】滤镜命令，如图 11-64 所示。

这时在智能对象下方图层蒙版中编辑，如填充黑白渐变，能够控制滤镜效果的显示范围，如图 11-65 所示。

图 11-64 转换为智能滤镜

图 11-65 编辑图层蒙版

11.4.4 矢量蒙版

矢量蒙版也叫做路径蒙版，它是通过钢笔工具或者形状工具创建路径，然后以矢量形状控制图像可见的区域。矢量蒙版可以任意缩放而不失真，并保证原图不受损。

1. 创建矢量蒙版

矢量蒙版包括多种创建方法，不同的创建方法会得到相同或者不同的图像效果。

❏ 创建空白矢量蒙版

选中普通图层，单击【蒙版】面板右上方的【添加矢量蒙版】按钮，在当前图层中添加显示全部的矢量蒙版；如果按住 Alt 键单击该按钮，即可添加隐藏全部的矢量蒙版，如图 11-66 所示。

然后选择某个路径工具，在工具选项栏中启用【路径】功能。在画布中建立路径，图像即可显示路径区域，如图 11-67 所示。

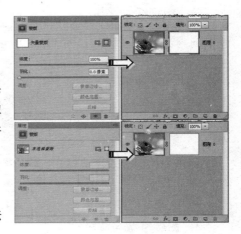

图 11-66 添加矢量蒙版

图 11-67 添加矢量路径

❑ **以现有路径创建矢量蒙版**

选择路径工具，在画布中建立任意形状的路径。然后单击【属性】面板的【蒙版】中的【矢量蒙版】按钮 ，即可创建带有路径的矢量蒙版，如图 11-68 所示。

图 11-68 为路径添加矢量蒙版

❑ **创建形状图层**

路径中的形状图层，就是结合矢量蒙版创建矢量图像的。比如，选择某个路径工具后，启用工具选项栏中的【形状】功能。直接在画布中单击并且拖动鼠标，在【图层】面板中自动新建具有矢量蒙版的形状图层，如图 11-69 所示。

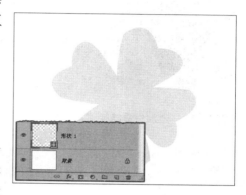

图 11-69 创建形状图层

2．编辑矢量蒙版

创建矢量蒙版后，还可以在其中编辑路径，从而改变图像显示效果。矢量蒙版编辑既可以改变路径形状，也可以设置显示效果。

❑ **编辑蒙版路径**

在默认情况下，无论创建的空白矢量蒙版是显示全部状态，还是隐藏全部状态。当创建形状路径后，均是以形状内部为显示，形状外部为隐藏。

这时要想显示路径以外的区域，可以使用【路径选择工具】 选中该路径后，在工具选项栏中单击【减去顶层形状】按钮 即可，如图 11-70 所示。

图 11-70 显示路径外图像

在现有的矢量蒙版中要想扩大显示区域，最基本的方法就是使用【直接选择工具】 选中其中的某个节点删除即可，如图 11-71 所示。

还有一种方法是在现有路径的基础上，添加其他形状的路径来扩充显示区域。方法是选择任意一个路径工具，在画布空白区域建立路径，如图 11-72 所示。

❑ **改变显示效果**

在 Photoshop CS6 中，要想对矢量蒙版添加羽化效果，不需要再借助图层蒙版，而是直接调整【蒙版】面

图 11-71 删除路径节点

板中的【羽化】选项即可。

　　选中矢量蒙版，在【属性】面板的【蒙版】中向右拖动【羽化】滑块，得到具有羽化效果的显示效果；如果向左拖动【浓度】滑块，路径外部区域的图像就会逐渐显示，如图 11-73 所示。

图 11-72　添加矢量路径

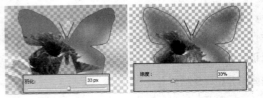

图 11-73　【浓度】与【羽化】选项

11.5　调整图层

　　无论是在画布中填充颜色，还是改变图像的颜色，均会破坏原始图像的效果及图像信息。Photoshop 中的调整图层是将颜色调整命令或者填充命令与图层蒙版结合，形成控制下方图层效果的修改图层。

11.5.1　填充图层与调整图层

　　在 Photoshop 中的修改图层功能中，包括了填充图层和调整图层两个功能类型，它们提供了处理图像的多个途径。

1．填充图层

　　填充图层功能是通过在图像中填充单色、渐变颜色或者图案来改变图像效果的。方法是在【图层】面板底部单击【创建新的填充或调整图层】按钮 ◐，在弹出的菜单中选择【纯色】选项，在创建填充调整图层的同时，选择需要设置的颜色，设置调整图层属性后图像效果将会发生变化。

　　在选择【纯色】选项后，在创建"颜色填充 1"图层的同时打开【拾色器（纯色）】对话框，选取一种颜色后设置该图层的【混合模式】选项，使之与"背景"图层中的图像融为一体，如图 11-74 所示。

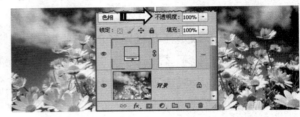

图 11-74　创建填充图层

　　选择渐变颜色填充与图案填充，

在创建"渐变填充 1"图层与"图案填充 1"图层的同时，打开相应的对话框，与普通的填充渐变操作相同，同样可以在填充完成后设置【混合模式】选项，与"背景"图层中的图像相融，如图 11-75 所示。

2. 调整图层

调整图层功能是将颜色调整命令中的参数以修改图层方式保留在【图层】面板中，形成调整图层来改变图像效果，如图 11-76 所示。

图 11-75　图案填充效果　　　　　　　　图 11-76　添加调整图层

11.5.2　通过【调整】面板查看改变效果

调整图层是一种特殊的图层，它本身并不包括任何真实的像素，而是记录图像调整命令的参数，它只作用于调整图层下的所有应用图层。【调整】面板中提供了重复操作与查看源图像的快捷方法，这样使得调整图层参数可依据图像变化来调整。

1. 创建调整图层

调整图层中的所有子命令均可以在【图像】|【调整】菜单中找到。在默认情况下，使用【新建调整图层】中的命令与使用【图像】|【调整】菜单中的命令，得到的效果是相同的。只是调整图层可以随时更改命令中的参数，以改变最终效果。

在【调整】面板中单击【创建新的色彩平衡调整图层】图标 ，在创建调整图层的同时，相应的命令对话框打开，设置完参数后图像效果发生变化，如图 11-77 所示。

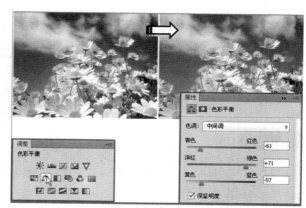

图 11-77　创建调整图层

2．查看源图像

在设置【调整】面板中的参数时，图像效果同时发生相应的变化。在【调整】面板中要想查看源图像效果有两种方法。一种是单击【切换图层可见性】按钮 ，隐藏调整图层，如图 11-78 所示。

图 11-78　隐藏调整图层

另外一种方法是通过查看上一状态查看源文件。当第一次设置参数后，按住【查看上一状态】按钮 ，图像显示源图像效果，释放鼠标，返回设置效果。当再次设置颜色参数后，按住【查看上一状态】按钮 ，图像显示上一次设置的效果，如图 11-79 所示。

图 11-79　查看上一状态

3．复位调整图层

要想重新设置颜色参数，可以单击面板中的【复位】按钮 ，这时还原图像效果，保留调整图层，如图 11-80 所示。

> **提　示**
>
> 如果面板中进行了两次或者两次以上的设置，那么【复位】按钮具有两个功能。第一次单击该按钮，参数返回上一次设置状态。

4．转换调整图层内容

调整图层是用来记录颜色调整命令中的参数的，所以可以随时更改设置好的参数来改变调整效果。

在彩色图像文档中，在【图层】面板底部单击【创建新的填充或调整图层】按钮 ，为其创建"色相/饱和度 1"调整图层，调整相应的色相参数，图像颜色信息发生相应的变化，如图 11-81 所示。

> **提　示**
>
> 在弹出的调整命令菜单中，除【反相】命令外，选择其余的调整命令调整图像，均可打开相应的对话框并设置更改其参数。

图 11-80　复位参数

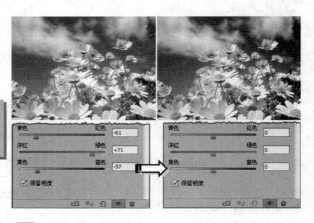

图 11-81　添加并设置调整图层

调整后的图像效果并不是一成不变的，执行【图层】|【图层内容选项】命令，或者直接双击调整图层的图层缩览图，再

次打开【色相/饱和度】对话框，重新设置不同的色相，图像的颜色信息将发生变化，如图 11-82 所示。

11.5.3 限制调整图层影响的范围

创建的调整图层本身带有一个图层蒙版，在默认情况下，创建的是显示全部的图层蒙版，是对整个画布进行调整的。如果想对局部进行调整，则可以通过不同的方式来实现，如选区、路径、剪贴蒙版与图层组等。

1. 通过选区限制范围

当图像中存在选区时，创建调整图层，选区的范围会自动转换到调整图层的图层蒙版中，选区的颜色将被填充为白色区域，如图 11-83 所示。

在【调整】面板中设置调整的参数，图像的调整的效果将被运用在图层蒙版的白色区域内，如图 11-84 所示。

如果在【蒙版】面板中单击【停用/启用蒙版】按钮，选择【停用图层蒙版】命令，那么调整图层中设置的参数会应用到整个图像，如图 11-85 所示。

当图像文档中包括多个图层时，调整图层针对的是其下方的所有图层，所以同样可以通过选区来调整多个图层中的图像，如图 11-86 所示。

图 11-82 改变调整参数

图 11-83 建立选区

图 11-84 通过选区限制范围

图 11-85 停用图层蒙版

图 11-86 同范围限制不同图像

2. 通过路径限制范围

在默认情况下创建的调整图层中，自带的是图层蒙版，如果画布中已经建立了闭合式路径，那么创建的调整图层中的蒙版则变成矢量蒙版，如图 11-87 所示。

> **提　示**
>
> 创建带有矢量蒙版的调整图层后，【路径】面板中会新建一个临时路径。使用【直接选择工具】 可以对矢量蒙版中的路径进行修改，调整图层的范围也会随之改变。

🔘 **图 11-87**　通过路径限制范围

3. 通过剪贴蒙版限制范围

如果一个图层包括透明像素与不透明像素，则可以通过剪贴蒙版对该图层中的不透明像素进行单独调整。

首先在包含透明像素与不透明像素的图像中创建修改图层，并设置调整的参数。图像中所有的图层都发生了相应的变化，如图 11-88 所示。

选择调整图层，结合 Alt 键在与其下方图层之间单击，形成剪贴蒙版，这时调整图层设置的参数只作用于"图层 1"，如图 11-89 所示。

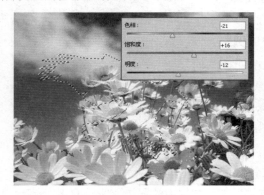

🔘 **图 11-88**　添加调整图层

🔘 **图 11-89**　建立剪贴蒙版

● 11.5.4　控制调整图层的调整强度

当通过调整图层改变原图像效果后，其强度是相同的，这时可以通过调整图层的【不透明度】、【混合模式】与【图层样式】选项来控制其强度。

1. 调整图层不透明度

调整图层本身具有【不透明度】选项，通过降低其【不透明度】选项，逐渐减少调整后效果，随之显示原图像效果，来减轻调整效果的强度，如图 11-90 所示。

【不透明度】为70%　　　　　　【不透明度】为50%　　　　　　【不透明度】为20%

图 11-90　设置不同的【不透明度】参数

2．调整图层混合模式

混合模式是用来设置图层的混合效果，以增强和改善图像效果，在调整图层中也可以使用【混合模式】选项，通过它来改善调整效果，如图 11-91 所示。

【正片叠底】混合模式　　　　　【滤色】混合模式　　　　　　【叠加】混合模式

图 11-91　设置不同的【混合模式】选项

3．调整图层样式

调整图层除了基本的【不透明度】和【混合模式】等属性外，还具有普通图层的【图层样式】功能。在调整图层中添加某些图层样式，可以创建特殊效果。依据调整图层与图层样式结合得到的效果文档比使用其他方法得到同样效果的文档大小要小得多，如图 11-92 所示。

图 11-92　添加【颜色叠加】样式

注　意

调整图层与普通图层一样，也可以合并图层，但是有些调整图层的合并图层会影响整个图像的效果。所以调整图层不能作为合并的目标图层，也就是说选中普通图层后，其下方为调整图层，则无法执行【向下合并】命令。

11.6　课堂练习：合成美女照片

本实例主要使用快速蒙版和图层蒙版来合成美女照片效果。在制作的过程中，使用【画笔工具】涂抹出要表现的人物，通过对翅膀素材添加投影效果来突出人物，达到最终的效果，如图 11-93 所示。

图 11-93 合成美女照片

操作步骤：

1 新建一个 1024×768 像素的空白文档，导入 "人物" 素材，复制素材，按快捷键 Ctrl+Shift+U 去色，按 Q 键进入快速蒙版编辑状态，使用【渐变工具】■■拉出黑色到透明的线性渐变，如图 11-94 所示。

图 11-94 快速蒙版效果

2 按 Q 键，退出快速蒙版编辑状态，获得选区，并按 Delete 键删除选区内容，如图 11-95 所示。

图 11-95 删除图层效果

3 导入 "翅膀" 素材，按快捷键 Ctrl+U 打开

【色相/饱和度】对话框，设置参数，如图 11-96 所示。

图 11-96 设置【色相/饱和度】参数值

4 复制 "人物" 素材，放置在图层最上方，单击【图层】面板上的【添加图层蒙版】按钮 ■■，添加蒙版并将其填充为黑色，如图 11-97 所示。

图 11-97 添加蒙版

5 使用【画笔工具】 ✐，设置前景色为白色，在蒙版上按照人物躯体形状进行涂抹，如图11-98所示。

图 11-98 画笔涂抹效果

6 选择"翅膀"素材图层，双击图层打开【图层样式】对话框，启用【投影】复选框，设置参数为默认，完成最终效果，如图11-99所示。

图 11-99 添加投影效果

11.7 课堂练习：制作仿古画

冬季干枯的树木，枝丫繁多，细节烦琐，在保持细节的情况下，使用【计算】命令创建选区，可以得到完美细节的冬季树木图像。然后结合【填充】和【滤镜】功能，以及相应的文字，即可打造出一幅古代的水墨写生画如图11-100所示。

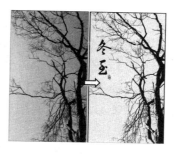

图 11-100 制作仿古画

操作步骤：

1 打开素材图片，双击背景层，得到"图层0"，然后执行【图像】|【计算】命令。在弹出的【计算】对话框中，设置【源2】的【通道】为"绿"，设置【结果】为"新建通道"，如图11-101所示。

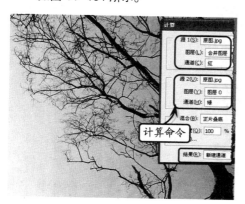

图 11-101 设置【计算】参数值

2 单击【确定】按钮退出后，打开【通道】面板。然后单击最下方的"Alpha1"通道，按快捷键Ctrl+I执行【反相】命令，如图11-102所示。

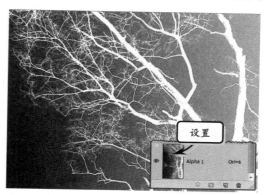

图 11-102 执行【反相】命令

3 按住 Ctrl 键，单击"Alpha1"通道缩览图，

载入选区。返回图层，按快捷键 Ctrl+J 复制
选区图像。隐藏"图层 0"，即可看见所复
制的图像，如图 11-103 所示。

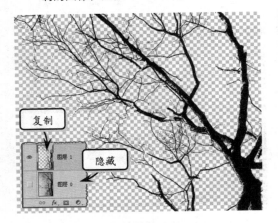

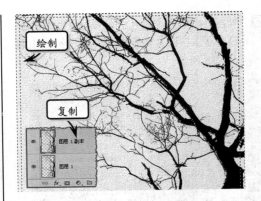

图 11-105　绘制选区

图 11-103　复制"Alpha1"通道

6　新建一个图层，设置前景色为暗红色
（#6D1E02），按快捷键 Alt+Delete 填充颜
色，为仿古画添加上边框。然后选择【直排
文字工具】，输入"冬至"两个大字并
设置字样式，如图 11-106 所示。

4　在"图层 0"上新建一个图层。设置前景色
为浅黄色（#F8F5DA），然后按快捷键
Alt+Delete 填充。执行【滤镜】|【滤镜库】
|【纹理】|【纹理化】命令，为该图层添加
纹理，如图 11-104 所示。

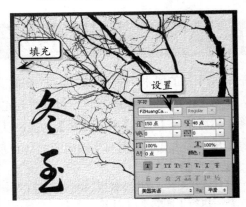

图 11-106　输入字体

7　按快捷键 Ctrl+O 打开"印章"素材，使用
【魔棒工具】去除背景，然后放置到仿古
画文档中的合适位置，完成最终效果，如图
11-107 所示。

图 11-104　设置【纹理化】参数值

5　观察图像感觉细节不是太完善，按快捷键
Ctrl+J 复制"图层 1"，细节出来了。选择
【矩形选框工具】，在图像边缘绘制一个
矩形，按快捷键 Ctrl+Shift+I 执行【反向】
命令，如图 11-105 所示。

图 11-107　导入素材

11.8 思考与练习

一、填空题

1. _____主要用于替代或补充印刷色（CMYK）油墨，在印刷时每种专色都要求专业的印版，一般在印金、银色时需要创建专色通道。

2. Photoshop 中的蒙版包括快速蒙版、_____、图层蒙版和_____。

3. 【_____】命令是通过混合模式功能，混合两个来自一个或者多个源图像中的单色通道，然后将结果应用到新图像、新通道或者现有的图像选区中。

4. _____是使用各种绘图工具来建立临时蒙版的一种高效方法，建立的蒙版能够快速转换成选择区域。

5. 通过图层的【混合模式】选项、【____】选项，或者_____选项可以控制调整图层的强度。

二、选择题

1. 单击【通道】面板底部的_____，能够将画布中的选区保存至新建通道中。
- A.【将通道作为选区载入】按钮 ⬚
- B.【将选区存储为通道】按钮 ▣
- C.【创建新通道】按钮 ⬒
- D.【删除当前通道】按钮 🗑

2. 将通道中的图像内容转换为选区，可以_____。
- A. 按下 Ctrl 键的同时单击通道缩览图
- B. 按下 Shift 键的同时单击通道缩览图
- C. 按下 Alt 键的同时单击通道缩览图
- D. 以上都不正确

3. 专色是_____输出彩色画面时采用的方法。
- A. 扫描仪
- B. 显示器
- C. 打印机
- D. 数码相机

4. 执行【图层】|【创建剪贴蒙版】命令（快捷键_____），该图层会与其下方图层创建剪贴蒙版。
- A. Ctrl+Alt+G
- B. Ctrl+Shift+G
- C. Ctrl+Alt+P
- D. Shitr+Alt+G

5. 创建_____能够在不破坏原图像信息的基础上改变图像效果。
- A. 文本图层
- B. 图层样式
- C. 普通图层
- D. 调整图层

三、问答题

1. 如何将通道的图像以选区形式显示在画布中？

2. 复制通道与复制通道颜色有何区别？

3. 【应用图像】与【计算】命令之间有何区别？

4. 什么图层可以作为剪贴蒙版中的下方图层？

5. 矢量蒙版与图层蒙版如何同时使用？

四、上机练习

1. 通过通道变换图像色调

通过复制颜色通道，能够得到不同色调的图像效果。这里是将红通道复制到蓝通道后，得到的色彩变换效果，如图 11-108 所示。

◐ **图 11-108** 通过通道变换图像色调

2. 无破坏提取图像

　　要无破坏地提取图像，可以采用图层蒙版的方式。方法是根据图像的色调显示，使用【磁性套索工具】 ◎.或者通道建立主题图像的选区，然后将"背景"图层转换为普通图层。接着单击【图层】面板底部的【添加图层蒙版】按钮，即

可隐藏选区以外的图像，得到主题图像，如图 11-109 所示。

　　图 11-109　无破坏提取图像

第 12 章

Photoshop 特效

　　平面作品中的效果不仅能够通过色彩调整命令、通道与蒙版来实现，还可以通过 Photoshop 中的特效来实现，如滤镜命令和动画功能。这些特效命令，不仅能够将照片效果的图像制作成绘画效果，将静止的图像制作成动画效果，还能够将二维对象转换为三维对象，制作出具有三维空间的效果。

　　在本章中，主要介绍了 Photoshop 中的各种滤镜命令的使用方法、各种动画效果的制作方法、动作功能，以及创建与操作 3D 对象的方法。

本章学习目标：

- ➢ 滤镜使用方法
- ➢ 滤镜分类
- ➢ 各种动画
- ➢ 动作功能
- ➢ 3D 对象

12.1 滤镜

滤镜命令可以自动地对一幅图像添加效果，在滤镜命令中，大致上分为三类：校正性滤镜、破坏性滤镜与效果性滤镜。虽然滤镜效果各不相同，但是使用方法与操作技巧基本相似。

12.1.1 滤镜使用方法

当从滤镜菜单中选择一个命令，Photoshop 将相应的滤镜应用到当前图层的图像中。在接触滤镜命令之前，首先来了解滤镜的操作技巧以及注意事项。

1. 滤镜处理范围

Photoshop 本身带有许多滤镜，其功能各不相同，但是所有滤镜都有相同的特点，只有遵守这些规则，才能准确有效地使用滤镜功能。

Photoshop 会针对选区范围进行滤镜处理，如果图像中没有选区，则对整个图像进行处理，并且只对当前图层或者通道起作用，如图 12-1 所示。

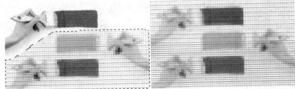

图 12-1　滤镜应用到选区内与整个图像的对比效果

技 巧

只对局部图像进行滤镜处理时，可以将选区范围羽化，使处理的区域与原图像自然地结合，减少突兀的感觉。

2. 滤镜库

自从 Photoshop 引入【滤镜库】命令后，对很多滤镜提供了一站式访问。这是因为在滤镜库对话框中包含六组滤镜，这样在执行滤镜命令时，特别是想对一幅图像尝试不同效果时，就不用在滤镜之间跳来跳去，而是在同一个对话框中设置不同的滤镜效果。要访问滤镜库，可以执行【滤镜】|【滤镜库】命令，打开如图 12-2 所示的对话框，滤镜库对

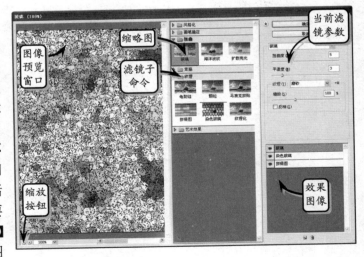

图 12-2　滤镜库对话框

话框的名称是随选择滤镜的名称而定的。

使用滤镜库对话框可以非常方便直观地为图像添加滤镜。该对话框的中间部分是用来访问滤镜本身的，滤镜按照【滤镜】菜单的子命令中的位置分别放置在不同文件夹中，单击某个文件夹即可显示该滤镜组中的滤镜缩略图，再次单击缩略图即可应用该滤镜。

提 示

应用滤镜后，还可以在滤镜库对话框右侧重新设置该滤镜的参数，从而得到不同的效果。

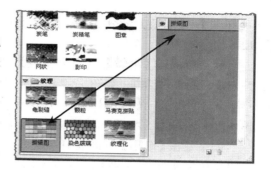

图 12-3 效果图层

滤镜库最特别之处在于应用滤镜的显示方式与图层相同。在默认情况下，滤镜库中只有一个效果图层，单击不同的滤镜缩略图，效果图层会显示相应的滤镜命令，如图 12-3 所示。

要是想在保留滤镜效果的同时，添加其他滤镜，可以单击滤镜库对话框右下角的【新建效果图层】按钮 ，创建与当前相同滤镜的效果图层，然后单击该图层应用其他滤镜即可，如图 12-4 所示。

技 巧

只要选中效果图层，单击【删除效果图层】按钮 ，即可删除建立的效果图层。但是当只有一个效果图层时，该按钮是不可用的。

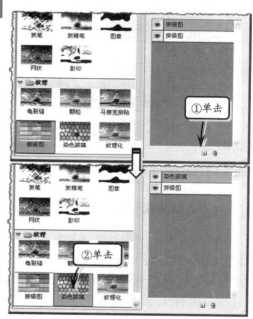

图 12-4 新建效果图层

当建立多个效果图层后，得到的是其中和效果。但是效果图层的堆放顺序决定最终图像显示效果，改变效果图层的堆放顺序非常简单，就是单击并且拖动放置在其他效果图层的上方或者下方即可。如图 12-5 所示为不同堆放顺序得到的不同效果。

3. 渐隐滤镜

在执行滤镜命令之后，如果想在不改变滤镜参数的情况下，降低图像效果强度，最简单的方法就是执行【渐隐】命令。【渐隐】命令允许将应用滤镜后的图像与原始图像进行叠加。

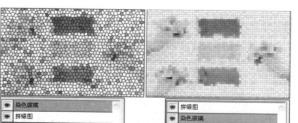

图 12-5 不同效果图层顺序得到的图像效果

要执行【渐隐】命令，必须在执行某个滤镜命令之后，并且【渐隐】命令显示为渐隐该滤镜名称。比如，在执行【滤镜】

|【扭曲】|【水波】命令之后，图像变为如图12-6 所示的效果。

紧接着执行【编辑】|【渐隐水波】命令，弹出【渐隐】对话框，如图12-7 所示，其中包括【不透明度】与【模式】选项。在设置了【不透明度】选项为50%后，图像发生变化。

如果是在【渐隐】对话框中设置了【模式】为"颜色加深"，那么图像会呈现不同的效果，如图12-8 所示。

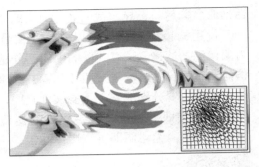

图 12-6　执行【水波】滤镜命令

图 12-7　【渐隐】对话框

图 12-8　设置渐隐模式

4．智能滤镜

虽然滤镜库中的效果图层可以为同一个图像添加两个以上的滤镜效果，但是只限于在滤镜库对话框中。一旦关闭滤镜库对话框，所作用的图像将无法再次查看混合滤镜中的单个效果。

在执行滤镜命令之前，首先执行【滤镜】|【转换为智能滤镜】命令，当前图层缩览图中出现智能对象图标，背景图层转换为智能图层，如图12-9 所示。

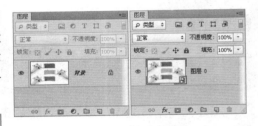

图 12-9　转换为智能滤镜

> **提　示**
>
> 滤镜中的【转换为智能滤镜】命令与图层中的【转换为智能对象】命令，同样是将普通图层转换为智能图层，并且可以在同一个智能图层中同时执行【滤镜】与【变换】命令。

接着执行【滤镜】|【扭曲】|【波纹】命令，完成设置后，智能图层出现滤镜效果图层，如图12-10 所示。

继续执行【滤镜】|【滤镜库】|【纹理】|

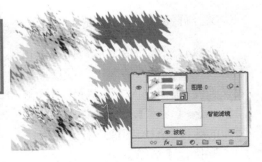

图 12-10　添加滤镜

【染色玻璃】命令，发现智能图层中出现了滤镜库效果图层，但并不显示滤镜库中某个具体的滤镜效果名称，如图 12-11 所示。

　　这时发现滤镜效果名称左侧都带有眼睛图标，隐藏其中一个眼睛图标，相应的滤镜效果被隐藏，而最终滤镜效果发生变化，如图 12-12 所示。

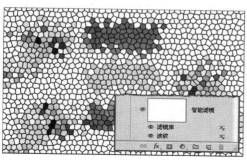

图 12-11　再次添加滤镜效果

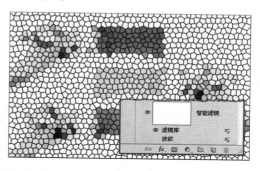

图 12-12　隐藏滤镜效果

　　智能滤镜与图层样式相同，同样可以双击滤镜效果命令，再次设置滤镜参数，替换原来的效果，如图 12-13 所示。

　　因为使用多个滤镜命令，得到的是其混合效果，所以既可以隐藏智能滤镜效果，也可以调换它们之间的顺序，来更改混合效果，如图 12-14 所示。

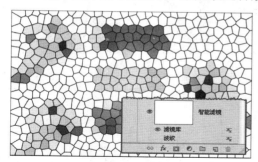

图 12-13　更改滤镜效果

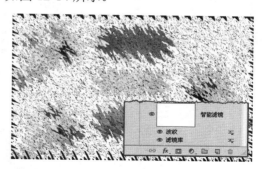

图 12-14　调换顺序

　　以上都是在智能图层中操作的结果，在创建滤镜效果图层后，还添加了滤镜效果蒙版。单击滤镜效果蒙版缩览图使其进入工作状态，即可像图层蒙版一样进行操作，来控制滤镜的作用范围，如图 12-15 所示。

> **提 示**
>
> 滤镜效果蒙版只作用于整个滤镜效果，而每个滤镜效果图层不能单独添加蒙版。并且智能滤镜不能应用于单个通道，即使选中单个通道后执行【转换为智能滤镜】命令，也会返回复合通道。

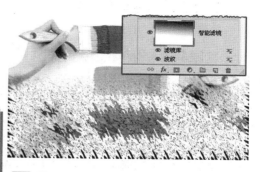

图 12-15　滤镜效果蒙版

12.1.2　校正性滤镜

校正性滤镜用于修正扫描所得的图像，以及为打印输出图像进行修饰调整。多数情况下，它的效果非常细微，如模糊滤镜组、锐化滤镜组及杂色滤镜组，效果如图 12-16 所示。

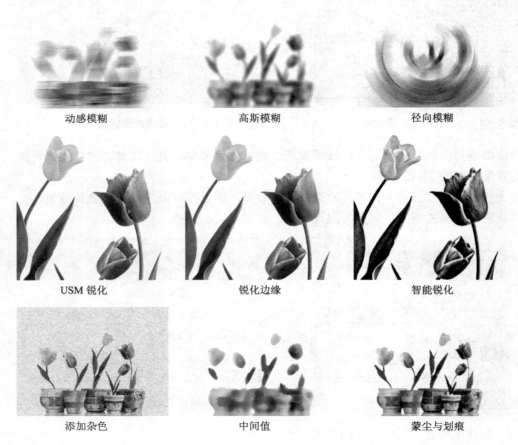

动感模糊　　　　　　　　高斯模糊　　　　　　　　径向模糊

USM 锐化　　　　　　　　锐化边缘　　　　　　　　智能锐化

添加杂色　　　　　　　　中间值　　　　　　　　　蒙尘与划痕

图 12-16　校正性滤镜效果

12.1.3　破坏性滤镜

破坏性滤镜能产生很多意想不到的效果，而这些是普通 Photoshop 工具与校正性滤镜很难做到的。但是如果使用不当就会完全改变图像，使滤镜效果变得比图像本身更加显眼。由于破坏性滤镜让普通效果经过简单的变化转换为一种特殊效果，所以 Photoshop 中所提供的该滤镜数量几乎是校正性滤镜的两倍，如扭曲滤镜组、风格化滤镜组等，效果如图 12-17 所示。

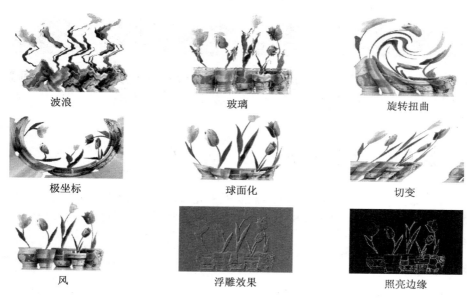

波浪　　　　　　　玻璃　　　　　　　旋转扭曲

极坐标　　　　　　球面化　　　　　　切变

风　　　　　　　浮雕效果　　　　　　照亮边缘

图 12-17　破坏性滤镜效果

12.1.4　效果性滤镜

Photoshop 还提供了效果性滤镜，该滤镜是破坏性滤镜的其中一种表现。效果性滤镜包括素描滤镜组、纹理滤镜组与艺术效果滤镜组等。这些滤镜命令可以明显地制作出想要的图像效果，如图 12-18 所示。

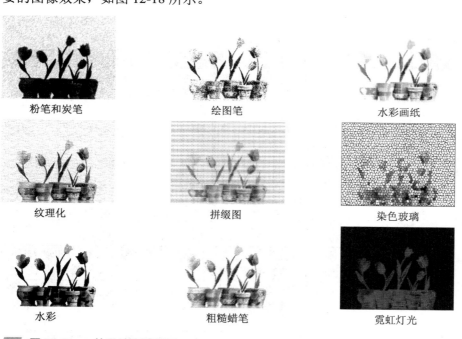

粉笔和炭笔　　　　绘图笔　　　　　　水彩画纸

纹理化　　　　　　拼缀图　　　　　　染色玻璃

水彩　　　　　　　粗糙蜡笔　　　　　霓虹灯光

图 12-18　效果性滤镜效果

12.2 动画

GIF 动画图片是一种图片形式的动画效果。自 Photoshop CS2 开始，出现了【动画】面板，使用该面板可以制作逐帧动画和过渡动画，而从 Photoshop CS3 开始还可以导入并且制作视频动画。

12.2.1 认识【动画】面板

在 Photoshop 中的所有动画均是在【动画】面板中完成的，所以创建动画之前，首先要了解【动画】面板。从 Photoshop CS3 开始，【动画】面板就包括两种模式，分别为帧模式与时间轴模式。

1.【动画（帧）】面板

【动画（帧）】面板编辑模式是最直接也是最容易让人理解动画原理的一种编辑模式，它是通过复制帧来创建出一幅幅图像，然后通过调整图层内容，来设置每一幅图像的画面，将这些画面连续播放就形成了动画。

在帧动画模式下，可以显示出动画内每帧的缩览图，如图 12-19 所示。使用面板底部的工具可浏览各个帧、设置循环选项，以及添加、删除帧或是预览动画。其中的选项及功能如表 12-1 所示。

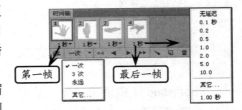

第一帧　　最后一帧

图 12-19　【动画（帧）】面板

::: 表 12-1　【动画（帧）】面板中的选项名称及功能

选　　项	图标	功　　能
选择循环选项	无	单击该选项的三角打开下拉菜单，可以选择一次循环或者永远循环，或者选择【其他】选项打开【设置循环次数】对话框，设置动画的循环次数
选择第一帧	◄◄	要想返回【动画】面板中的第一帧，可以直接单击该按钮
选择上一帧	◄	单击该按钮选择当前帧的上一帧
播放动画	►	在【动画】面板中，该按钮的初始状态为播放按钮。单击该按钮后显示为停止状态，再次单击后返回播放状态
停止动画	■	
选择下一帧	►►	单击该按钮选择当前帧的下一帧
过渡动画帧	↘	单击该按钮打开【过渡】对话框，该对话框可以创建过渡动画
复制所选帧	▢	单击该按钮可以复制选中的帧，也就是说通过复制帧创建新帧
删除所选帧	🗑	单击该按钮可以删除选中的帧。当【动画】面板中只有一帧时，其下方的【删除所选帧】按钮不可用
选择帧延时时间	无	单击帧缩览图下方的【选择帧延迟时间】弹出列表，选择该帧的延迟时间，或者选择【其他】选项打开【设置帧延迟】对话框，设置具体的延迟时间
转换为视频时间轴	‡☰	单击该按钮【动画】面板会切换到时间轴模式（仅限 Photoshop Extended）

2.【动画（时间轴）】面板

时间轴动画效果是类似于帧动画中的过渡效果，但是制作方法更加简单。在【动画（帧）】面板中单击【转换为视频时间轴】按钮 ﹉，即可转到时间轴编辑模式。

在时间轴中可以看到类似【图层】面板中的图层名字，其高低位置也与【图层】面板相同，其中每一个图层为一个轨道。单击图层左侧的三角形标志展开该图层所有的动画项目。不同类别的图层，其动画项目也有所不同。例如，文字图层与矢量形状图层，它们共有的是针对【位置】、【不透明度】和【样式】的动画设置项目，不同的是文字图层多了一个【文字变形】项目，而矢量形状图层多了两个与蒙版有关的项目。如图 12-20 所示，在该模式中，面板中的选项名称及功能如下。

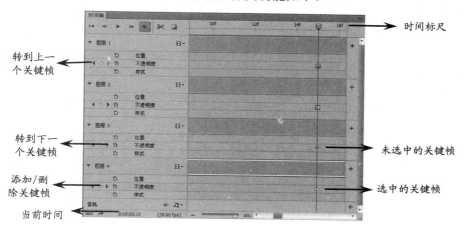

图 12-20 【动画（时间轴）】面板

- ❑ **缓存帧指示器**　显示一个绿条以指示进行缓存以便回放的帧。
- ❑ **转换为帧动画**　用于时间轴动画转换为帧动画。
- ❑ **当前时间指示器**　拖动当前时间指示器可导航帧或更改当前时间或帧。
- ❑ **关键帧导航器**　轨道标签左侧的三角形按钮将当前时间指示器从当前位置移动到上一个或下一个关键帧。单击中间的按钮可添加或删除当前时间的关键帧。
- ❑ **图层持续时间条**　指定图层在视频或动画中的时间位置。要将图层移动到其他时间位置，可以拖动此条。要裁切图层（调整图层的持续时间），可以拖动此条的任意一端。
- ❑ **已改变的视频轨道**　对于视频图层，为已改变的每个帧显示一个关键帧图标。要跳转到已改变的帧，可以使用轨道标签左侧的关键帧导航器。
- ❑ **时间标尺**　根据文档的持续时间和帧速率，水平测量持续时间（或帧计数）。（从【面板】菜单中选择【文档设置】命令可更改持续时间或帧速率。）刻度线和数字沿标尺出现，并且其间距随时间轴的缩放设置的变化而变化。
- ❑ **时间-变化秒表**　启用或停用图层属性的关键帧设置。选择此选项可插入关键帧并启用图层属性的关键帧设置。取消选择可移去所有关键帧并停用图层属性的关键帧设置。

□ **动画面板选项** 打开【动画】面板菜单，其中包含影响关键帧、图层、面板外观、洋葱皮和文档设置的各种功能。

□ **启用音频播放** 当导入视频文件并且将其放置在视频图层时，单击该按钮可在播放动画图像的同时播放音频。

时间码是【当前时间指示器】指示的当前时间，从右端起分别是毫秒、秒、分钟、小时。时间码后面显示的数值（30.00fps）是帧速率，表示每秒所包含的帧数。在该位置单击并拖动鼠标，可移动【当前时间指示器】的位置。

图 12-21 设置工作区域开始位置

拖动位于顶部轨道任意一端的灰色标签（工作区域开始和工作区域结束），可标记要预览、导出的动画或视频的特定部分，如图 12-21 所示。

关键帧是控制图层位置、透明度或样式等内容发生变化的控件。当需要添加关键帧时，首先激活对应项目前的【时间-变化秒表】。然后移动【当前时间指示器】到需要添加关键帧的位置，编辑相应的图像内容，此时激活的【时间-变化秒表】所在轨道与【当前时间指示器】交叉处会自动添加关键帧，将对图层内容所作的修改记录下来，如图 12-22 所示。

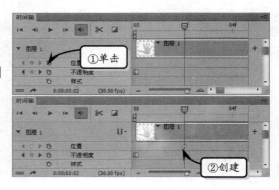

图 12-22 创建关键帧

12.2.2 逐帧动画

逐帧动画就是一帧一个画面，将多个帧连续播放就可以形成动画。在 Photoshop 中制作逐帧动画非常简单，只需要在【动画（帧）】面板中不断地新建动画帧，然后配合【图层】面板，对每一帧画面的内容进行更改即可。

比如，当【图层】面板中存在多个图层时，只保留一个图层的可见性，打开【动画（帧）】面板，如图 12-23 所示。

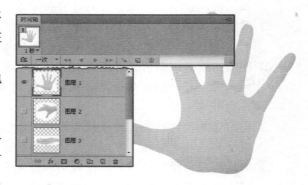

图 12-23 创建第 1 个动画帧

提 示

在使用【动画帧】面板创建动画之前，首先要设置帧延迟时间，这样才能够正确地显示动画播放时间。

单击【动画（帧）】面板底部的【复制所选帧】按钮，创建第 2 个动画帧。隐藏【图层】面板中的"图层 3"，并且显示"图层 2"，完成第 2 个动画帧的内容编辑，如图 12-24 所示。

　　按照上述方法，创建第 3 个动画帧和第 4 个动画帧，并且进行编辑，完成逐帧动画的创建。这时单击面板底部的【播放动画】按钮 ▶，预览逐帧动画，如图 12-25 所示。

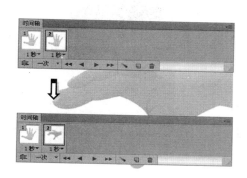

图 12-24　创建第 2 个动画帧

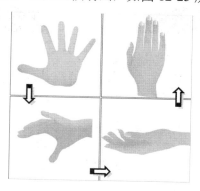

图 12-25　预览逐帧动画

12.2.3　关键帧动画

　　【动画（帧）】面板中所有的动画，特别是过渡动画，在【动画（时间轴）】面板均能够创建。并且在后者面板创建过程中，随时能够更改效果。而且还能够实现前者面板所不能实现的动画效果——蒙版效果动画。所以这里直接介绍使用关键帧创建的过渡动画。

1. 普通图层时间轴动画

　　普通图层的时间轴动画主要是针对位置、不透明度与样式效果，既可以单独创建，也可以同时创建，如位置时间轴动画的创建。当画布中存在图像时，切换到【动画（时间轴）】模式中。确定【当前时间指示器】位置后，单击【位置】属性的【时间-变化秒表】⏱，创建第 1 个关键帧，调整该关键帧中对象的属性，如图 12-26 所示。

　　向右拖动【当前时间指示器】，确定第 2 个关键帧位置，单击【添加/删除关键帧】图标 ◇，创建第 2 个关键帧，并且移动对象位置，如图 12-27 所示。

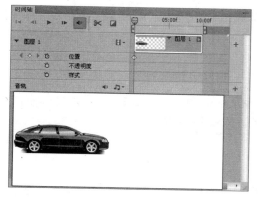

图 12-26　创建第 1 个关键帧

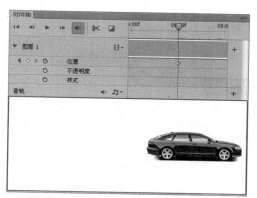

图 12-27　创建第 2 个关键帧

这时位置效果的时间轴动画创建完成，单击面板右上角的按钮 ▤ 后，在关联菜单中选择【启用洋葱皮】选项，移动【当前时间指示器】，发现不同时间效果不同，如图 12-28 所示。

图 12-28 洋葱皮效果

2．文本图层时间轴动画

文本变形动画在过渡动画中是启用【效果】选项创建而成，而在【动画（时间轴）】面板中，则是在文本图层中创建的，并且其创建方法与普通图层中的时间轴动画方法相同。

例如，输入文本，并且在文本变形属性中的不同位置创建两个关键帧。然后，分别在不同的关键帧位置对文本进行变形，如图 12-29 所示。

图 12-29 创建关键帧并设置文本变形

单击面板的【播放】按钮 ▶，即可查看文字变形动画。其中，单击面板右上角的按钮 ▤ 后，在关联菜单中选择【启用洋葱皮】选项，能够得到过渡展示效果，如图 12-30 所示。

图 12-30 文本变形动画效果

> **注 意**
>
> 当洋葱皮效果不明显时，可以选择【动画（时间轴）】面板的关联菜单，选择【洋葱皮设置】命令。设置对话框中的【洋葱皮计数】与【帧间距】选项，即可改变洋葱皮效果。

3．蒙版图层时间轴动画

蒙版图层的时间轴动画效果中，除了普通图层中的位置、不透明度与样式外，还包括图层蒙版启用与图层蒙版位置两个属性。前者是针对在文档中的启用与禁用效果，而后者是针对蒙版图形在画布中的位置属性。

❑ 蒙版启用动画

蒙版图层中的图层蒙版启用属性，是针对时间轴动画中蒙版的启用与禁用效果。其动画效果不是过渡效果，而是瞬间效果，所以其关键帧图标也会有所不同。

设置方法是在图层蒙版启用属性中创建两个关键帧，并且选中第 2 个关键帧。在【蒙版】面板中单击【停用/启用蒙版】按钮 ，完成动画制作。这时单击面板的【播放】按钮 ，发现当【当前时间指示器】经过第 2 个关键帧时，整个画面瞬间显示为图像，如图 12-31 所示。

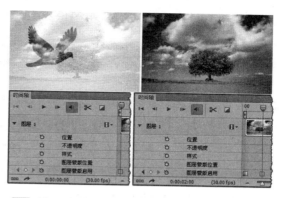

图 12-31　创建图层蒙版启用动画

❑ 蒙版位置动画

图层蒙版位置动画主要是利用蒙版图像的移动来创建的，为了不影响图层图像，必须禁用【指示图层蒙版链接到图层】图标 。

当在一个普通图层中创建图层蒙版后，单击图层蒙版位置的【时间-变化秒表】 ，创建第 1 个关键帧，如图 12-32 所示。

然后确定【当前时间指示器】位置后，单击【添加/删除关键帧】图标 ，创建第 2 个关键帧。单击【图层】面板中的【指示图层蒙版链接到图层】图标 ，禁用链接功能，移动蒙版中的图形，如图 12-33 所示。

图 12-32　创建第 1 个关键帧

图 12-33　创建第 2 个关键帧

单击面板上的【播放】按钮 ，即可查看文字变形动画。其中，单击面板右上角的按钮 后，在关联菜单中选择【启用洋葱皮】选项，能够得到过渡展示效果，如图 12-34 所示。

图 12-34　动画过程

蒙版动画不仅能够创建图层蒙版动画，还可以针对矢量蒙版创建动画。当【图层】面板中创建矢量蒙版后，面板中将显示为【矢量蒙版位置】与【矢量蒙版启用】属性。

12.3　动作

　　动作功能是 Photoshop 中的自动化功能的一种方式，是一系列录制命令的集合，在 Photoshop 中，用户可以将经常执行的任务按执行顺序录制成动作命令，这样在以后的工作中可以反复使用，减轻烦琐的工作负担，提高工作效率。

12.3.1　【动作】面板

　　要记录工作过程，首先要打开【动作】面板，执行【窗口】|【动作】命令，或者单击【动作】图标▶，打开如图 12-35 所示的面板，各个功能如表 12-2 所示。

图 12-35　【动作】面板

表 12-2　【动作】面板中按钮的名称及其功能

图标	名　称	功　　能
🗐	创建新动作	单击此按钮，可以创建一个新动作文件
🗑	删除动作	单击此按钮，可以删除选中的命令、动作或者组
🗀	创建新组	单击此按钮，可以创建一个新动作组
●	开始记录	单击此按钮，可以开始记录一个新动作，处于记录状态时，此图标呈红色显示
■	停止播放/记录	单击此按钮，可以停止正在记录或者播放的动作命令
▶	播放选定的动作	单击此按钮，可以执行选中的动作命令
⊟	切换对话开/关	控制动作命令在执行时是否弹出参数对话框
✔	切换项目开/关	控制组或者命令是否执行
▶	展开按钮	位于组、动作和命令左侧，单击展开按钮，可以展开组、动作和命令，显示其中的所有动作命令
▼	收缩按钮	单击组、动作和命令左侧的收缩按钮，可以将展开的组、动作和命令收缩为上一级显示状态

　　单击"默认动作"组的展开按钮，将会看到 Photoshop 自带的一个动作列表，当一个复选标记出现在动作或者动作组名称左侧的【切换项目开/关】选项时，该动作或者动作组将在播放时被应用到图像中。如果【切换项目开/关】选项没有启用，这个动作将被跳过。通过启用或者禁用【切换项目开/关】选项，用户可以确定哪些动作将会在一个组中得到应用。当启用【切换对话开/关】选项时，这个动作将暂停并且显示一个对话框，以便能够修改设置。

提　示

大多数命令和工具操作都可以记录在动作中，动作包含停止，执行无法记录的任务，如使用绘画工具等；也包含模态控制，在播放动作时，在弹出的对话框中输入值。

【动作】面板的关联菜单提供了用来保存、载入、复制及创建新动作和动作组等多种命令，并且还有【按钮模式】命令，选择该命令，【动作】面板显示为一个按钮界面，如图 12-36 所示。

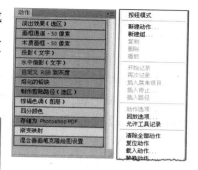

图 12-36 【动作】面板按钮模式

提 示

在按钮模式中，只需单击一个动作的名称即可使用默认或者已有的动作，但是不能对动作执行创建、记录、修改和删除等操作。

12.3.2 录制与编辑动作

在录制新动作之前，必须创建动作，该动作可以在默认动作组中创建，也可以先创建新组，然后在新组中创建动作。方法是在【动作】面板底部单击【创建新组】按钮 ，在弹出的【新建组】对话框中，直接单击【确定】按钮创建 "组 1"，接着单击【创建新动作】按钮 ，单击【记录】按钮创建 "动作 1"，如图 12-37 所示。

图 12-37 创建动作

技 巧

在【新建动作】对话框中，选择【功能键】下拉列表中的快捷键后，则可以在不打开【动作】面板的情况下，按下快捷键播放动作。

接着就可以开始执行各种正常的操作，这时【动作】面板中会记录用户操作的步骤。当操作完成后，单击该面板底部的【停止播放/记录】按钮 ，动作停止记录。

注 意

在记录状态中尽量避免错误操作，因为在执行了某个命令后虽然可以按快捷键 Ctrl+Z 撤销此命令，但是在【动作】面板中不会由于撤销而自动删除已经记录的动作命令，只能在该面板中删除此命令的记录。

完成一个动作后，还可以在其中继续添加新动作命令，方法是选择需要添加动作命令的动作文件名称，单击【动作】面板底部的【开始记录】按钮 ，就可以在选中的动作中继续记录动作，如图 12-38 所示。

图 12-38 添加动作命令

提 示

如果在【动作】面板中选择的是动作文件，添加的动作命令将被记录到该动作的最下方；如果选择的是动作文件中的某一动作命令，那么添加的动作命令将被记录到该命令的下面。

对于录制好的动作命令，可以根据工作需要对其进行编辑，在 Photoshop 中可以重命名动作名称，还可以复制、调整、删除、添加、修改和插入动作命令。

在创建动作时，会遇到一些不能被录制的菜单项目，如绘画和色调工具、工具选项、【视图】命令和【窗口】命令等，这时可以选择关联菜单中的【插入菜单项目】选项，接着选择要执行的菜单命令，【插入菜单项目】对话框会记录下所执行的菜单命令名称，如图 12-39 所示。

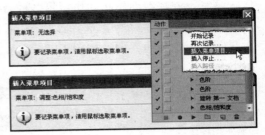

图 12-39 【插入菜单项目】命令

提 示

在插入菜单项目状态下执行菜单命令时，只执行和记录选择该命令，不执行和记录该命令中的任何参数设置。

12.3.3 应用动作

无论是录制的动作，还是 Photoshop 自带的动作，都可以像所有菜单中的命令一样执行，在展开的动作列表中选中动作，单击【动作】面板下方的【播放选定的动作】按钮 ▶ 就可以执行命令，如图 12-40 所示。

图 12-40 播放动作

选择关联菜单中的【回放选项】选项，在打开的对话框中有 3 个单选按钮可以控制播放动作的速度，如图 12-41 所示。

❑ **加速** Photoshop 中默认设置，执行动作时速度较快。

❑ **逐步** 启用该单选按钮，在【动作】面板中将以蓝色显示当前运行的操作步骤，一步一步地完成动作命令。

❑ **暂停** 启用该单选按钮，在执行动作时，每一步都暂停，暂停的时间由右侧文本框中的数值决定，调整范围是 1~60 秒。

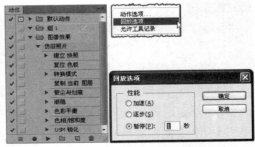

图 12-41 【回放选项】对话框

虽然 Photoshop 的【动作】面板会自动显示创建的动作，但是如果将其从面板中删除，就无法再次使用该动作。要想在删除动作命令后，还可以再次使用，那么可以将该动作保存，以后可以载入该动作继续使用。

因为【存储动作】命令只针对动作组文件夹，所以在执行【存储动作】命令之前，应该选中动作组，在打开的【存储】对话框中设置文件名称后，单击【保存】按钮即可，如图 12-42 所示。

提 示

保存动作时，既可以保存在 Photoshop 动作文件夹中，也可以保存在其他文件夹中。如果将动作保存在其他文件夹中后，即使卸载 Photoshop，该动作还是会保存在该文件夹中。

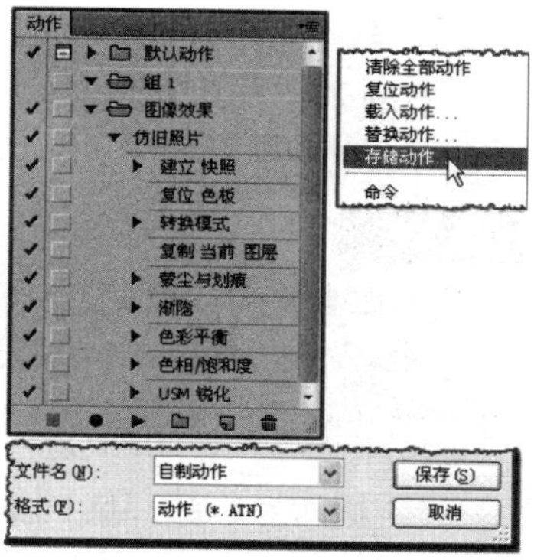

12.4 创建与操作 3D 对象

Photoshop 不仅能够编辑二维平面图像，还能够创建及编辑三维对象。Photoshop CS6 在 Photoshop CS5 的基础上改进了【3D】面板，将创建 3D 对象的各种方式添加到该面板中，使创建与编辑工作均能够在【3D】面板中实现。

图 12-42 保存动作

12.4.1 创建 3D 图层

Photoshop CS6 不仅支持各种 3D 文件，如格式为 U3D、3DS、OBJ、KMZ 及 DAE 的 3D 文件，而且能够在该软件中创建 3D 对象。无论是外部的 3D 文件，还是自身创建的 3D 对象，均可包含下列一个或多个组件。

- ❏ **网格** 提供 3D 模型的底层结构。通常，网格看起来是由成千上万个单独的多边形框架结构组成的线框。3D 模型通常至少包含一个网格，也可能包含多个网格。在 Photoshop 中，可以在多种渲染模式下查看网格，还可以分别对每个网格执行操作。

- ❏ **材料** 一个网格可具有一种或多种相关的材料，这些材料控制整个网格的外观或局部网格的外观。这些材料依次构建于被称为纹理映射的子组件，它们的积累效果可创建材料的外观。Photoshop 材料最多可使用 9 种不同的纹理映射来定义其整体外观。

- ❏ **光源** 光源类型包括：无限光、点光和聚光灯。可以移动和调整现有光照的颜色和强度，并且可以将新光照添加到 3D 场景中。

虽然 3D 对象能够通过 3D 命令进行创建，但是在【3D】面板中，能够根据不同的目标对象创建不同类型的 3D 对象，从而简化 3D 对象的创建过程。

1．选中的图层

执行【窗口】|【3D】命令，弹出【3D】面板。在默认情况下，【源】下拉列表中的选择显示的是【选中的图层】选项。这时，该选项下方的 3D 类型选项均能够被启用，从而创建相应的 3D 对象，如图 12-43 所示。

图 12-43 【3D】面板的【新建 3D 对象】选项组

❏ **3D 明信片**

当画布中存在图像时，在【3D】面板中启用【3D 明信片】选项，单击【创建】按钮，即可将 2D 图层转换为 3D 图层，并且具有 3D 属性的平面。

> **提　示**
>
> 无论是创建任何 3D 图层，当文档中只有"背景"图层时，执行该命令就会将 2D 的"背景"图层转换为 3D 图层。

2D 图层转换为 3D 图层后，2D 图层内容作为材料应用于明信片两面。而原始 2D 图层作为 3D 明信片对象的"漫射"纹理映射出现在【图层】面板中，并且保留了原始 2D 图像的尺寸。

❏ **从预设创建 3D 形状**

当启用【从预设创建 3D 形状】选项，并且选择下拉列表中的子选项后，即可将 2D 图像作为 3D 对象中的其中一个面，如图 12-44 所示。

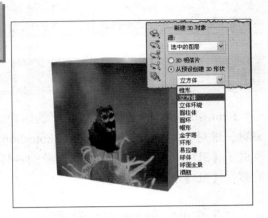

图 12-44　创建预设 3D 对象

> **提　示**
>
> Photoshop 中还准备了各种 3D 模型，如锥形、圆环、帽形、金字塔、易拉罐、酒瓶等模型。并且只要【图层】面板中存在普通图层，即可创建 3D 模型对象。

❏ **3D 凸纹对象**

当选中的图层中显示的是文本，或者是具有图层蒙版的图像，启用【3D 凸纹对象】选项后，单击【创建】按钮，即可弹出【凸纹】对话框，如图 12-45 所示。在该对话框中，可以分别设置不同的选项，从而得到不同立体效果的 3D 对象。其中，对话框中的各个选项如下。

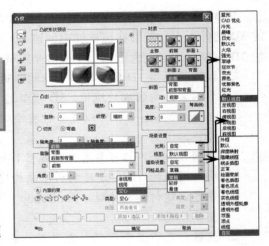

图 12-45　【凸纹】对话框

➢ **凸纹形状预设**

在该选项组中包含 18 个预设形状选项，只要单击其中一个形状方框，即可得到相应形状的 3D 对象，如图 12-46 所示。

图 12-46　凸纹形状

➢ **凸出**　无论选择任何预设形状，在该
选项组中，均能够设置该形状的【深
度】、【缩放】、【扭转】、【纹理】，以及
【切变】或者【弯曲】等选项，从而
改变预设形状，如图 12-47 所示。

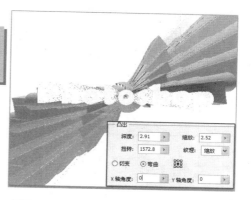

图 12-47　【凸出】选项组效果

➢ **膨胀**　该选项组中的选项是用来展开
或折叠对象前后的中间部分。正角度
设置展开，负角度设置折叠。【强度】
选项用来控制膨胀的程度，如图 12-48
所示。

➢ **材质**　在该选项组中，能够分别为【全
部】、【前部】、【斜面 1】、【侧面】、【斜
面 2】或者【背面】添加材质。只要单
击位置选项，即可弹出材质列表，如
图 12-49 所示。

图 12-48　【膨胀】选项组效果

➢ **斜面**　在该选项组中，能够设置"前
部"、"背面"或者两者的【高度】、
【宽度】以及【等高线】效果，如图
12-50 所示。

➢ **场景设置**　在该选项组中，不仅能够
设置光照颜色、视图方向，还能够设
置渲染方式及网格品质效果，如图
12-51 所示。

➢ **内部约束**　该选项组中的选项是用来
设置具有内部镂空的对象，并且针对

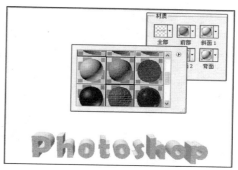

图 12-49　【材质】选项组效果

的是单个选中的对象，所以能够逐个设置具有内部镂空的 3D 对象效果，如图
12-52 所示。

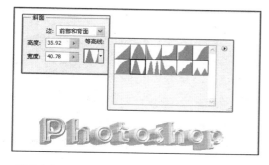

图 12-50　【斜面】选项组效果

图 12-51　【场景设置】选项组效果

❏ 从灰度创建 3D 网格

当启用【从灰度创建 3D 网格】选项，然后选择下拉列表中的某个选项，即可将 2D 对象转换为 3D 对象，其 3D 形状为选项效果，如图 12-53 所示。

图 12-52 【内部约束】选项组效果

图 12-53 球体 3D 对象

❏ 3D 体积

面板中的【3D 体积】选项，其实就是 3D 命令中的【从图层新建形状】命令。通过执行该命令，能够在空白图层中创建各种预设 3D 形状对象，如图 12-54 所示。

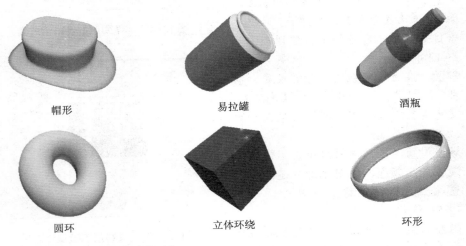

帽形　　　　　　　　　易拉罐　　　　　　　　　酒瓶

圆环　　　　　　　　　立体环绕　　　　　　　　环形

图 12-54 3D 体积对象

2. 工作路径

当画布中存在路径对象，并且在新建的图层中填充颜色后，能够在【3D】面板中的【源】下拉列表中选择【工作路径】选项。这时，只有【3D 凸纹对象】选项可用。启用该选项并单击【创建】按钮，在弹出的【凸纹】对话框中设置选项，即可得到 3D 对象，如图 12-55 所示。

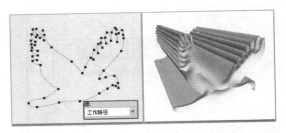

图 12-55 以工作路径为对象创建 3D 对象

3．当前选区

当画布中存在选区，并且在新建的图层中填充颜色后，能够在【3D】面板中的【源】下拉列表中选择【当前选区】选项。这时，同样只有【3D 凸纹对象】选项可用。启用该选项并单击【创建】按钮，在弹出的【凸纹】对话框中设置选项，即可得到 3D 对象，如图 12-56 所示。

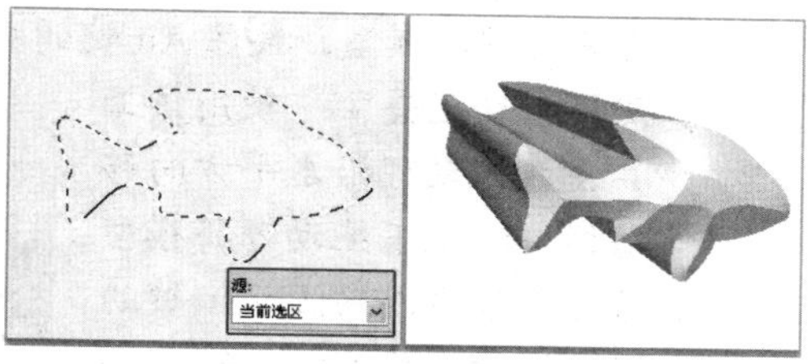

图 12-56　以选区为对象创建 3D 对象

4．文件

当选择【3D】面板中【源】下拉列表中的【文件】选项后，下方的所有选项均不可用。这时，单击【创建】按钮，弹出【打开】对话框。在其中选择 3D 格式的文件后，单击【打开】按钮，即可在空白画布中打开 3D 格式的对象，如图 12-57 所示。

图 12-57　打开外部 3D 对象

12.4.2　3D 对象基本操作

无论通过任何命令创建的 3D 图层，只要选中该 3D 图层，就会激活工具箱中的 3D 工具。这两组 3D 工具分别为 3D 对象工具与 3D 相机工具，前者可用来更改 3D 模型的位置或大小；后者可用来更改场景视图。

1．编辑 3D 对象

Photoshop 中的 3D 对象工具组主要是用来旋转、缩放模型或调整模型位置的。当操作 3D 模型时，场景中的相机视图保持固定。3D 对象工具组包括 5 个工具，不同的工具其作用也有所不同。

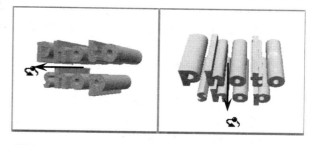

图 12-58　旋转对象

- ❑ **对象旋转工具** 使用该工具上下拖动可将模型围绕其 x 轴旋转；左右拖动可将模型围绕其 y 轴旋转，如图 12-58 所示。按住 Alt 键的同时进行拖移，可滚动模型。
- ❑ **对象滚动工具** 使用该工

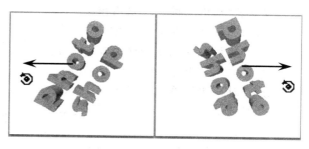

图 12-59　滚动对象

具左右拖动可使模型绕 z 轴旋转，如图 12-59 所示。

- □ **对象平移工具** ⊕ 使用该工具左右拖动可沿水平方向移动模型；上下拖动可沿垂直方向移动模型。按住 Alt 键的同时进行拖移可沿 x/z 方向移动。

- □ **对象滑动工具** ⊕ 使用该工具左右拖动可沿水平方向移动模型；上下拖动可将模型移近或移远。按住 Alt 键的同时进行拖移可沿 x/y 方向移动。

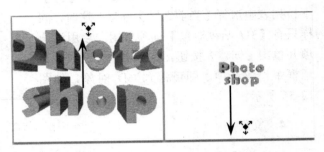

- □ **对象比例工具** 🔍 使用该工具上下拖动可将模型放大或缩小，如图 12-60 所示。按住 Alt 键的同时进行拖移可沿 z 方向缩放。

○ **图 12-60** 缩放对象

在 3D 图层初始状态下，3D 对象的位置包括 7 个方向的视图。对于平面图像转换的 3D 图层，只有默认视图、俯视图与仰视图三种方向视图；而对于凸纹对象的 3D 图层，则在每个视图中均能够查看效果，如图 12-61 所示。

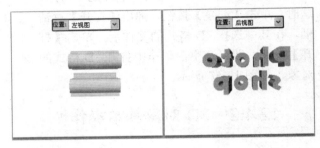

○ **图 12-61** 不同方向视图

2．编辑相机视图

在 3D 图层中，除了能够对 3D 对象执行各种操作来改变 3D 对象在场景中的位置外，还可以通过 3D 相机工具组中的各个工具来对相机执行移动、缩放等操作，来改变相机在场景中的位置，从而得到不同方向的视图查看效果。

- □ **旋转相机工具** 🔄 使用该工具拖动以将相机沿 x 或 y 方向环绕移动，如图 12-62 所示。按住 Ctrl 键的同时进行拖移，可滚动相机。

- □ **滚动相机工具** ⟳ 使用该工具拖动，以滚动相机，如图 12-63 所示。

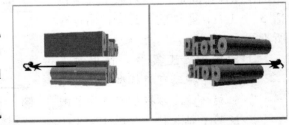

○ **图 12-62** 旋转相机效果

- □ **平移相机工具** ✋ 使用该工具拖动，以将相机沿 z 方向转换与 y 方向旋转。按住

Ctrl 键的同时进行拖移可沿 z 方向平移与 x 方向旋转。

- **移动相机工具** 　使用该工具拖动，以将相机沿 x 或 y 方向平移。按住 Ctrl 键的同时进行拖移可沿 x 或 z 方向平移。

- **缩放相机工具** 　使用该工具拖动，以更改 3D 相机的视角，如图 12-64 所示。其中，最大视角为 180 度。

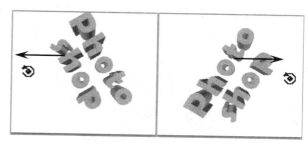

图 12-63 　滚动相机效果

图 12-64 　缩放相机效果

> **提　示**
>
> 通过对相机的操作发现，从视觉角度查看效果，好像是 3D 对象在发生变化。但是仔细观察，会发现同样的操作，其最终显示效果与操作 3D 对象完全相反。这是因为相机在发生变化的同时，3D 对象的位置始终保持不变。

12.5　课堂练习：利用滤镜制作水墨荷花图

水墨画一直是中国画的精髓，但并不是每个人都可以用好毛笔和宣纸的。本实例在 Photoshop 中利用【模糊】滤镜和【反相】命令做出淡彩效果；利用【喷溅】滤镜做出宣纸效果，进而完成一幅清新脱俗的咏荷图，如图 12-65 所示。

图 12-65 　最终效果

操作步骤：

1 打开素材"荷花图"，按快捷键 Ctrl+J 复制

一层，得到"图层 1"。执行【图像】|【调整】|【去色】命令。按快捷键 Ctrl+L，在弹出的【色阶】对话框中，将【输入色阶】两侧的三角滑块向中间滑动，增加图像黑白的对比，如图 12-66 所示。

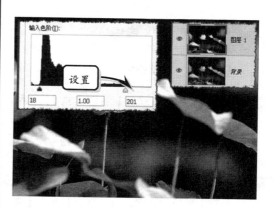

图 12-66 　设置色阶

2 按快捷键 Ctrl+I 执行【反相】命令，使图像黑白对换，类似于相片底片效果。然后执行【滤镜】|【模糊】|【高斯模糊】命令，在弹

277

出的【高斯模糊】对话框中设置【半径】为 1 像素，如图 12-67 所示。

图 12-67 高斯模糊

3 执行【滤镜】|【滤镜库】|【画笔描边】|【喷溅】命令，设置【喷溅半径】为 1，【平滑度】为 3。单击【创建新的填充或调整图层】| ◎. 按钮，选择【曲线】命令，调整【曲线】使图像变亮，如图 12-68 所示。

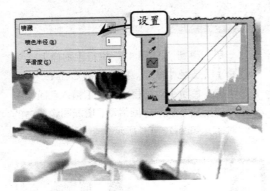

图 12-68 调整曲线

4 新建"图层 2"，设置【混合模式】为"颜色"，设置前景色为粉红色，选择【画笔工具】，在荷花上涂抹，如图 12-69 所示。

5 选择【直排文字工具】 IT，分别输入文字"咏荷"和日期文字，且分别设置对应【文字大小】为"60 点"与"12 点"，如图 12-70 所示。

6 打开素材"印章"，选择【魔棒工具】 ❀ 创建选区，删除多余的底色，复制一层到水墨

荷花文档中。按快捷键 Ctrl+T，执行【自由变换】命令，把印章缩放到合适的位置，如图 12-71 所示。

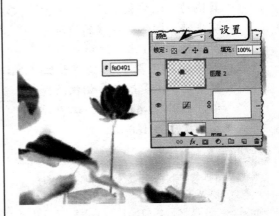

图 12-69 涂抹荷花

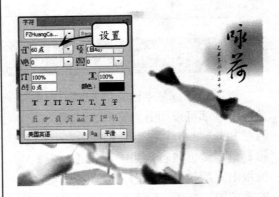

图 12-70 输入字体

图 12-71 导入素材

12.6　课堂练习：把美女图做成幻灯动画效果

图像过渡动画可以将几幅图片自然地过渡，而没有停顿，这是通过设置【动画】面板的【过渡】功能中的【不透明度】参数，从而在 4 幅图片之间自动产生各种不透明度帧，并将其自然地衔接起来，从而实现幻灯效果的，如图 12-72 所示。

图 12-72　幻灯动画效果图

操作步骤：

1　打开素材图片，使用【移动工具】 ▶ 把其中 3 个素材移动到第 4 个素材图层上，如图 12-73 所示。

图 12-73　移动素材

2　执行【窗口】|【时间轴】命令，打开【动画】面板，单击【复制所选帧】按钮 ▣ ，创建 3 个帧，每帧上显示一个图层，如图 12-74 所示。

3　选择第 1 帧，单击【过渡动画帧】按钮 ◥ ，打开【过渡】对话框，设置参数，如图 12-75 所示。

图 12-74　创建动画帧

图 12-75　设置第 1 帧【过渡】参数值

4　分别选择第 4 帧和第 7 帧，使用同样的方法设置参数，如图 12-76 所示。

图 12-76　设置第 4 帧和第 7 帧
【过渡】参数值

图 12-77　设置第 10 帧【过渡】参数值

5 选择第 10 帧，设置【过渡方式】为"第一帧"，其他参数不变，设置所有帧的【延时时间】为 0.1 秒，如图 12-77 所示。

6 按快捷键 Ctrl+Alt+Shift+S 打开【存储为 Web 所用格式】对话框，单击【存储】按钮，保存为 GIF 动画图片就可以预览动画了，最终效果如图 12-78 所示。

图 12-78　最终效果

12.7　思考与练习

一、填空题

1．滤镜命令可以自动地对一幅图像添加效果，在滤镜命令中，大致分为三类：_____、破坏性滤镜与_____。

2．效果性滤镜包括_____、纹理滤镜组与_____滤镜组等。

3．【动画】面板中包括帧模式和_____。

4．单击【动画（帧）】面板中的_____按钮，能够查看过渡动画效果。

5．_____是 Photoshop 中的自动化功能的一种方式，是一系列录制命令的集合。

二、选择题

1．校正性滤镜里不包含_____滤镜。
　　A．动感模糊　　　　B．径向模糊
　　C．拼缀图　　　　　D．中间值

2．破坏性滤镜能产生很多意想不到的效果，下面哪个不属于破坏性滤镜_____。
　　A．波浪　　　　　　B．添加杂色
　　C．球面化　　　　　D．照亮边缘

3．在【动作】面板菜单中选择【按钮模式】命令，只能进行_____操作。
　　A．记录　　　　　　B．修改

C. 删除　　　　D. 播放

4. 要制作一个具有颜色产生渐变变化的动画，则必须在打开的【过渡】对话框中启用_____选项。

A. 位置　　　　B. 不透明度

C. 效果　　　　D. 以上都不对

5. 在使用_____面板创建动画之前，首先要设置帧延迟时间，这样才能够正确地显示动画播放时间。

A. 图层　　　　B. 画板

C. 动作　　　　D. 时间轴

三、问答题

1. 简要说明智能滤镜中的功能。

2. 如何制作动画效果？

3. 如何从【动画（帧）】面板切换到【动画（时间轴）】面板？

4. 如何录制与编辑动作效果？

5. 简要说明滤镜的使用方法？

四、上机练习

1. 制作文字变形动画

自从 Photoshop 中添加了时间轴动画后，过渡动画的制作就变得异常简单。只要在【动画（时间轴）】面板的文本图层中，创建【文字变形】属性的关键帧，并且设置变形样式，即可得到文字变形动画，如图 12-79 所示。

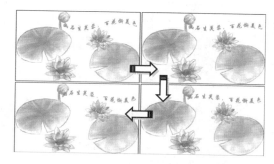

图 12-79　文字变形动画效果

2. 制作玻璃效果

滤镜菜单中的许多命令均可以独立完成一个完整的效果，如执行【扭曲】|【玻璃】命令可以制作出多种纹理的玻璃效果。如图 12-80 所示为块状的纹理玻璃效果。

图 12-80　玻璃效果

第 13 章

图像打印与输出

在运用 Photoshop 处理完图像后，最终要将图像输出为需要的格式，并进行打印。然而输出图像包括多种方式，并且每一种方式所针对的图像颜色模式也会有所不同。

在本章中，主要介绍了打印前的颜色调节及图像的输出设置，以便打印出来的图像不出现颜色损失

本章学习目标：

➢ 特殊颜色模式
➢ 颜色模式转换
➢ 打印输出
➢ 网络输出

13.1 印前颜色调节

因为颜色之间的转换会存在一定的损失，印前校色就成为印刷前很重要的一个环节，它保证了印刷后的颜色效果与最初设想的保持一致。本节就通过认识这些特殊的颜色模式和色彩管理，学习打印前的颜色校正。

● 13.1.1 特殊颜色模式

除了常见的颜色模式——RGB 与 CMYK 以外，在日常工作中还会遇见一些特殊的颜色模式，如灰度、位图等颜色模式，了解这些颜色模式，可以帮助用户正确地设置扫描、打印及输出图像。

1. 灰度颜色模式

灰度颜色模式在图像中使用不同的灰度级。在 8 位图像中，最多有 256 级灰度。灰度图像中的每个像素都有一个 0（黑色）到 255（白色）之间的亮度值。在 16 和 32 位图像中，图像中的级数比 8 位图像要大得多。灰度值也可以用黑色油墨覆盖的百分比来度量（0%等于白色，100%等于黑色）。使用黑白或灰度扫描仪生成的图像通常以灰度颜色模式显示，如图 13-1 所示。

图 13-1　灰度图像

2. 位图颜色模式

位图实际上是由一个个黑色和白色的点组成的，也就是说它只能用黑白来表示图像的像素。它的灰度需要通过黑点的大小与疏密在视觉上形成灰度，如图 13-2 所示。要转换为位图模式，首先要将图像模式转换为灰度模式图像，然后再执行【图像】|【模式】|【位图】命令，将模式转换为位图模式。

图 13-2　位图图像

3. 双色调颜色模式

双色调是用两种油墨打印的灰度图像：黑色油墨用于暗调部分，灰色油墨用于中间调和高光部分。在实际工作中，更多地使用彩色油墨打印图像的高光颜色部分，因为双色调使用不同的彩色油墨重现不同的灰阶，其深浅由颜色的浓淡来实现。要将其他模式的图像转换为双色调模式，同位图模式相同，首先要将图像模式转换为灰度模式，然后才能执行【双色调】命令。双色调模式中支持多个图层，但它只有一个通道，所以所有的图层都将以一种色调进行显示，如图 13-3 所示。

4．索引颜色模式

索引颜色模式是多媒体和网页制作中常用的一种颜色模式。它比 RGB 颜色模式的图像文件小很多，通常只有 RGB 颜色模式图像大小的 1/3。转换为索引模式后的图像，会激活【图像】|【模式】|【颜色表】命令，使用【颜色表】对话框可以对图像的色调进行调整。

图 13-3　双色调图像

索引模式的图像并不能完美地展示色彩丰富的图像，因为它只能表现 256 种颜色。在图像模式转换后只选出 256 种使用最多的颜色放在颜色表中，而对于颜色表以外的颜色，程序会选取已有颜色中最相近的颜色或使用已有颜色模拟该种颜色。如图 13-4 所示，由于调色板很有限，因此，索引颜色可以在保持多媒体演示文稿、Web 页等的视觉品质的同时，减少文件大小。

5．多通道颜色模式

在多通道颜色模式下，每个通道都使用 256 级灰度。进行特殊打印时，多通道图像十分有用。多通道颜色模式图像可以存储为 PSD、PDD、EPS、RAW、PSB 格式。在使用多通道颜色模式以后，在【图层】面板中不再支持多个图层，在【通道】面板中会出现【青色】、【洋红】和【黄色】三个通道，如图 13-5 所示。

图 13-4　索引图像

13.1.2　颜色模式转换

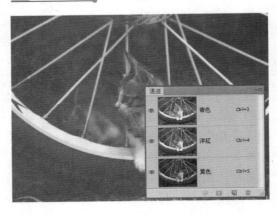
图 13-5　多通道图像

在众多图像颜色模式中，有些是可以直接转换的，如 RGB 颜色模式与 CMYK 颜色模式之间；而有些则需要经过其他颜色模式才可以转换，如 RGB 颜色模式与双色调颜色模式之间。

1．RGB 颜色模式与 CMYK 颜色模式之间的转换

在通常情况下，Photoshop 处理图像的颜色模式为 RGB。如果是用于印刷的图像，

则必须是 CMYK，这时必须将图像颜色模式转换成 CMYK 颜色模式来分色。在制作过程中，将作品的颜色模式转换成 CMYK 颜色模式可以通过如下几个不同的方法来实现。

首先可以在建立一个新的 Photoshop 图像文件时就选择 CMYK 四色印刷模式（CMYK 颜色），如图 13-6 所示。

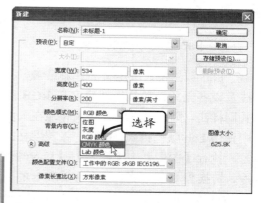

提 示

> 在新建图像文件时就选择 CMYK 颜色模式，可以防止最后的颜色失真。因为在整个作品的制作过程中，所制作的图像都在可印刷的色域中。

图 13-6　新建 CMYK 颜色模式文档

或者在制作过程中，随时从 Photoshop 的【模式】菜单中选取 CMYK 四色印刷模式（CMYK 颜色），如图 13-7 所示。

提 示

> 在图像转换模式后，就无法再从【模式】菜单中选 RGB 三原色模式（RGB 颜色）变回原来图像的 RGB 色彩了。因为 RGB 颜色模式在转换成 CMYK 颜色模式时，色域外的颜色会变暗，这样才会使整个色彩成为可以印刷的文件。因此，在将 RGB 颜色模式转换成 CMYK 颜色模式之前，一定要先存储一个 RGB 颜色模式的备份，这样，如果不满意转换后的结果，还可以重新打开 RGB 颜色模式文件。

图 13-7　选择【CMYK 颜色】选项

最后一种方法是让输出中心应用分色公用程序，将 RGB 颜色模式的作品较完善地转换成 CMYK 颜色模式。这将省去很多的时间，但是有时也可能出现问题，如果用户没有看到输出中心的打样，或觉得发片人员不会注意自己的样稿，结果可能造成作品印刷后和样稿相去较远。也就是说，某些时候自己做转换是控制颜色的唯一方法。转换时，更要注意屏幕选项、分色选项和印刷油墨选项功能，因为这些都会影响作品的最后效果。

2. 转换为索引颜色模式

索引颜色模式是一种特殊的颜色模式，这种颜色模式的图像在网页上应用得比较多，如 GIF 格式的图像其实就是一个索引颜色模式的图像。当一幅图像从某一种颜色模式（只有 RGB 和灰度颜色模式才能转换为索引颜色模式）转换为索引颜色模式时，会删除图像中的部分颜色，而仅保留 256 种颜色，如图 13-8 所示。

当转换为索引颜色模式时，Photoshop 将构建一个颜色查找表（CLUT），用以存放并索引图像中的颜色。如果原图像中的某种颜色没有出现在该表中，则程序

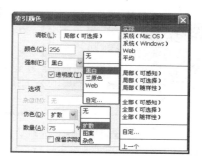

图 13-8　【索引颜色】对话框

将选取最接近的一种，或使用现有颜色来模拟该颜色，如图 13-9 所示。

3．Lab 颜色模式的转换

Lab 颜色模式所定义的色彩最多，且与光线及设备无关，并且处理速度与 RGB 颜色模式同样快。因此，可以放心大胆地在图像编辑中使用 Lab 颜色模式。打开一张灰度格式的图片，执行【图像】|【模式】|【Lab 颜色】命令，转换为 Lab 格式。然后在 a 和 b 的通道上作垂直黑色渐变填充，效果如图 13-10 所示。

图 13-9　不同参数设置效果

> **注　意**
>
> Lab 颜色模式在转换成 CMYK 颜色模式时色彩没有丢失或被替换。因此，最佳避免色彩损失的方法是应用 Lab 颜色模式编辑图像，再转换为 CMYK 颜色模式打印输出。

4．其他颜色模式转换

在颜色模式转换中，有些是无法返回的，而有些需要经过第三个颜色模式才能加以转换。比如，灰度颜色模式图像是由具有 256 级灰度的黑白颜色构成的。一幅灰度颜色模式图像在转变成 CMYK 颜色模式后可以增加色彩；如果将 CMYK 颜色模式的彩色图像转变为灰度颜色模式，则颜色不能恢复，如图 13-11 所示。

在进行位图模式转换的时候，会弹出一个【位图】对话框，用户可以通过该对话框进行【分辨率】和【方法】的设置。【分辨率】数值的大小会影响转换后图像的大小，如图 13-12 所示。

> **注　意**
>
> 只有灰度颜色模式的图像能直接转换为位图，其他如 RGB、CMYK 等常用的颜色模式在转换成位图时必须先转换为灰度颜色模式，然后才能转换为位图。

在【方法】中有 5 个选项，这 5 个选项会影响图像的组成元素，前三种比较简单，直接就可以应用，剩下的【半调网屏】和【自定图

图 13-10　灰度转换为 Lab 颜色模式效果

图 13-11　CMYK 颜色模式转换为灰度颜色模式

图 13-12　不同分辨率效果

案】效果就比较灵活，这需要多做练习，从中理解原理所在，如图 13-13 所示为其中的三个选项效果。

图 13-13　不同方法效果

双色调颜色模式也只有灰度颜色模式能够直接转换。当它用双色、三色、四色来混合形成图像时，其表现原理就像"套印"。在 Photoshop 中对灰度图像执行【图像】|【模式】|【双色调】命令，打开【双色调选项】对话框，如图 13-14 所示。

在【类型】选项中，可以设置所要混合的颜色数目，包括单色、双色、三色和四色；在中间的颜色方框中，可以任意指定用何种颜色来混合；单击其左边的曲线框，可以在弹出的【双色调曲线】对话框中调节每种颜色的明暗，如图 13-15 所示。

图 13-14　【双色调选项】对话框

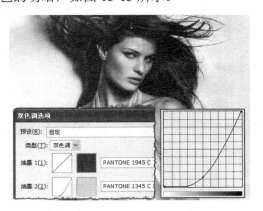

图 13-15　改变颜色明暗

13.1.3　色彩管理

当打印前的所有工作都完成后，打印的效果却不一样，原稿的色彩要比打印出来的效果亮丽得多，即使在显示屏上预检时所看到的一切也比印出来的好得多，这是由颜色转换、设备差异等问题造成的，这时就需要色彩管理。色彩管理在现代化数字印前制版系统和数字印刷领域的作用是不可忽视的。

色彩管理是个很宽泛的知识，简单地讲，色彩管理就是包括控制色彩准确、稳定的一致再现，而且是可以预测其结果的，目的是使最后的成品尽可能贴近原稿。

对于具体的图像设备而言，其色域就是这个图像设备所能表现的色彩的总和。要表述这些色彩，就要按一定的规律把这些色彩组织起来，人们建立了多种类型的色彩模型，以一维、二维、三维甚至四维空间坐标来规范表示这些色彩，系统化的色域就是某种坐标系统所能定义的色彩范围。

在数码影楼中经常用到的色域类型有 RGB、CMYK、Lab 等。它们各自又可以细分出很多类型的色域标准，比如 RGB 色域又可以分为：Adobe RGB、Apple RGB、s RGB 等几种，这些色域都是基于某些硬件设备的用途而专门设置的，多用于各自的显示设备、输入设备（数码相机、扫描仪）等。

1. RGB 色域的几种类型

sRGB 即标准 RGB 色域。它由 1997 年微软公司与惠普公司联合确立，后来被许多的软、硬件厂商所采用，逐步成为许多扫描仪、低档打印机和软件的默认色域。同样采用 sRGB 色域的设备之间，可以实现色彩相互模拟，但它又是通过牺牲色彩范围来实现各种设备之间色彩的一致性的，因此是所有 RGB 色域中最狭窄的一种。

Apple RGB 是美国苹果公司早期为苹果显示器制定的色域，其色彩范围并不比 sRGB 大多少。因为这种显示器已经很少使用了，所以这一标准已逐步淘汰。

Adobe RGB（1998）由 Adobe 公司制定，其雏形最早用在 Photoshop 5.x 中，被称为 SMPTE-240M。它具备非常大的色彩范围，其绝大部分色彩又是设备可呈现的，这一色域包含了 CMYK 的全部色彩范围，为印刷输出提供了便利，可以更好地还原原稿的色彩，在出版印刷领域得到了广泛应用。

ColorMatch RGB 是由 Radius 公司定义的色域，与该公司的 Pressview 显示器的本机色域相符合。

Wide Gamut RGB 是用纯谱色原色定义的很宽色彩范围的 RGB 色域。这种色域包括几乎所有的可见色，比典型的显示器能准确显示的色域还要宽。但是，由于这一色彩范围中的很多色彩不能在 RGB 显示器或印刷上准确重现，所以这一色域并没有太多实用价值。

2. CMYK 色域

CMYK 色域是专门针对印刷制版和打印输出制定的。它描述的实际就是不同颜色墨水的配比，与具体的设备、耗材密切相关。正如前面所提到的，虽然配比相同，不同的墨水在不同的纸张上所呈现的色彩也会有所不同。在 CMYK 色域模式中，C 表示蓝色，M 表示红色，Y 表示黄色，K 表示黑色。

3. CIE Lab 色域

CIE Lab 简称 Lab，它描述的是正常视力范围内的所有颜色。在所有的色域标准中，它的色域最广，是一种常用的色彩模式。其中，L 代表亮度，a 代表从绿色到红色，b 代表从蓝色到黄色。

要让不同设备在表现色彩时能够相互匹配，需要制定出一种与设备无关的色彩体系，抽象出一种"理论化"的色彩，以使不同设备的色彩能够相互比较、相互模拟。现在被广泛采用的"理论化"色域是国际照明协会所制定的 1931 CIE-XYZ 系统及它为基础而建立的 CIE Lab 系统。1931 CIE-XYZ 系统是在 RGB 系统的基础上，用数学方法选用三个理想的原色来代替实际的三原色，构成理想的、与设备无关的色彩体系，其制定的过程是一个非常复杂的色彩学、数学、心理学综合工程，从而让用户能够在这种色域模式作用之下，很好地把需要的色彩还原出来。

不同色域的颜色在相互转换时会因为色域的不同而出现颜色外观的改变。不但RGB转换成CMYK会出现颜色变化，就是不同的显示器、打印机也有各自不同的RGB、CMYK色域，这就是图片在不同状况下会出现变色的原因。可以说图片在改变显示状态下颜色出现变化是必然的，但这也就是色彩管理需要解决的问题。

色彩管理的核心是颜色配置文件，即ICC描述文件。ICC描述文件就是某一数字设备的色彩描述性文件，它表示这一特定设备的色彩表达方式与CIE Lab标准色域的对应关系。影楼行业中，ICC描述文件主要为输入（扫描仪、数码相机）、显示（各种显示器）、输出（打印机或各种彩色输出设备）等三个方面的设备提供描述文件，并要求在它们之间有一个科学合理的匹配，以达到最终正确的图像色彩还原。

预定色彩管理设置指定将与RGB、CMYK和灰度颜色模式相关的颜色配置文件。设置还为文档中的专色指定颜色配置文件。这些配置文件在色彩管理工作流程中很重要，被称为工作空间。由预定设置指定的工作空间代表将为几种普通输出条件生成最保真颜色的颜色配置文件。例如，U.S.Prepress Defaults设置使用CMYK工作空间在标准规范下为WebOffset Publications（SWOP）出版条件保持颜色的一致性。

工作空间充当未标记文档和使用相关颜色模式新创建的文档的颜色配置文件。例如，如果Adobe RGB（1998）是当前的RGB工作空间，创建的每个新的RGB文档将使用Adobe RGB（1998）色域内的颜色。工作空间还定义转换到RGB、CMYK或灰度颜色模式的文档的目标色域。

13.1.4 专色讲解

专色是指在印刷时，不是通过印刷C、M、Y、K四色合成这种颜色，而是专门用一种特定的油墨来印刷该颜色。专色油墨是由印刷厂预先混合好或油墨厂生产的。对于印刷品的每一种专色，在印刷时都有专门的一个色版对应。使用专色可使颜色更准确。专色主要用于打印特殊的颜色，如荧光色、金黄色。

1. 黄色

黄色位于色环中红色与绿色之间，当品红的含量较大时，会出现偏红色的黄色；当青的含量较大时，会出现偏绿的黄色，如图13-16所示。即C油墨与M油墨含量的不同导致黄色的色调倾向不同，当C的含量增大时，黄色偏冷；当M的含量偏大时，黄色偏暖。

图13-16　不同颜色倾向的黄色

2. 红色

红的主色是 M+Y，相反色是 C。下面根据图 13-17 所示的图片来解释。其中 M 和 Y 的颜色配置有一些差异，当 M>Y 时红色偏冷，显得刚强、冷硬；当 Y>M 时红色偏暖，显得柔嫩、无力。若 M、Y 配置差别不大时，红色较为鲜艳。

M 和 Y 分别是 90% 与 M 和 Y 分别是 99% 时，会有很大的差异，如果印刷不出问题，百分配比相差 10% 是可以很明显地

图 13-17　不同颜色含量的红色

看出来的。需注意专色也是有层次的，如一味地追求鲜艳却忽略层次，就会失去细节。因此，M 和 Y 的配比都在 90% 以上的做法是不可取的。

3. 品红

品红色是红中的 Y 含量减少，红色变冷成为品红色，它的主色是 M，相反色是 C+Y。常见的桃红色就属于品红，它给人柔和、温馨的视觉效果。它与品红的区别是桃红色中不仅 M 的含量大，而且还有 Y 的含量。而 Y 的含量大小确定了桃红色的冷暖。

4. 紫色和蓝色

当 C 的含量变大时就成为了紫色。同一个紫色的 CMYK 配比在不同地区印出来的效果可能会存在很大的差异，这和油墨的品种不同有很大的关系，因为不同的油墨中品红的差异很大，这直接影响到紫色与蓝色的 CMYK 配比。

5. 青色

青色的配比中，C 是主色，M+Y 是相反色，在大自然中真正青颜色的物体很少，C＝100% 的情况几乎没有，图 13-18 是一张蓝天的图片，可以发现这幅图中青色的相反色对比都是较大的，即青的饱和度不高。此时的画面效果较为理想，如果将相反色去掉，不仅会影响图片的真实性，而且会影响图片的层次。

6. 绿色

绿色的主色为 C+Y，相反色为 M。Y 的含量在 80% 以上、C 的含量在 60% 以下时的绿，

图 13-18　含有青色的蓝天图片

给人的感觉都是果绿色，如图 13-19 所示。

●— 13.1.5 调节技巧 —、

　　打印前发现图像存在颜色问题，为了符合打印的要求，可以使用 Photoshop 中的【色阶】和【曲线】颜色调整命令进行调节。

　　当扫描或导入的图像颜色偏色时，首先要分辨清楚颜色的偏色倾向，如图 13-20 所示，这是一张色调偏青的图片。

　　如果不是 CMYK 颜色模式的图片，首先将图像的颜色模式转换为 CMYK，然后执行【图像】|【调整】|【曲线】命令，如图 13-21 所示，打开【曲线】对话框，在【通道】下拉列表中选择【青色】选项，拖动曲线色调图向下移动，降低图像中青色色调的成分，达到调整偏色的目的。

图 13-19　果绿色

图 13-20　色调偏青照片

　　使用【色阶】命令同样可以达到校正偏色的作用，执行【图像】|【调整】|【色阶】命令，打开【色阶】对话框，同样在【通道】下拉列表中选择【青色】选项，设置【输入色阶】参数，降低图像中青色色调的成分，如图 13-22 所示。

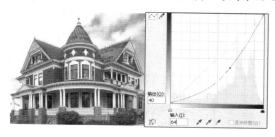

图 13-21　调整偏色图像

图 13-22　调整偏色图像

13.2　打印输出

　　处理完图像后，就可以输出图像。在 Photoshop 中，处理的图像既可以用于打印，也可以用于网络显示。对于不同的用途，除了图像颜色模式的不同外，还需要设置不同的图像分辨率。本节就介绍如何将处理好的图像进行打印输出。

　　当制作完成一幅图像后，可以使用打印机将其打印出来，以便查看图像的效果。这样就需要链接打印机，安装好打印机的驱动程序，并且确保打印机正常工作。然后就可以使用 Photoshop 中的打印功能将图像打印出来。

13.2.1 【打印】对话框

在 Photoshop 中打开要打印的图像，执行【文件】|【打印】命令（快捷键 Ctrl+P），打开如图 13-23 所示的对话框。其中在右上端的下拉列表中选择不同的选项，会在其下方显示相关的参数设置。

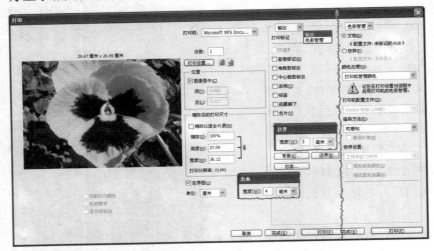

🔵 **图 13-23** 【打印】对话框

> **提 示**
>
> 由于 RGB、HSB 和 Lab 颜色模式中的一些颜色在 CMYK 颜色模式中没有等同的颜色，因此无法打印出来。当选择不可打印的颜色时，在【拾色器】对话框中将会出现一个警告三角形。CMYK 中与这些颜色最接近的颜色会显示在三角形的下面。单击该三角形，当前的颜色转换为 CMYK 中与这些颜色最接近的颜色。

下面对【打印】对话框中重要的选项及功能进行介绍。

1. 位置

该选项组是设置图像在打印纸张中的位置。【顶】选项用来设置图像到纸张顶端的距离；【左】选项用来设置图像到纸张左端的距离；启用【图像居中】选项，图像将位于纸张的中央。禁用该选项启用【定界框】选项，则可以使用鼠标拖动预览图来定位图像位置，如图 13-24 所示。

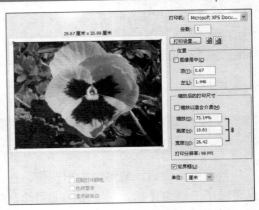

🔵 **图 13-24** 调整要打印图像的位置

2. 缩放后的打印尺寸

该选项组是设置图像缩放后的打印尺寸。【缩放】选项用来设置图像的缩放比例，从而确定图像的打印尺寸；也可以在【高度】与【宽度】文本框中输入数值来确定图像的打印尺寸。启用【缩放以适合介质】选项，图像将以最适合的打印尺寸显示。

13.2.2 设置打印选项

在了解了【打印】对话框后，接下来就要设置打印选项，包括设置页面、设置【色彩管理】选项、设置【输出】选项等。

1．页面设置

打印图像的预备工作首先是设置纸张大小、打印方向和质量等。执行【文件】|【打印】命令（快捷键Ctrl+P），在打开的【打印】对话框中，单击【打印设置】按钮，即可在弹出的对话框中设置页面方向。然后单击【高级】按钮，可以设置页面大小，如图13-25所示。

图 13-25 设置【打印设置】选项

2．设置【色彩管理】选项

在【打印】对话框右上端的下拉列表中选择【色彩管理】选项，切换到色彩管理选项卡中，通过对其中各选项的设置，可对要打印文件的颜色进行管理。

❑ 文档

打印当前文档，如果选择了【Photoshop 管理颜色】选项，可确保在【打印机配置文件】下拉列表中为打印机设置配置文件。在【文档】单选按钮后面显示了文档配置文件的名称，如果文档中没有嵌入的配置文件，则显示【颜色设置】对话框中指定的配置文件。

❑ 校样

通过模拟文档将会如何在另一个设备（如印刷机）上输出来打印文档。如果【颜色处理】设置为【Photoshop 管理颜色】选项，则使用【打印机配置文件】下拉列表来指定要用于打印的设置的配置文件。校样配置文件显示用于将颜色转换到试图模拟的配置文件名称。在该单选按钮后面显示了用于将颜色转换到试图模拟的设备的配置文件名称，使用【视图】|【校样设置】命令指定。

❑ 颜色处理

确定是否使用色彩管理，如果使用，则确定是在应用程序中还是在打印设备中使用。下面是各选项的作用说明。

➢ **打印机管理颜色** 指示打印机将文档颜色数转换为打印机颜色数。Photoshop 不会更改颜色数。

➢ **Photoshop 管理颜色** 为保留外观，Photoshop 会执行适合于选中打印机的任何必要的颜色数转换。

➢ **无色彩管理**　打印时不会更改文档中的颜色值。

❑ **打印机配置文件**

在【打印机配置文件】下拉列表中，可选择适用于打印机和将适用的纸张类型的配置文件。

❑ **渲染方法**

确定色彩管理系统如何处理色彩空间之间的颜色转换。选取的渲染方法取决于颜色在图像中是否重要及对图像总体色彩外观的喜好。

【黑场补偿】复选框可在转换颜色时调整黑场中的差异。如选中该选项，源空间的全范围将会映射至目标空间的全范围。如果文档和打印机有基本同样大小的色域，但其中一个黑色更深时，该选项将会很有用。

❑ **校样设置**

该校样设置包含用于将颜色转换为视图模拟的色彩空间的配置文件和渲染方法。

➢ **模拟纸张颜色**　选中该复选框，校样将会模拟颜色在模拟设备纸张上的样子（绝对比色渲染方法）。比如，校样想要模拟报纸，在校样中图像高光就会显示得暗一些。该选项会生成最精确的校样。

➢ **模拟黑色油墨**　选中该复选框，校样将包含输出设备的深色亮度的模拟。选择该选项会获得更精确的校样。如果取消选择，将会以尽可能深的方式打印最深的颜色，而不进行精确模拟。

3. 设置【输出】选项

在设置好打印选项及选择好纸张后，除了用户在电脑上做的东西外，还需要添加一些额外的标记，以用作印后加工的参考线。这些标记是出片时自动生成的。例如，对于严格按成品尺寸设置的页面，如果需要折成均等的两半，就需要在中间添加十字线标记，以作为折叠标记；如果设计页面比成品大，这时就需要在页面上添加裁切的标记。

要添加这些打印标记，可以通过【打印】对话框右上端的下拉列表中选择【输出】选项，来指定印前输出选项，它可对输出前的一些具体设置进行调整，如校准条、中心裁剪标志，以及出血设置等。下面对各选项的作用进行详细的介绍。

❑ **打印标记**

通过设置【打印标记】选项组中的各个选项，可将标签、角裁切线及中心裁切线等内容打印在文档中，以方便查看，如图 13-26 所示。

➢ **校准条**　启用该选项，可以打印 11 级灰度。即一种按 10%的增量从 0 到 100%的浓度过渡效果。使用 CMYK 分色，将会在每个 CMYK 印版的左边打印一个校准色条，并在右边打印一个连续颜色条。

➢ **套准标记**　启用该选项，可以在图像周围打印出形状的对准标记，包

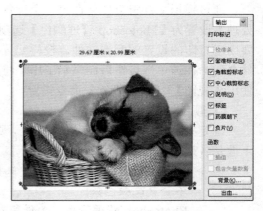

图 13-26　添加的打印标记

括靶心和星形靶，这些标记主要用于对齐分色。

➤ **角裁剪标志** 启用该选项，可以在图像的 4 个角上打印出裁切标记。在 PostScript 打印机上，选择此选项也可以打印星形色靶。

➤ **中心裁剪标志** 启用该选项，可以在图像 4 个边框的中心位置打印出中心裁切线，以便对准图像中心。

➤ **说明** 启用该选项，可以打印在【文件简介】对话框中输入的任何说明文本（最多约 300 个字符），且始终采用 9 号 Helvetica 无格式字体打印说明文本。

➤ **标签** 启用该选项，可以在图像上方打印出图像的文件名称和通道的名称。如果打印分色，则将分色名称作为标签的一部分打印。

➤ **药膜朝下** 启用该选项，可以使文字在药膜朝下（即胶片或像纸上的感光层背对用户）时可读。在正常情况下，打印在纸上的图像是药膜朝上打印的，感光层正对着用户时文字可读。打印在胶片上的图像通常采用药膜朝下的方式打印。一般情况下不启用该选项，药膜的朝向一般由印刷公司决定。

➤ **负片** 启用该选项，可以打印整个输出（包括所有蒙版和任何背景色）的反相版本。与【图像】菜单中的【反相】命令不同，【负片】选项将输出（非屏幕上的图像）转换为负片。尽管正片胶片在许多国家/地区很普遍，但是如果将分色直接打印到胶片，可能需要负片。与印刷商核实，确定需要哪一种方式。若要确定药膜的朝向，可以在冲洗胶片后于亮光下检查胶片。暗面是药膜，亮面是基面。与印刷商核实，看是要求胶片正片药膜朝上、负片药膜朝上、正片药膜朝下还是负片药膜朝下。

注　意

只有当纸张比打印图像大时，才会打印校准条、套准标记、裁剪标志和标签。校准条和星形色靶套准标记要求使用 PostScript 打印机。

❑ **函数**

通过【函数】选项组，可调整【背景】、【边界】及【出血】等选项设置。下面对各选项进行详细的介绍。

➤ **背景** 单击该按钮打开【选择背景色】拾色器，从中可以选择图像区域以外打印纸张上填充的颜色。选择要在页面上的图像区域外打印的背景色。例如，对于打印到胶片记录仪的幻灯片，黑色或彩色背景可能很理想。要使用该选项，可以单击【背景】按钮，在【拾色器】对话框中选择一种颜色。这仅是一个打印选项，它不影响图像本身。

➤ **边界** 单击该按钮打开【边界】对话框，在【宽度】文本框中输入数值可定义打印后显示图像边框的宽度。

➤ **出血** 使用此选项可在图形内裁切图像，而不是在图像外打印裁剪标记。单击该按钮打开【出血】对话框，在【宽度】文本框中输入数值可定义图像出血的宽度。

提　示

出血又称出穴位，其作用主要是保护成品裁切时，有色彩的地方在非故意的情况下，做到色彩完全覆盖到要表达的地方。为了保证页面正文不受影响，在设计制作过程中，页面内距印刷品边界 3mm 的范围内不安排重要信息，以避免被裁切掉。

> ➤ **网屏** 网屏是打印灰度图像或分色稿所使用的每英寸打印机点数或网点数。网屏也称为网目线数或线网，度量单位通常采用线/英寸（lpi），或半调网屏中每英寸的网点线数。输出设备的分辨率越高，可以使用的网目线数就越精细（更高）。网屏上含有较大点的区域暗于含有较小的区域（它们能使纸张的更多部分透视过来，进而提供一种较亮的可感知色调）。

> ➤ **传递** 单击该按钮打开【传递函数】对话框，从中可以调整传递函数。传递函数传统上用于补偿将图像传递到胶片时出现的网点补正或网点丢失情况。当直接从 Photoshop 打印或当以 EPS 格式存储文件并将其打印到 PostScript 打印机时，才识别该选项。最好使用【CMYK 设置】对话框中的设置来调整网点补正。

> ➤ **插值** 启用该选项，可以减少低分辨率图像的锯齿状外观。通过在打印时自动重新取样，从而减少低分辨率图像的锯齿状外观。但是，重新取样可能降低图像品质的锐化程度。某些 PostScript Level 2（或更高）打印机具备插值能力。如果打印机不具备插值能力，则该选项无效。

13.2.3　印刷输出

设置完成打印的页面和预览选项后，就可以执行【文件】|【打印一份】命令（快捷键 Alt+Shift+Ctrl+P），使用默认选项打印一份图像。

如果想要对打印的范围和份数进行设置，则可以在【打印】对话框中单击右下角的【打印】按钮，在【打印】对话框中设置选项即可。

Photoshop 中的打印选项一旦设置完成后，就可以一直使用其中的参数值。但是图像本身还需要注意几个方面的内容，如图像格式、图像颜色模式与图像分辨率等。

❑ 图像格式

需要印刷输出的图像，在工作的时候可以保存为 PSD 格式。确定不需要修改时，可以将图像输出为 TIF 格式，这种格式可以在 PC 和 Mac OS 之间互换，并带有压缩保存。

❑ 颜色模式

印刷输出的图像都需要转换为 CMYK 颜色模式，如果不转换输出的胶片就会与原图像出现色偏。

❑ 分辨率

用于印刷输出的图像一般需要分辨率在 300～600dpi（像素/英寸）之间。

❑ 图像尺寸

对于印刷输出的图像，还需要考虑到图像的"出血"问题。在制作图像之前，需要在宽度和高度上都多出 3mm 左右，以便做成最后成品的时候不会因为边缘被裁去部分图像而失去原有的图像效果。也就是说，如果厂家要求设计一个 121mm×121mm 的光盘封面，那么在设计图像时就应该将尺寸设计成 127mm×127mm。

13.3　网络输出

Photoshop 中的图像除了可以用于印刷外，还可以用于网络输出，也就是将图像发布于网上。这时在制作过程中就需要注意与印刷图像相同的问题，如文件格式一般采用

JPEG、GIF 或者 PNG 格式；而颜色模式一般使用 RGB 模式即可；网络图像的分辨率采用屏幕分辨率——72dpi，或者可以更低一些。

13.3.1　网页安全颜色

网页安全颜色是指在不同硬件环境、不同操作系统、不同浏览器中都能够正常显示的颜色集合。它是浏览器使用的 216 种颜色，与平台无关。在 8 位屏幕上显示颜色时，浏览器将图像中的所有颜色更改成这些颜色。使用网页安全颜色进行网页配色可以避免原有的颜色失真的问题，而在 Photoshop 拾色器中可以直接选择网页安全颜色，方法是在【拾色器】对话框中启用【只有 Web 颜色】选项即可，如图 13-27 所示。

只有在前期创作时就使用网页安全颜色，才会避免后期进行优化或执行其他操作时损失太多的颜色，保持输出的图像与前期制作的图像颜色一致。

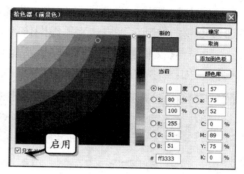

图 13-27　显示网页安全颜色

在【拾色器】对话框中选择颜色时，如果禁用【只有 Web 颜色】复选框，则【拾色器】对话框中的该颜色矩形旁边会显示一个警告立方体 ■，单击该警告立方体，可以选择最接近的 Web 颜色。

通过【颜色】面板也可以选择网络安全颜色。单击右上角的三角按钮，从弹出的面板菜单中执行【建立 Web 安全曲线】命令，然后在颜色滑块中拾取的颜色都是适用于网络的颜色。也可以执行【Web 颜色滑块】命令，以在拖动 Web 颜色滑块时，该滑块紧贴着 Web 安全颜色，如图 13-28 所示。

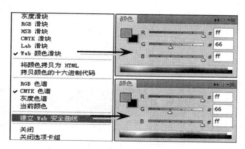

图 13-28　在【颜色】面板中显示网页安全颜色

> **提　示**
>
> 如果要滑过 Web 安全颜色中间区域，可以在拖动滑块时按住 Alt 键。

13.3.2　制作切片

如果用于网络输出的图片太大，可在图片中添加切片，将一张大图划分为若干个小图，以使打开网页时，大图会分块逐步显示，缩短等待图片显示的时间。使用【切片工具】 ✎ 在图像中绘制，可以添加切片。

打开图像，使用【切片工具】 ✎ 在图像中单击并拖动鼠标以创建切片，也可以在工具选项栏的【样式】下拉列表框中选择【固定长宽比】或【固定大小】选项，并在【宽度】和【高度】参数中输入参数，来创建切片，如图 13-29 所示。

创建切片完成后，可以通过【切片选择工具】单击或拖动切片，调整切片的大小和位置。

● 13.3.3　优化图像

由于考虑到网速等原因，上传的图片不能太大，这时就需要对 Photoshop 创建的图像进行优化，通过限制图像颜色等方法来压缩图像的大小。

图 13-29 创建切片

执行【文件】|【存储为 Web 所用格式】命令（快捷键 Alt+Shift+Ctrl+S），打开该对话框，如图 13-30 所示，使用该对话框可以实现优化和预览图稿。

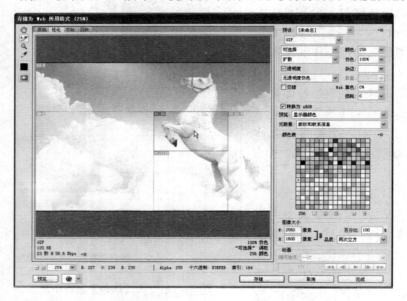

图 13-30 【存储为 Web 所用格式】对话框

在该对话框中，位于左侧的是预览图像窗口，在该窗口中包含 4 个选项卡，它们的功能如表 13-1 所示；而位于右侧的是用于设置切片图像仿色的选项。

表 13-1 4 个选项卡的功能

名　称	功　能
原稿	单击该选项卡，可以显示没有优化的图像
优化	单击该选项卡，可以显示应用了当前优化设置的图像
双联	单击该选项卡，可以并排显示原稿和优化过的图像
四联	单击该选项卡，可以并排显示 4 个图像，左上方为原稿，单击其他任意一个图像，可为其设置一种优化方案，以同时对比相互之间的差异，并选择最佳的方案

通常，如果图像包含的颜色多于显示器能显示的颜色，那么，浏览器将会通过混合它能显示的颜色，来对它不能显示的颜色进行仿色或靠近。用户可以从【预设】下拉列表中选择仿色选项，在该下拉列表中包含 12 个预设的仿色格式，其中选择的参数值越高，优化后的图像质量就越高，能显示的颜色就越接近图像的原有颜色。

最后，单击【存储】按钮，在弹出的【将优化结果存储为】对话框中设置【格式】选项，单击【保存】按钮即可将图像保存，如图 13-31 所示。

图 13-31　保存图像

13.4　思考与练习

一、填空题

1．常见的颜色模式除了_____与 CMYK 以外，在日常工作中还会遇见一些特殊的颜色模式，如灰度、位图等颜色模式。

2．_____是一种特殊的模式，这种模式的图像在网页上应用的比较多。

3．_____所定义的色彩最多，它与光线及设备无关并且处理速度与 RGB 模式同样快。

4．打印前发现图像存在颜色问题，为了符合打印的要求，可以使用 Photoshop 中的【色阶】和_____颜色调整命令进行调节。

5．在【拾色器】对话框中选择颜色时，如果禁用_____复选框，则【拾色器】对话框中的该颜色矩形旁边会显示一个警告立方体 ⬛。

二、选择题

1．多通道模式图像可以存储为 PSD、PDD、_____、RAW、PSB 格式。

　　A．PSD　　　　　　　　B．PDD
　　C．EPS　　　　　　　　D．PSB

2．在 CMYK 色域模式中，C 表示蓝色，_____，Y 表示黄色，K 表示黑色。

　　A．C 表示蓝色　　　　　B．M 表示红色
　　C．Y 表示黄色　　　　　D．K 表示黑色

3．在进行位图模式转换的时候，会弹出一个_____对话框，用户可以通过该对话框进行【分辨率】和【方法】的设置。

　　A．位图　　　　　　　　B．分辨率
　　C．方法　　　　　　　　D．大小

4．打印图像的预备工作是首先设置纸张大小、打印方向和质量等，可以执行【文件】|【打印】命令（快捷键_____）。

　　A．Ctrl+P　　　　　　　B．Ctrl+B
　　C．Ctrl+D　　　　　　　D．Ctrl+A

5．设置完成打印的页面和预览选项后，就可以执行【文件】|【打印一份】命令（快捷键_____），使用默认选项打印一份图像。

　　A．Alt+Shift+Ctrl+D
　　B．Alt+Shift+Ctrl+C
　　C．Alt+Shift+Ctrl+F
　　D．Alt+Shift+Ctrl+P

三、问答题

1．特殊颜色模式有哪几种？

2．颜色模式转换有哪几种？

3．打印输出需要注意哪些方面？

4．简单介绍下网页安全颜色。

5．优化图像的四个选项卡的功能？

四、上机练习

1. 颜色模式转化

在众多图像颜色模式中，有些是可以直接转换的，比如，RGB 与 CMYK 模式之间，如图 13-32 所示。

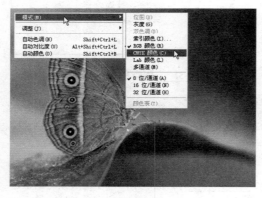

图 13-32　转换颜色模式

2. 创建切片

如果用于网络输出的图片太大，可在图片中添加切片，将一张大图划分为若干个小图，以使打开网页时，大图会分块逐步显示，缩短等待图片显示的时间。使用【切片工具】在图像中绘制，可以添加切片，如图 13-33 所示。

图 13-33　创建切片